计算机科学与技术专业核心教材体系建设 —— 建议使用时间

课程系列	基础系列	电类系列	程序系列	系统系列	应用系列	选修系列
四年级下						
四年级上			软件工程综合实践	计算机体系结构	计算机图形学	机器学习 物联网导论 大数据分析技术 数字图像技术
三年级下			软件工程 编译原理		人工智能导论 数据库原理与技术 嵌入式系统	
三年级上			算法设计与分析	计算机网络		
二年级下			数据结构	计算机系统综合实践		
二年级上	离散数学(下)	数字逻辑设计 数字逻辑设计实验	面向对象程序设计 程序设计实践	操作系统		
一年级下	离散数学(上) 信息安全导论	电子技术基础	计算机程序设计	计算机原理		
一年级上	大学计算机基础					

面向新工科专业建设计算机系列教材

服务计算技术

RESTful服务设计与开发

刘士军 潘 丽 崔立真◎编著

清華大學出版社
北 京

内 容 简 介

服务计算是分布式系统互操作的关键技术，其旨在为处理大量数据提供跨平台、跨语言、松散耦合和灵活整合的能力。随着微服务架构、云-边-端服务架构、移动应用服务等新型软件服务场景的拓展，以及服务计算技术与大数据、区块链、人工智能等技术的加速融合，服务计算越来越广泛地融入软件开发过程。

Web 服务开发，尤其是 RESTful 模式的 Web 服务开发，需要开发者对 Web 服务运行原理、面向资源架构风格和服务设计开发技术规范有系统的理解和掌握。本书主要介绍服务计算的发展、REST 架构风格、面向资源架构的设计原理、RESTful 服务的设计方法和步骤、RESTful 服务开发技术、OpenAPI 规范和微服务架构等内容，帮助这部分开发者理解和掌握相关技术。

本书内容深入浅出，并结合案例实践，适合计算机科学与技术、软件工程相关专业的学生和工程技术人员学习、参考。

图书在版编目(CIP)数据

服务计算技术：RESTful 服务设计与开发/刘士军，潘丽，崔立真编著. —北京：清华大学出版社，2024.1

面向新工科专业建设计算机系列教材

ISBN 978-7-302-64428-6

Ⅰ.①服… Ⅱ.①刘… ②潘… ③崔… Ⅲ.①互联网络－网络服务器－程序设计－高等学校－教材 Ⅳ.①TP368.5

中国国家版本馆 CIP 数据核字(2023)第 153327 号

责任编辑：白立军
封面设计：刘　乾
责任校对：郝美丽
责任印制：沈　露

出版发行：清华大学出版社
网　　址：https://www.tup.com.cn，https://www.wqxuetang.com
地　　址：北京清华大学学研大厦 A 座　　**邮　　编**：100084
社 总 机：010-83470000　　**邮　　购**：010-62786544
投稿与读者服务：010-62776969，c-service@tup.tsinghua.edu.cn
质量反馈：010-62772015，zhiliang@tup.tsinghua.edu.cn
课件下载：https://www.tup.com.cn，010-83470236
印 装 者：三河市龙大印装有限公司
经　　销：全国新华书店
开　　本：185mm×260mm　　**印　　张**：18.5　　**插　　页**：1　　**字　　数**：455 千字
版　　次：2024 年 1 月第 1 版　　**印　　次**：2024 年 1 月第1 次印刷
定　　价：59.00 元

产品编号：094028-01

出版说明

一、系列教材背景

人类已经进入智能时代，云计算、大数据、物联网、人工智能、机器人、量子计算等是这个时代最重要的技术热点。为了适应和满足时代发展对人才培养的需要，2017年2月以来，教育部积极推进新工科建设，先后形成了"复旦共识""天大行动"和"北京指南"，并发布了《教育部高等教育司关于开展新工科研究与实践的通知》《教育部办公厅关于推荐新工科研究与实践项目的通知》，全力探索形成领跑全球工程教育的中国模式、中国经验，助力高等教育强国建设。新工科有两个内涵：一是新的工科专业；二是传统工科专业的新需求。新工科建设将促进一批新专业的发展，这批新专业有的是依托于现有计算机类专业派生、扩展而成的，有的是多个专业有机整合而成的。由计算机类专业派生、扩展形成的新工科专业有计算机科学与技术、软件工程、网络工程、物联网工程、信息管理与信息系统、数据科学与大数据技术等。由计算机类学科交叉融合形成的新工科专业有网络空间安全、人工智能、机器人工程、数字媒体技术、智能科学与技术等。

在新工科建设的"九个一批"中，明确提出"建设一批体现产业和技术最新发展的新课程""建设一批产业急需的新兴工科专业"。新课程和新专业的持续建设，都需要以适应新工科教育的教材作为支撑。由于各个专业之间的课程相互交叉，但是又不能相互包含，所以在选题方向上，既考虑由计算机类专业派生、扩展形成的新工科专业的选题，又考虑由计算机类专业交叉融合形成的新工科专业的选题，特别是网络空间安全专业、智能科学与技术专业的选题。基于此，清华大学出版社计划出版"面向新工科专业建设计算机系列教材"。

二、教材定位

教材使用对象为"211工程"高校或同等水平及以上高校计算机类专业及相关专业学生。

三、教材编写原则

(1) 借鉴 *Computer Science Curricula* 2013(以下简称CS2013)。CS2013的核心知识领域包括算法与复杂度、体系结构与组织、计算科学、离散结构、图形学与可视化、人机交互、信息保障与安全、信息管理、智能系统、网络与通信、操作系统、基于平台的开发、并行与分布式计算、程序设计语言、软件开发基础、软件工程、系统基础、社会问题与专业实践等内容。

(2) 处理好理论与技能培养的关系,注重理论与实践相结合,加强对学生思维方式的训练和计算思维的培养。计算机专业学生能力的培养特别强调理论学习、计算思维培养和实践训练。本系列教材以"重视理论,加强计算思维培养,突出案例和实践应用"为主要目标。

(3) 为便于教学,在纸质教材的基础上,融合多种形式的教学辅助材料。每本教材可以有主教材、教师用书、习题解答、实验指导等。特别是在数字资源建设方面,可以结合当前出版融合的趋势,做好立体化教材建设,可考虑加上微课、微视频、二维码、MOOC等扩展资源。

四、教材特点

1. 满足新工科专业建设的需要

系列教材涵盖计算机科学与技术、软件工程、物联网工程、数据科学与大数据技术、网络空间安全、人工智能等专业的课程。

2. 案例体现传统工科专业的新需求

编写时,以案例驱动,任务引导,特别是有一些新应用场景的案例。

3. 循序渐进,内容全面

讲解基础知识和实用案例时,由简单到复杂,循序渐进,系统讲解。

4. 资源丰富,立体化建设

除了教学课件外,还可以提供教学大纲、教学计划、微视频等扩展资源,以方便教学。

五、优先出版

1. 精品课程配套教材

主要包括国家级或省级的精品课程和精品资源共享课的配套教材。

2. 传统优秀改版教材

对于已经出版、得到市场认可的优秀教材,由于新技术的发展,计划给图书配上新的教学形式、教学资源的改版教材。

3. 前沿技术与热点教材

反映计算机前沿和当前热点的相关教材,例如云计算、大数据、人工智能、物联网、网络空间安全等方面的教材。

六、联系方式

联系人:白立军

联系电话:010-83470179

联系和投稿邮箱:bailj@tup.tsinghua.edu.cn

面向新工科专业建设计算机系列教材编委会

2019年6月

面向新工科专业建设计算机系列教材编委会

FOREWORD

前言

服务计算是构建在Web服务、面向服务架构(Service-Oriented Architecture, SOA)、云计算等技术之上的一种技术体系,其旨在为处理大量数据提供跨平台、跨语言、松散耦合和灵活整合的能力,确保Web服务能及时、高效地满足企业业务相关的计算需求。根据IEEE服务计算技术委员会的定义,服务计算的范围涵盖了整个服务生命周期和服务创新研究的相关领域,包括业务组件化、服务建模、服务创建、服务实现、服务注释、服务部署、服务发现、服务组合、服务交付、服务间协作、服务监控、服务优化以及服务管理等,其目标是使IT服务和计算技术能够更有效地执行业务服务。当前,随着云-边-端服务架构、微服务架构、移动应用服务等新型服务场景的拓展,以及服务计算技术与大数据、区块链、人工智能等技术的加速融合,服务计算越来越广泛地融入软件开发过程,推动了软件服务系统向跨平台、跨域、跨界的服务生态发展。

Web服务和Web API(application programming interface)是Web开发的主流技术,已经成为诸多Web应用通信和集成的基础,有很强的实用性。2005年之后,Web开发技术社区掀起了一场重归Web架构设计本源的运动,REST(representational state transfer,描述性状态迁移)架构风格得到了越来越多的关注,RESTful服务也逐渐成为服务开发的主流。学习服务开发技术,有助于学生理解现代软件系统的运行原理和掌握软件开发的最新技术。但由于当今Web技术发展迅速,目前Web服务开发者大多没有在学习阶段接受过系统的服务计算原理和服务开发技术的训练,对Web服务实现原理、技术规范的理解和把握也往往存在偏差。

Web服务开发尤其是在RESTful服务模式下的开发,需要引导学生从面向对象的思维向面向资源架构思维方向拓展,培养学生设计思路、设计模式和开发方法的素养。本书内容是在山东大学软件学院连续8年开设的“服务开发技术”课程教学实践基础上逐渐积累而成的,由于一直没有一本合适的教材,笔者在教学实践中根据学生培养需求,综合了同期多本技术书籍所长,形成了较为全面、体系化的讲义内容,这是本书编写的基础。

本书主要介绍服务计算的发展、REST架构风格、面向资源架构的设计原理、RESTful服务的设计方法和步骤、RESTful服务开发技术、OpenAPI规范和微服务架构等内容。全书以学生较为熟悉的在线地图服务场景案例贯穿始终,并结合实验以加深学生对学习内容的理解。同时,本书提供了一个完整的智能药品柜实践案例作为配套实验内容，附带实验教程和示例代码。

全书共14章。前4章主要介绍了Web服务的发展、REST架构风格的原理、面向资源的架构思想和RESTful服务的特点；第5～9章介绍了RESTful服务的设计，尤其引入了领域驱动的设计思想、资源服务分析与设计的详细步骤，以及优良设计的原则等；第10～13章介绍了RESTful服务的开发，包括服务端、客户端与API的开发，并对微服务架构进行了简要而系统的介绍；第14章是一个实验开发案例。

本书由刘士军、潘丽、崔立真执笔，山东大学软件学院的李惜缘同学编写了第14章的内容，徐奎、郭威、刘帆、刘亚辉等同学参与了部分实验内容的开发。

在本书的撰写过程中，复旦大学张亮教授、浙江大学尹建伟教授和北京邮电大学王尚广教授等都提出了很多宝贵的意见，在此表示由衷的感谢！同时，笔者也参考了诸多书籍和文献，以及来自网络的各种资源，虽然这些内容大部分已经在参考文献中列出，但仍难免有所遗漏，在此，向所有对本书提供过帮助的其他学者和未曾谋面的同行一并致谢。清华大学出版社的编辑老师为本书的选题给予了大力支持，笔者对编辑老师在本书选题、策划和出版过程中所付出的耐心和辛勤的工作，表示真挚的谢意。

2023年11月

CONTENTS

目录

第1章

服务计算：Web新时代的计算

Web时代，软件的运行环境已经从传统的单机环境发展到网络环境；构筑于互联网络的信息系统无论从规模、用户数量，还是复杂程度上都在剧增；这种现状引发了计算模式的变革，一方面，网络环境下的计算模型层出不穷，包括虚拟计算、普适计算、移动计算、云计算、透明计算等；另一方面，大数据技术、人工智能技术、移动计算技术和5G通信技术逐渐成熟，又加速了软件系统的变革。在这种背景下，云计算架构下的软件服务异军突起，加快了软件从产品向服务的转变。

1.1 Web时代的变革

1. 计算技术的发展

半个多世纪以来，计算技术从大型计算机到个人计算机、分布式计算，再发展到服务计算、云计算、移动计算、社交计算等，计算的性能、体系结构和应用架构都发生了巨大的转变，其对应的应用模式和价值创造方式也已千差万别(图1.1)。

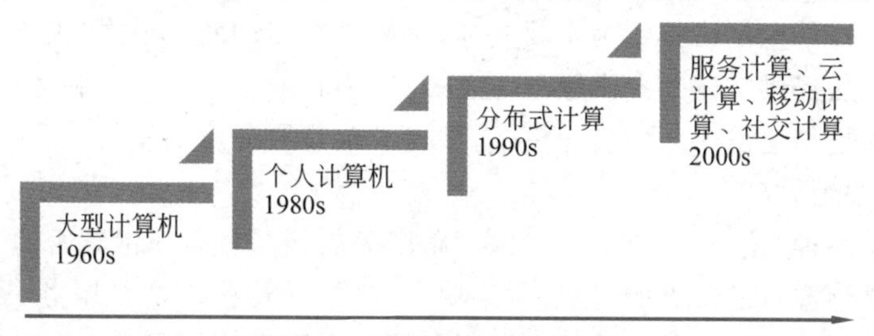

图1.1 计算模式的变革

2. 软件无处不在

20世纪70年代，计算机的应用范围迅速扩大，计算机软件的应用急剧增长，软件系统的规模越来越大，复杂程度越来越高，软件可靠性问题也越来越突出，出现了“软件危机”。新的需求迫使人们不得不研究、改变软件开发的技术手段和管理方法，从此软件生产进入了软件工程时代。今天，“人、机、物”三位一体的智能互联趋势愈发清晰，现实世界与虚拟世界正在加速融合，软件作为连接现实世界与虚拟世界的关键桥梁，正逐步走向智能化、服务化、网络化，渗透到人类社会生活的每一个角落，如宝马7系汽车用到的软件代码超过了2亿行，特斯拉汽车的软件代码超过4亿行，空客A380飞行控制软件的代码总数超过了10亿行。

软件定义的本质就是将一体化硬件基础设施部件化，通过管控软件对虚拟的部件按需管理、按需使用，进而可以实现整体系统功能的灵活定制和灵活扩展。最典型的例子是软件定义网络（software defined network，SDN），其将网络设备的管理控制功能从硬件中分离出来，使之成为一个单独的、完全由软件形成的控制层，抽象了底层网络设备的具体细节，为上层应用提供了一组统一的管理视图和应用编程接口，而用户则可以通过 API 对网络设备进行任意的编程从而实现新型的网络协议、拓扑架构而不需要改动网络设备本身，以此满足上层应用对网络资源的不同需求。

梅宏院士在 2018 中国计算机大会上提出，在新一轮工业革命中，软件技术将是核心竞争力。未来，软件形态将高度复杂、智能化、自适应、实时协作，软件的规模和数量也将大幅提升，并驱动世界进入软件定义不断延伸和泛化的时代，其基本特征表现在万物皆可互联，一切均可编程，在这个基础上支撑人工智能应用和大数据应用等新兴技术的发展，即所谓"软件定义世界"。

人们对软件的需求也在发生变化：从关注计算到关注服务，用户不再只关心自己的计算机 CPU 计算得够不够快，内存和硬盘容量够不够大，而是更加关注"网络是不是有最新的电影看?""在线视频一点儿都不卡""手机处理照片及时又迅速"等，这些其实都是对服务的要求。

1.2 服务

"服务"是一个宽泛的概念，它的基本含义是不以实物形式而以提供劳动的形式满足他人的某种特定需要。服务行业不是新东西，自古就有，凡是不以有形产品生产和经营为主的经济活动都是服务性业务。但服务业大发展是工业化以后社会分工大发展的产物，现代服务业则更是以信息网络技术为主要支撑，是建立在新的商业模式、服务方式和管理方法基础上的产业。从提供实体到提供服务，这一转变为企业带来了新的利润空间，使向"服务"转型的企业同样也创造出了新的商业模式，促进了现代服务业的发展。

1. 广义的服务

服务是一种"关系"。服务的提供者跟服务的接受者有非常紧密的关系，如在餐馆点菜，这件事情是顾客自己要做的，但递送菜单、应答提问这些事情是服务员要做的，这个过程两者产生了相互的关系。服务提供者和服务接受者有一种履行契约的方式，这之间是互相信任的关系，在这层关系上生产出互利的价值。在这个过程中服务员要彬彬有礼，这就是对服务质量的要求，以使得服务接受者获得满足或愉悦，服务提供者获得利润。因此，服务一定与人有关。人的要素包括客户行为学、心理学、服务环境、客户体验、自动服务等，现代意义上的服务往往还依赖于"系统"，依靠这一系统内部的分工与协作完成服务过程。例如，银行服务业务中，就有前台柜员、后台复核、事后监督等不同岗位的协作，这又涉及运筹学、博弈学、系统工程学。

由于长期处于计划经济体制下，我国服务业在国民经济中一直处于边缘化的位置，直到 1985 年国家统计局才第一次在国民经济统计中列入了第三产业的统计，出现以"第三产业"为名的服务业概念。到了 1997 年 9 月，在党的十五大报告中首次使用了"现代服务业"这一概念，但是没有对其做任何定义。

现代服务业是在工业发展到比较发达的阶段后才产生的，是主要依托于信息技术和现代管理理念而发展起来的、知识和技术相对密集的服务业。根据经济合作与发展组织(OECD)的定义，典型的知识密集型服务包括研究和开发、管理咨询、信息和通信服务、人力资源管理和就业服务、法律服务(包括与知识产权有关的服务)、会计、金融以及与营销相关的服务活动等。

2. 信息技术领域的服务

在信息技术领域，服务被定义为在应用软件内部的一种方法、过程或通信。这些"服务"或"方法"是旨在满足某些业务需求的应用程序的操作，或者说，服务是区别于完整软件系统的，由一个或者一组相对较小且独立的功能单元的软件组成，是用户可以感知的最小功能集，而服务的功能将通过服务接口(或称为 API)的抽象层对外展现。

Web 时代到来，软件系统的资源和数据的整合需求也被扩散至跨越 Web 的、更广阔的范围；各种地理上分散、所有权互不隶属、技术上完全异构的软件系统之间迫切需要能够跨越网络的隔离，访问远端的软件功能，这就是 Web 服务。Web 服务就如同操作系统 API 或编程语言库一样，最终将作用于跨越 Web 的服务端资源。

3. 应用编程接口 API

在软件开发中，API 是软件系统不同组成部分之间互相交互的界面，其规定了软件系统组成部分之间交换数据、解析响应并发送指令的一组规则。正如 Gartner 对 API 的定义：API 是提供对应用程序或数据库中的服务功能和数据进行编程访问的接口，其可以作为开发与人类、其他应用程序或智能设备进行交互的基础。企业使用 API 来满足数字化转型或构建生态系统的需求，从而开启平台化业务模式。

API 的概念虽然带有接口的字样，但其实际上指代的是接口背后的服务。近几年，随着移动互联网的发展，各种云应用和移动端的 App 如雨后春笋般涌现，这些云应用必须使用大量的接口去访问远端的服务，使得 API 的概念越来越受到 IT 界的关注。事实上，目前 API 更多地指的是 Web API，实际上指代的是接口后面的 Web 服务。

API 提供了访问程序的能力，开发者无须访问源码或理解其内部工作机制的细节。API 通用资源网站 ProgrammableWeb 给出了一个有趣的类比：墙上的插座就是用电的接口，人们只要把用电器插入插座就可以获得电能。电源插座具有可预测的开口样式，与这些样式匹配的电插头就可以插入其中。同时，电能服务本身也需要符合某些规范(电压、工作频率等标准)，该规范实质上代表了用电设备对电能服务的期望值。电源插口的标准化为获得电力带来了很多的"便利"，如下所示。

(1) 通过标准接口，任何兼容的电器都可以轻松地获取用电服务且可以很容易地从一个插座转移到另一个插座。

(2) 用电设备无须了解电是怎么发出来的，对如何生产电力(无论是来自风电场、火电还是核能)、如何将电力输送到插座(电网、变压器等供电系统及设备)之类的东西也可以视而不见。而发电厂也不需要了解用电设备如何使用这些电力，可以任意改进、提升插座后面一直到电厂的各项实现技术。

这里，电气插座接口是隐藏了基础用电服务细节的抽象层，与此类似，API 就是应用服务向服务使用者提供服务的"插座"。

4. 为什么引入软件服务？

传统的 IT 行业软件大多都是各种独立系统的堆砌，单体架构所有的模块全都耦合在一起，代码量大，维护困难；这些系统的问题概括来讲就是扩展性差、可靠性差（一损俱损）、维护成本高。

近年来，软件的运行环境已经从传统的本地计算机环境发展为网络环境，基于网络的信息系统的规模、用户数量和复杂程度都显著增长。软件的规模日益庞大，促使人们常常需要把复杂的系统划分成小的组件，降低系统各部分的相互依赖，提高组件的内聚性，降低组件间的耦合程度，提高系统的可维护性和可扩展性，已成为一个技术难题。

被拆分出的单个服务模块相当于一个单独的项目，其代码量明显减少，遇到的问题也相对来说比较好解决。同时，服务强调结构上的"松耦合"，在功能上既可以整合为一个统一的整体，又可以实现有效拆分。这一方面有助于实现敏捷开发和部署，实际上对软件开发过程也提出了新的要求，使编程接口的设计就变得十分重要（因为良好的接口设计可以有效地实现高内聚、低耦合的要求）。另外，单体架构所有的模块开发所使用的技术一样，而服务每个模块都可以使用不同的开发技术，这使开发模式也更灵活。

1.3 服务计算的发展

1. Web 开发技术，趋向动态与交互

Web（World Wide Web，简写为 WWW、3W，即全球广域网）也被称为万维网。最早的 Web 是欧洲核子研究组织（Conseil Européen pour la Recherche Nucléaire，CERN）的蒂姆·伯纳斯·李（Tim Berners Lee）开发并实现的，于 1991 年正式发布，网址为 http://info.cern.ch。今天人们还能够访问到最早的 Web 网站（图 1.2、图 1.3），体会 Web 初创年代的简洁感。

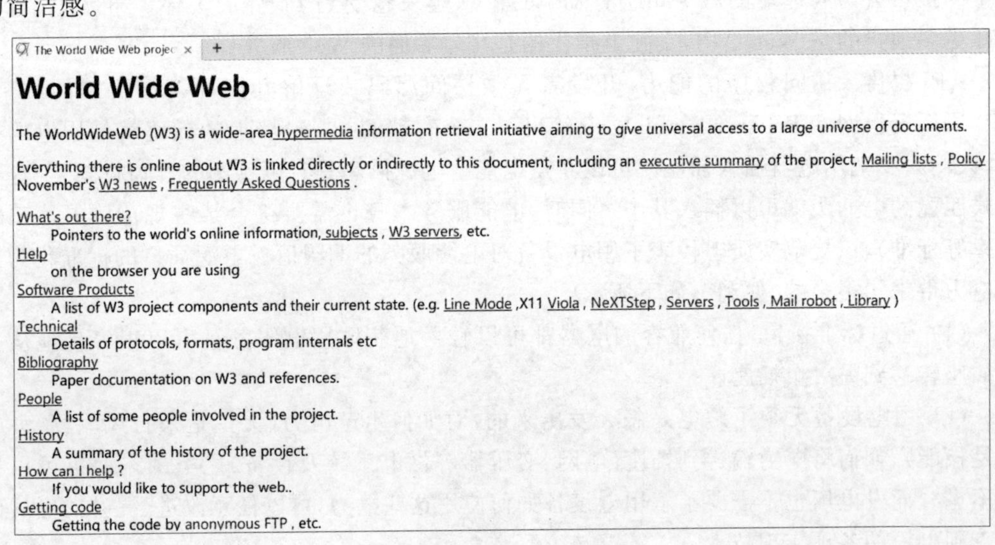

图 1.2 全球第一个 Web 网站

这一阶段 Web 的使用者主要是一些研究机构，其内容也主要是大量静态 HTML 文档呈现的静态内容，多是一些学术论文，此时的 Web 服务器可以被看作支持超文本的共享文

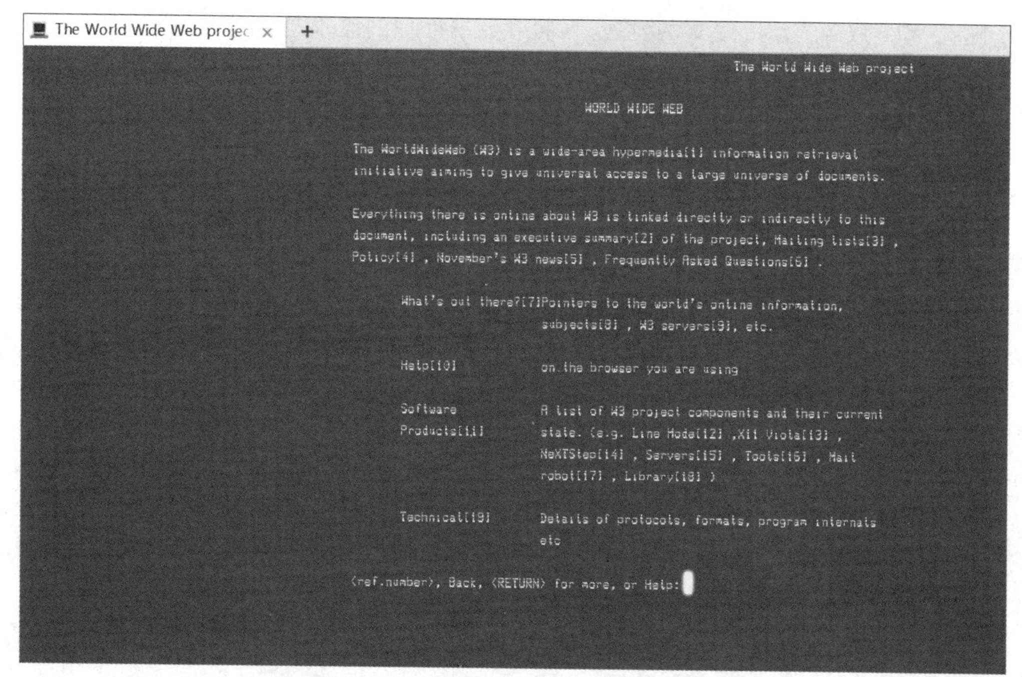

图 1.3　模拟字符行样式的全球第一个 Web 网站

件服务器。

随后，Web 从最初其设计者所构思的、主要支持静态文档的阶段，逐渐变得越来越动态化，进入了一个动态的新阶段——CGI（Common Gateway Interface）程序阶段。在这个阶段，Web 服务器增加了一些 API。通过这些 API 编写的应用程序可以向客户端提供一些动态变化的内容。Web 服务器与应用程序之间的通信也通过 CGI 协议完成，这种应用程序被称为 CGI 程序，可见，CGI 程序实际上运行在 Web 应用的后端（图 1.4）。

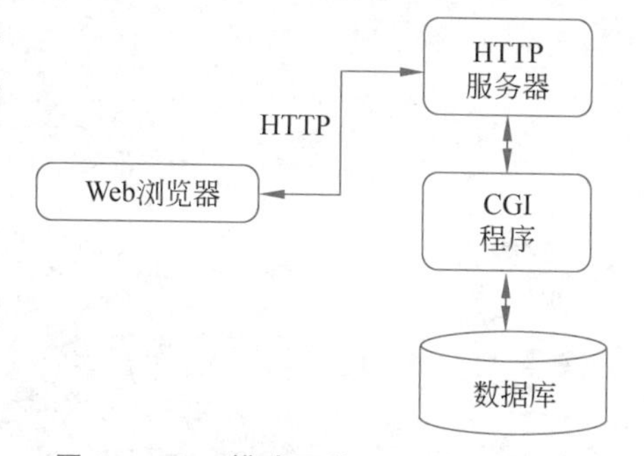

图 1.4　CGI 模式下的 Web 访问流程图

但随着 Web 应用的发展，复杂而低效的 CGI 程序已不能满足人们对 Web 服务多变、快速迭代的需求，因此 Web 进入了脚本语言阶段。在这个阶段，服务器端出现了 ASP（Active Server Pages）、PHP（最初是 Personal Home Page 的缩写，现已经正式更名为 PHP：Hypertext Preprocessor）、JSP（Java Server Pages）、ColdFusion 等支持 session 的脚本语言技术，浏览器端也出现了 Java Applet、JavaScript 等技术。使用这些技术，开发者可以在 Web 前端为用户提供更加丰富的动态内容。

在脚本语言阶段，开发者们为了追求更高的数据处理效率，将数据处理更多地放在服务器端，进入了瘦客户端应用阶段。在这个阶段，在服务器端出现了独立于 Web 服务器的应用服务器，同时出现了 Web MVC（Model-View-Controller）开发模式，各种 Web MVC 开发框架逐渐流行，并且占据了统治地位。基于这些框架开发的 Web 应用之所以被称作“瘦客户端应用”，是因为它们在服务器端生成全部的动态内容，客户端只是实现展示这些内容的功能。

随着 Web 服务需求井喷式的发展，人们对数据处理的需求越来越大，服务器负担越来越重，人们不得不尝试将一部分数据处理放在客户端，进入了富客户端应用阶段。富互联网应用(rich internet application，RIA)技术，大幅改善了 Web 应用的用户体验。应用最为广泛的 RIA 技术是 DHTML(dynamic hypertext markup language)＋AJAX(asynchronous JavaScript and XML)。AJAX 技术支持在不刷新页面的情况下动态更新页面中的局部内容，使 Web 前端的交互体验更加流畅。

现在，Web 发展到了移动 Web 应用阶段，交互模式变得越来越复杂，从静态文档发展到以内容为主的门户网站、电子商务网站、搜索引擎、社交网站，再到以娱乐为主的大型多人在线游戏、手机游戏、短视频等，出现了大量面向移动设备的 Web 应用开发技术，除了基于 Android、iOS、鸿蒙等操作系统平台的原生开发技术之外，基于 HTML5(H5)的开发技术也变得非常流行。

2. Web 服务的产生和发展

随着技术不断成熟，Web 逐渐成为应用程序连接远程服务提供者的主要通道，就像计算机系统内部使用服务实现互操作一样，能够跨 Web 的服务技术也发展了起来，将程序间的交互操作延伸到了更加广阔的 Web 领域(图 1.5)。

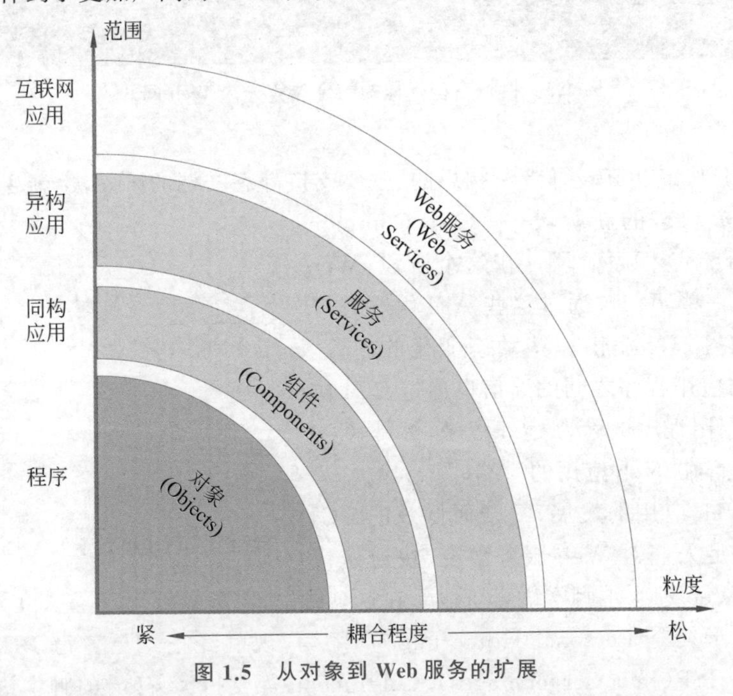

图 1.5 从对象到 Web 服务的扩展

2002 年 1 月，万维网联盟(World Wide Web consortium，W3C)成立了 Web 服务工作组(Web Services Activity)，由 IBM 和微软公司领导，负责 Web 服务相关规范的制定。W3C Web 服务工作组将 Web 服务定义为一个软件系统，用于支持网络上机器到机器的互操作交互，术语“Web 服务”经常指那些自我包含、自我描述、模块化的应用程序，其使用开放标准如 XML(extensible markup language)描述/发布/发现/协同和配置，用于供网络上的其他软件程序使用或访问。一旦部署了一个 Web 服务，其他的应用和 Web 服务就可以发现并激活这些已经部署的服务。在 W3C 及相关成员的努力下，人们逐渐制定了一系列 Web 服务的技术规范，搭建起 Web 服务的协议技术栈(图 1.6)。

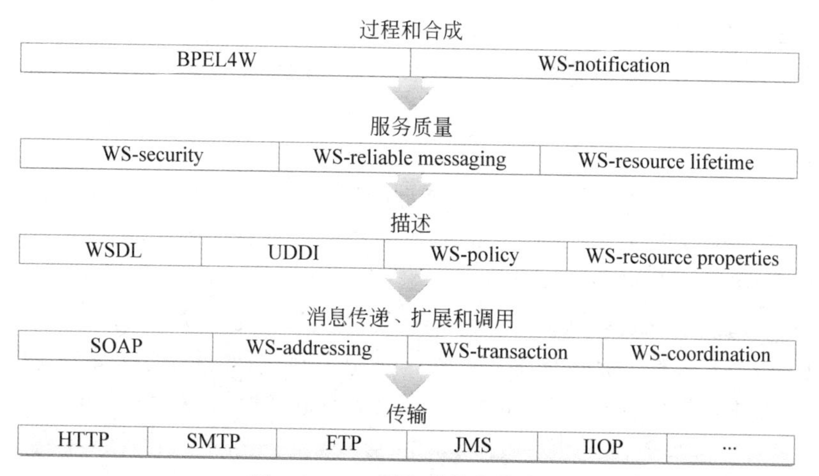

图 1.6　Web 服务的协议技术栈

其中最核心的是以下三个协议。

（1）简单对象访问协议(simple object access protocol,SOAP)。负责服务通信的基本协议,它提供了一个标准的封装结构,用来在各种不同的互联网协议(如 SMTP、HTTP 和 FTP)上传输 XML 文档。通过使用这样的标准消息格式,可以实现异构的软件系统互操作。

（2）Web 服务描述语言(Web services description language,WSDL)。用于描述接口,即 Web 服务支持的一系列标准格式的操作。它对操作的输入和输出参数表示、服务的协议绑定、消息在线传输方式等进行了标准化。使用 WSDL,不同的客户端可以自动理解如何与各个 Web 服务交互。

（3）通用描述、发现和集成(universal description discovery and integration,UDDI)。提供了一种通过搜索名称、标识符、类别或 Web 服务实现规范来发布和发现 Web 服务的全局注册表。

就这样,使用 WSDL 文件进行说明,通过 UDDI 进行注册和发现,并通过 SOAP 通信,就能够在 Web 上提供软件服务,形成 Web 服务基本模式,即面向服务架构(SOA)的基本模式(图 1.7)。

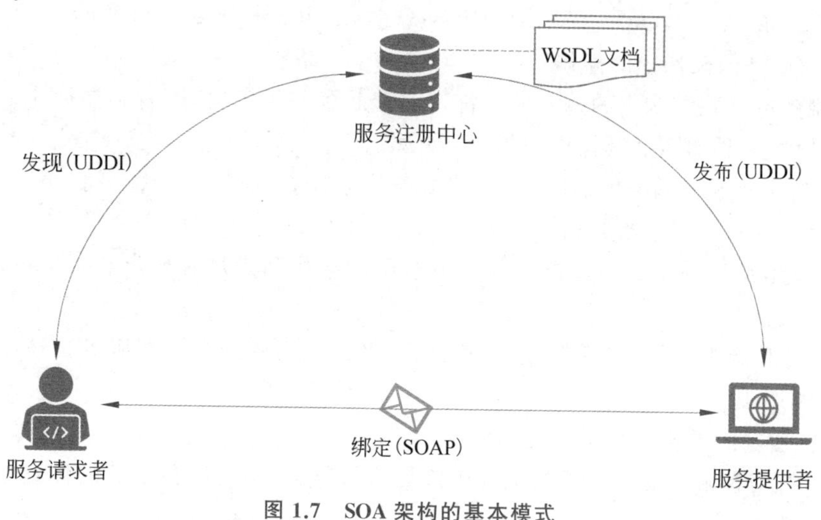

图 1.7　SOA 架构的基本模式

3. 面向服务的架构

面向服务的架构是将实施和集成业务流程所需要的各项操作开发成服务的一种软件架构模式,这样组成的业务流程本身又可以被开发为服务。

1) 面向服务的架构目标

在SOA架构范式中,软件能力以基于消息的通信模型为基础,通过松耦合、可重用、粗粒度、可发现和自我包含的服务来传递和使用,其核心是保持业务的灵活性。

(1) 根据业务人员的需求提供可理解的服务,建立和重组业务流程,实现新的业务。

(2) 建立可适应变化的软件系统,使业务创新与IT实现得以同步。

(3) 通过服务封装使旧系统能够更好地相互协作,而不需要将之剥离和替换。

(4) 通过对服务层的抽象,系统可以动态地运行和管理业务,以防范风险和提升盈利能力。

2) 面向服务的架构中的角色

SOA架构最核心的角色也是三个。

(1) 服务使用者:服务使用者可以是一个应用程序、一个软件模块或需要该服务的另一个服务。它对注册中心中的服务发起查询,获得服务描述(接口契约),通过传输绑定服务,并且调用服务的功能。

(2) 服务提供者:服务提供者是一个可通过网络寻址的实体,它接受和执行来自使用者的请求,将自己的服务和接口契约发布到服务注册中心,以便服务使用者可以发现和访问该服务。

(3) 服务注册中心:服务注册中心是服务发现的支持者。它包含一个可用服务的存储库,以及提供服务使用者查找服务和服务提供者的接口。

3) 面向服务的架构中的构件

(1) 服务:运行在Web某处宿主服务器上的软件组件,提供完整的功能(如对后台数据库的查询),允许服务使用者通过已发布的接口使用服务的功能。

(2) 服务描述:服务描述指定服务使用者与服务提供者交互的方式。它指定双方请求和响应的格式。服务描述可以指定一组关于服务调用的前提条件、后置条件以及关于服务质量(quality of service,QoS)级别的约定(service level agreement,SLA)。

4) 面向服务的架构中的操作

面向服务的体系结构中的每个实体都扮演着服务提供者、使用者和注册中心这三种角色中某一种(或多种)角色,其操作包括以下几种。

(1) 发布:为了使服务可访问,需要将服务描述发布到一个公共空间(服务注册中心)以使服务使用者可以发现和调用它。

(2) 发现:服务请求者通过查询服务注册中心来找到满足其要求和标准的服务,获取服务的描述文件并定位服务端口。

(3) 绑定和调用:在检索完服务描述之后,服务使用者继续根据服务描述中的信息来绑定协议、调用服务。

5) 面向服务的架构的技术特征

除了支持动态服务发现和提供服务接口契约的定义之外,面向服务的体系结构还具有以下技术特征。

（1）服务是自包含和模块化的。

（2）服务可支持互操作性。

（3）服务是松耦合的。

（4）服务是位置透明的。

（5）服务可以组成组合模块。

4. 服务科学与 SSME

进入互联网时代以来，新的业务模式、流程、战略和人力管理方式发展迅速，其本身即可被视为一系列服务，现代服务业的发展使“服务科学”的概念呼之欲出。为了界定“服务科学”的研究范畴，2004 年 5 月，IBM 公司聚集了 100 多位著名的商科和工程类学院的教授，与 IBM 公司的科学家和顾问一起审视不断发展变化的商业环境，探究“服务科学”的发展。在中国，2005 年 9 月 13 日，由教育部、信息产业部、北京大学、清华大学以及 IBM 公司等组织的首届“服务创新和服务科学学科建设”研讨会在北京大学举行。在这次会议上，IBM 公司把“服务科学”称为 SSME——services sciences，management，and engineering，其四个关键词就是服务、科学、管理和工程。

为什么会这样界定“服务科学”呢？很明显，提出创建新的服务学科的目标是创建一个全新的服务领域来发展和贯彻技术应用，以帮助企业、政府和其他组织改进目前的服务，从而进入全新的机会领域。该领域要求彻底了解如何创建和交付可以重复利用的资产，以便更加容易地重复执行和更加有效地交付服务。服务科学这个新的学科把计算机科学、运筹学、产业工程、商务战略、管理科学、社会和认知科学以及法律科学的工作相结合，致力于发展以服务为主导的经济所要求的综合技能。这就是 SSME 涵盖服务全生命周期以及范围覆盖管理、科学与工程的初衷。

5. 从 ASP 到 SaaS，软件模式的变革

20 世纪 90 年代，一种业务租赁模式进入了软件产业，这就是应用服务提供商模式（application service provider，ASP[1]）。ASP 是指企业用户可以直接租用软件系统和硬件资源管理自己的业务，从而为自身节省用于购买 IT 产品的资金。这里的“软件系统和硬件资源”都由服务商提供，用户获得的就只有“服务”，也就是软件所实现的功能。

21 世纪初又出现了“软件即服务”（software-as-a-service，SaaS ）的概念。SaaS 服务通常基于一套标准软件系统，可为成百上千的不同客户（又被称为租户）提供服务，即多租户（multi-tenancy）技术架构。这要求 SaaS 服务能够支持隔离不同租户之间的数据和配置，从而保证每个租户的隐私安全，同时也能够满足租户对诸如界面、业务逻辑、数据结构等方面的个性化需求。国外软件巨头 Salesforce、SAP、Oracle、Microsoft、IBM 等均已先后涉足 SaaS 领域，其中 Salesforce 基于 SaaS 模式提供的客户关系管理服务（CRM）取得了巨大成功，2022 年 4 月 1 日，该公司市值已经超过 2100 亿美元，成为全球应用 SaaS 模式的成功典范。

6. 微服务架构

微服务（microservice）最早由 Martin Fowler 与 James Lewis 于 2014 年共同提出，是一种架构概念，旨在将功能分解到各个离散的服务中，以实现对解决方案的解耦，并可以提供

[1] 王庆波，等. 虚拟化与云计算[M]. 北京：电子工业出版社，2009.

更加灵活的服务支持。

微服务可以在“自己的程序”中运行,并通过“轻量级设备与 HTTP 型 API 进行沟通”,该架构的关键在于强调前者,如果其中任何一个服务需要增加某种功能,那么开发者只需要在特定的某种服务中增加所需功能,而不会影响架构整体。

7. “中台”兴起,解决前后台解耦问题

2017 年 5 月,阿里巴巴集团出版了《企业 IT 架构转型之道: 阿里巴巴中台战略思想和架构实战》一书,详细阐述了阿里巴巴集团的“中台”战略,随后掀起了国内企业建设“中台”的浪潮。

阿里巴巴集团构建业务“中台”的基础是共享服务体系,“中台”概念的核心仍然是解耦,本质是解决共享和配速问题,通过抽象可被复用的服务支撑前端业务的快速应变(图 1.8)。例如,数据“中台”以数据资产为核心,实现数据的分层和水平解耦,为用户提供全域的数据服务。从本质上讲就是由整个系统的数据服务工厂负责加工和处理数据,完成从数据到价值的过程。

“中台”的另一个核心是服务,如数据“中台”就是通过 API 的方式提供数据服务,而不是直接把数据库给“前台”、让“前台”开发自行使用数据,这实质上也是利用了服务的动态与安全特征。而算法“中台”(图 1.9)则可以为各个项目提供算法能力,如推荐算法、搜索算法、图像识别、语音识别等,其也是通过服务提供给“前台”使用。

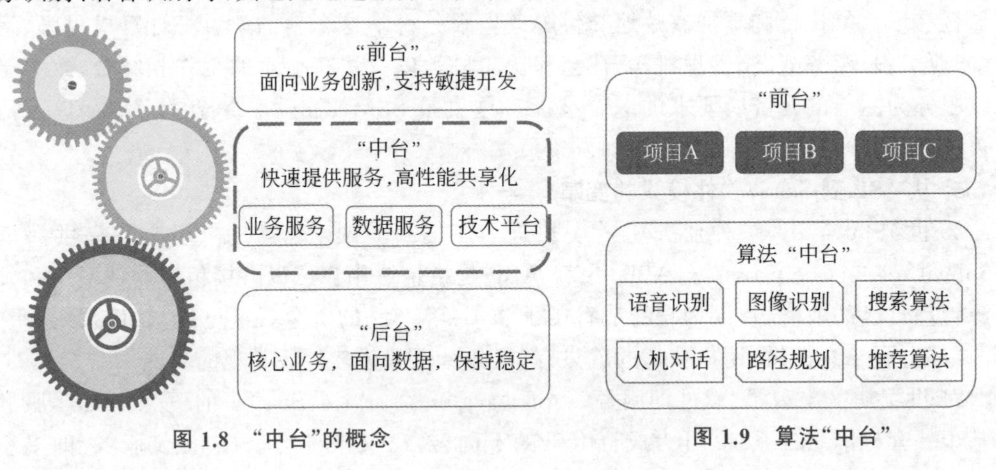

图 1.8 “中台”的概念　　图 1.9 算法“中台”

1.4 API 时代的到来

1. API 经济

云时代,开放成为了软件技术发展的趋势,越来越多的产品走向开放化。而 API 作为能力开放的核心载体,就此成为服务交付、能力复制、数据输出的最佳实践,已成为云计算市场增长最快的领域(图 1.10)。

API 经济是基于 API 技术所产生的经济活动的总和,在当今发展阶段主要包括 API 业务以及通过 API 进行的业务功能、性能等方面的商业交易。

API 经济是信息网络化时代产生的一种崭新的经济现象。如今,不同类型的生态系统内的 API 经济已开始出现,如 App Store、GMS(谷歌移动服务)、HMS(华为移动服务)等。

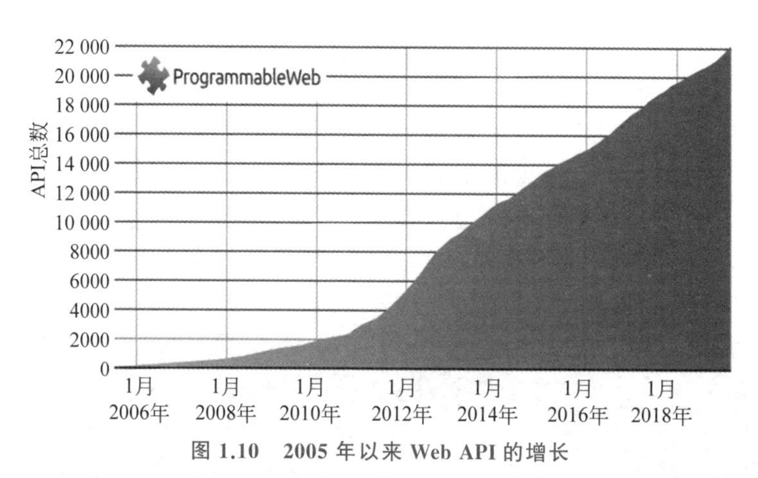

图 1.10　2005 年以来 Web API 的增长

云时代，API 成为了服务交付、能力复制、数据输出的最佳载体。众多企业以 API 的形式对外提供服务和数据，让物联网(internet of things，IoT)领域、大数据领域、移动应用领域有了更大的可创造空间，带来了无尽的机会和可能。未来的互联网服务将以 API 服务为直接支撑。

例如，Salesforce.com 通过 API 公开其平台的核心功能，这些 API 被称为 Salesforce 平台 API；在社交媒体领域，Twitter 和 Facebook 依靠 API 提高使用率和扩大参与度，从而允许第三方利用其 API 构建新的移动和 Web 应用程序；在娱乐和电子商务领域，网飞(Netflix)和 eBay 使用 API 通过第三方应用程序共享内容和商业报价，这些交易也为 API 提供者带来了收入。

IFTTT 是一个很有创意的服务(图 1.11)，其宗旨是 Put the internet to work for you (让互联网为你服务)，它利用网络上的开放 API，通过流程将各个网站或应用上的各种信息衔接，再集中将用户需要的信息呈现给用户。IFTTT 是 If This Then That 的缩写，其作用模式是："如果触发了一件事，则执行设定好的另一件事"，所谓的"事"指的是各种应用、服务之间可以进行的、有趣的连锁反应。用户可以在 IFTTT 里设定一个所需的条件，当条件达到时，便会触发一个指定好的动作。实际上，IFTTT 是一个连接了 600 多个世界级服务、数千名活跃开发者和数百万消费者的平台，其已形成了一个服务生态系统。

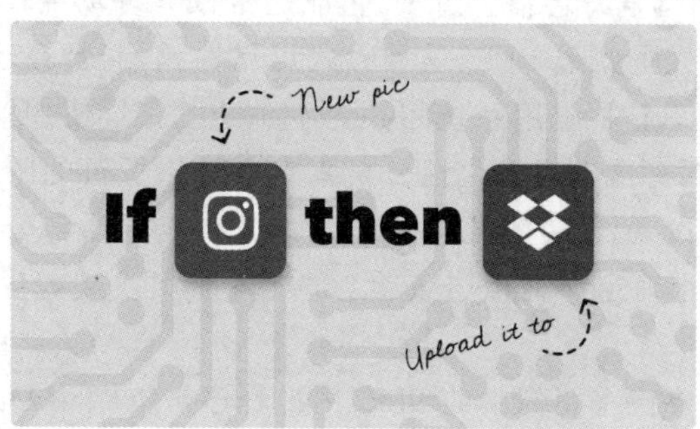

图 1.11　IFTTT 的运行方式

例如，IFTTT 服务推出了"太空频道"，专门从 NASA、Open Notify 和火星大气聚合系统等太空相关的信息源收集信息，一旦有太空探索相关的突发新闻，如宇航员进入太空、火星气候变化等类似的信息，IFTTT 就能根据触发条件自动推送至用户的邮箱，使用户及时掌握最新动态。2017 年 5 月,IFTTT 获得 Google Play 年度最佳辅助应用奖。

2. API 支持的开发

API 可以帮助开发者快速地开发与部署应用、多通道集成、实现敏捷的服务组合、开拓内部和外部服务的市场,其选用成熟、稳定的第三方 API 来完善系统功能,不但可以减少自身系统的代码、加快开发进度,而且能让开发人员有更多的时间处理自身领域的问题,这要比重复构建别人已经成熟的功能更有价值。因此,精通使用 API 和数据的组织往往比竞争对手拥有更快的市场进入速度和更高水平的客户满意度,获利更多。

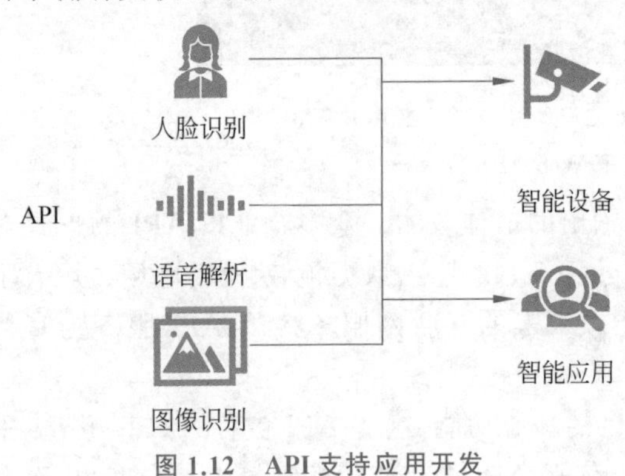

图 1.12 API 支持应用开发

例如,像在线支付、天气预报、图像识别等专门的服务要么需要一定的资质、要么需要专有的数据、要么需要领先的算法,如果其他公司已经提供了更好的、标准的服务,就不需要新应用的开发者再耗费人力物力重新开发一遍,而且即使耗时、耗力研发出来的功能也不一定比他人开发得稳定。因此,基于 API 的开发逐渐成为 Web 新应用开发的流行模式(图 1.12)。

大数据时代,大量的数据价值需要被挖掘,分析即服务(analytics-as-a-service, AaaS)开始崭露头角。国内外在 AaaS 领域已经涌现出了一批新公司,如用机器学习来优化网络欺诈监测和排查模型的 Sift Science,给电商提供个性化购物工具条的 Commerce Sciences,利用大数据打造个性化推荐和消费偏好平台的"百分点",做用户体验可视化分析工具的"邦分析"等。

下面介绍一个亚马逊的 Rekognition,它用于自动检测图像中人物的个人防护装备(personal protective equipment,PPE)。

在制造、建筑、食品加工、化工、医疗保健以及物流等诸多行业当中,工作场所的安全都是日常运营的重中之重。这些工作场所内往往有着多种多样的安全隐患,安全监管机构经常要求企业为员工提供 PPE 并确保其被按要求使用。此外,随着疫情的暴发,在公共场所佩戴 PPE 也能够有效阻遏病毒传播。过去,企业通常依靠现场主管或督导员单独检查,并提醒特定区域内的所有人员佩戴 PPE,这种方式可靠性差,而且在规模化场景下往往效率低下或成本过高。现在,企业应用系统可以通过调用 API,使用该服务改善安全流程。Rekognition PPE 检测服务能够规模化地分析来自本地摄像机的图像,借此自动检测人员是否佩戴了必要的防护设备,及时触发警报或通知,还可以汇总 PPE 检测结果,并按时间和地点对其进行分析,借此确定如何改进安全警告、培训实践或者生成报告以供监管审计使用。

具体如何实现呢?要检查图像中的 PPE,用户程序可以调用 DetectProtectiveEquipment API 并传递输入图像(JPG 或 PNG 格式)。以下是一个 DetectProtectiveEquipment API 请求的示例。

```
{
    "Image": {
        "S3Object": {
```

```
            "Bucket": "console-sample-images",
            "Name": "ppe_group_updated.jpg"
        }
    },
    "SummarizationAttributes": {
        "MinConfidence": 80,
        "RequiredEquipmentTypes": [
            "FACE_COVER"
        ]
    }
}
```

DetectProtectiveEquipment 服务能够从每幅图像中同时监控最多 15 个人，并对各个人物的身体部位(面部、头部、左手与右手)、画面中的 PPE 类型以及 PPE 是否覆盖相应身体部位进行检测。API 的响应是一个 Json 格式的文件，刚才那个例子的响应如下所示。

```
"ProtectiveEquipmentModelVersion": "1.0",
    "Persons": [
        {
            "BodyParts": [
                {
                    "Name": "FACE",
                    "Confidence": 99.07738494873047,
                    "EquipmentDetections": [
                        {
                            "BoundingBox": {
                                "Width": 0.06805413216352463,
                                "Height": 0.09381836652755737,
                                "Left": 0.7537466287612915,
                                "Top": 0.26088595390319824
                            },
                            "Confidence": 99.98419189453125,
                            "Type": "FACE_COVER",
                            "CoversBodyPart": {
                                "Confidence": 99.76295471191406,
…
```

根据实际用例、摄像机与环境设置，开发者可以使用不同的方法分析本地摄像机提供的图像内容，借此进行 PPE 检测。由于 DetectProtectiveEquipment 服务仅接受图像输入，因此可以设定检测频率(如按每 1 秒、2 秒或 5 秒，或者每次检测到运动时)从流式传输或存储的视频中提取画面帧，然后使用 DetectProtectiveEquipment 服务分析这些帧。以下架构示范了如何设计无服务器工作流以处理来自摄像机的视频帧并进行 PPE 检测(图 1.13)。

开发者还可以进一步调用一系列 AWS 服务(amazon web services)，如用 Amazon 简单通知服务生成通知，存储 PPE 检测结果，并供后续通过 AWS Glue 数据集成服务、Amazon Athena 数据库查询服务以及 Amazon QuickSight 快速洞察服务等创建 PPE 检测事件的匿名报告(图 1.14)，这是当前大量 Web 应用的典型模式。

3. API 服务与工业 4.0

2013 年，德国提出工业 4.0，旨在利用信息物理系统(cyber physical systems，CPS)将生

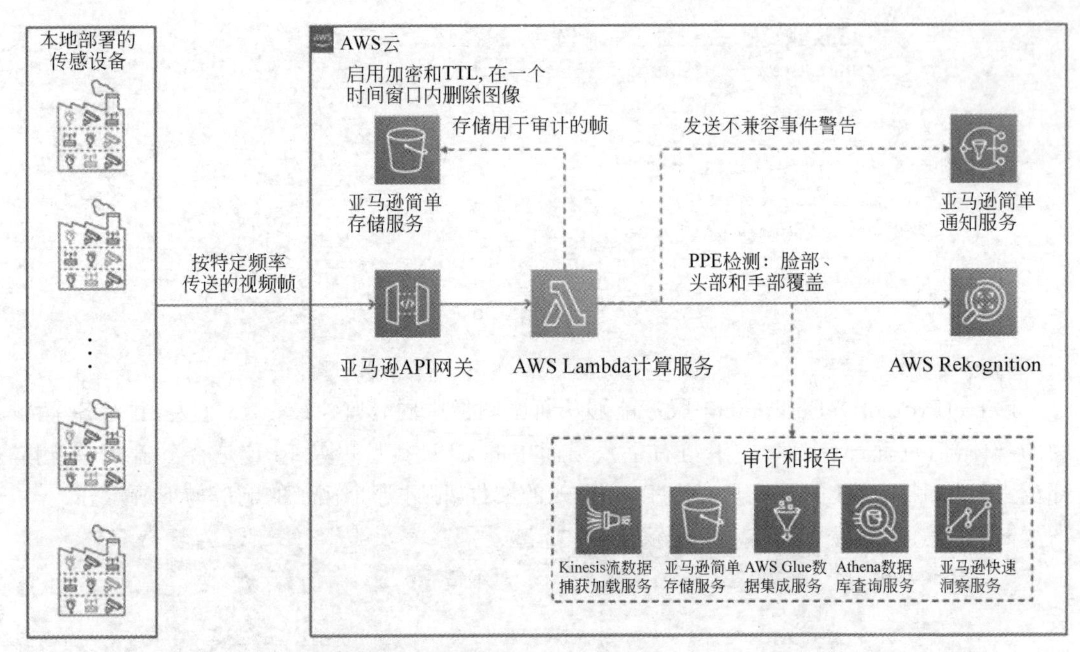

图 1.13　通过调用服务处理来自摄像机的视频帧并进行 PPE 检测(Amazon)

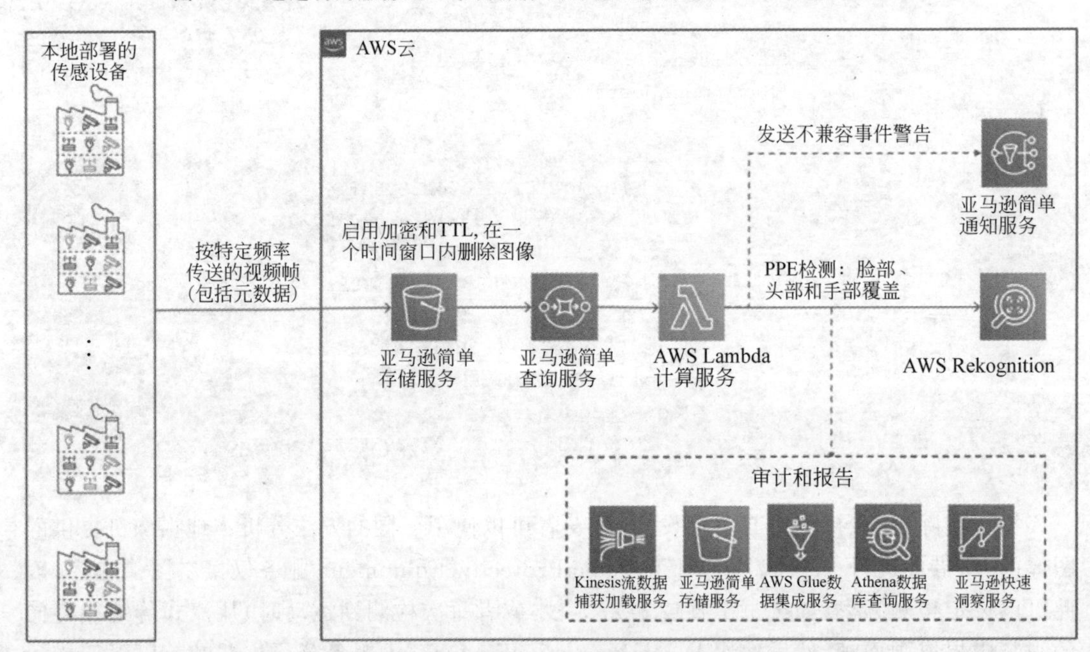

图 1.14　通过调用服务创建 PPE 检测事件的匿名报告(Amazon)

产中的供应、制造、销售信息数据化、智能化，最后达到快速、高效、个性化的产品供应。工业 4.0 的基础是基于服务和实时保障的 CPS，使各种与硬件相关的设备被抽象为服务以便于连接与集成，并向上层应用提供数据和服务(图 1.15)。

4. 从十亿到万亿的连接，Web 服务，方兴未艾

Web 服务发展不过二十余年，在这个过程中，有一些里程碑式的事件。

1996 年：Gartner 提出 SOA 概念。

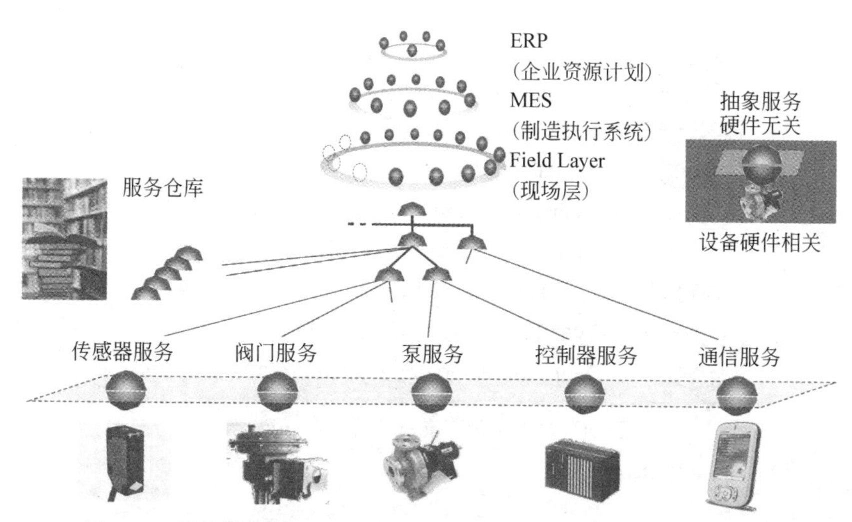

图 1.15　面向服务的工厂系统(来源：DFKI,德国人工智能研究中心)

2000 年：W3C 发布 SOAP 规范。

2000 年：罗伊·菲尔丁发表关于 REST 的论文。

2001 年：W3C 发布 WSDL(web services description language)规范。

2001 年：IBM 发布 WSFL(web services flow language)(BPEL 前身)规范。

2003 年：BPEL4WS(business process execution language for web services)1.1 规范发布。

2003 年：网格工具套件 Globus Toolkit 3.0 开始支持 Web 服务。

2003 年：第一届 ICWS(international conference on web services)和 ICSOC(international conference on service oriented computing)(服务计算两个重要学术会议)分别在美国和欧洲召开。

2005 年：IBM 推出 SOA Foundation 产品。

2005 年：AlchemyAPI (机器学习服务)成立。

2005 年：ProgrammableWeb 网站上线。

2006 年：Amazon Web 服务发布,支持 REST 和 SOAP。

2006 年：Google Search API 停止支持 SOAP,转用 REST。

2009 年：生物网络服务的注册中心 BioCatalogue 项目启动。

2013 年：Salesforce API 达到日处理 13 亿事务的规模。

2014 年：微服务架构被提出。

2020 年：Amazon AWS 服务收入达到 453.7 亿美元,相比 2014 年的 51.6 亿美元增长了 8 倍。

Web 服务已经成为互联网经济不可或缺的技术,许多公司的 API 每天都有数以十亿计的访问请求,这些公司被称为"API 亿万富翁俱乐部"(图 1.16)。

而且,这个"十亿"(billion)的数字正在向"万亿"(trillion)的目标迈进。云计算,移动设备和物联网的兴起,世界正在走向万亿可编程端点的时代。身份管理服务公司 Ping Identity 的首席技术官 Bernard Harguindeguy 说："API 经济的前景是指数级的。""API 正在为企业创建强大的方式,可以简化与合作伙伴的互动方式,以共同交付新一代应用程序,

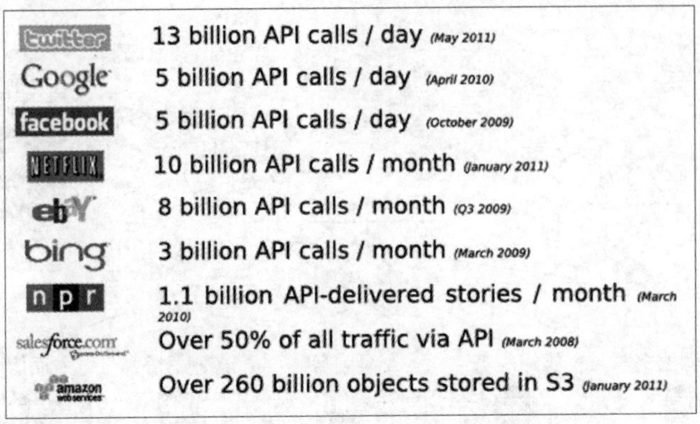

twitter 13 billion API calls / day (May 2011)
Google 5 billion API calls / day (April 2010)
facebook 5 billion API calls / day (October 2009)
NETFLIX 10 billion API calls / month (January 2011)
ebay 8 billion API calls / month (Q3 2009)
bing 3 billion API calls / month (March 2009)
npr 1.1 billion API-delivered stories / month (March 2010)
salesforce.com Over 50% of all traffic via API (March 2008)
amazon web services Over 260 billion objects stored in S3 (January 2011)

图 1.16 “API 亿万富翁俱乐部”(2011 年)

从而为消费者提供更多服务和选择。”

本章习题

1. 请简要论述引入软件服务的必要性?
2. 简述 W3C 定义的“Web 服务技术栈”的主要组成。
3. 简述面向服务架构的三个角色和三个操作。
4. 简述面向服务架构的技术特征。
5. 概述服务计算发展过程中的标志性进展。

第2章

Web 服务技术方案：从 RPC 到 REST

2.1 探寻 Web 运行的终极原理

按照 Web 标准组织 W3C 的定义，Web 是一个充满有趣项目的信息空间，这些项目被称为资源，由被称为统一资源标识符（uniform resource identifier，URI）的全球标识符识别（图 2.1）。

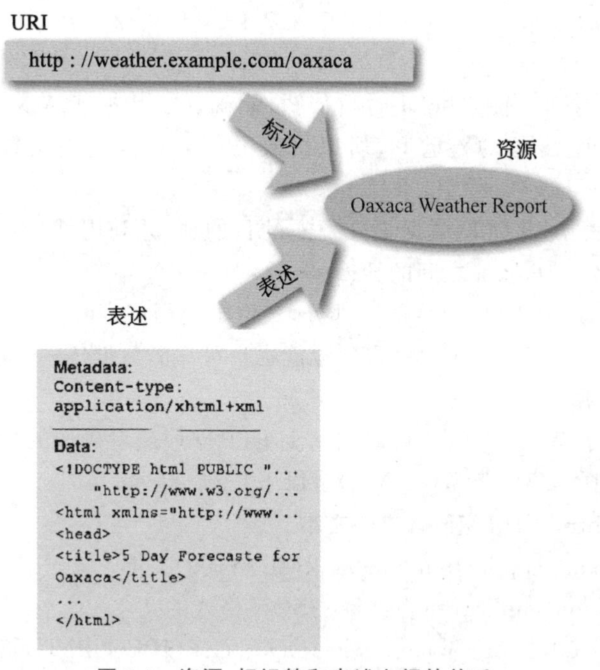

图 2.1 资源、标识符和表述之间的关系

W3C 对 Web 还有一句更为感性的定义：The World Wide Web is the universe of network-accessible information, the embodiment of human knowledge——Web 是网络信息的宇宙，是知识的化身。

Web 使用了超文本、HTTP 等这些相对简单的技术，却具有足够的可扩展性、效率和实用性。Web 通过超链接将 Internet 上的资源信息结点组织成一个互为关联的网状结构，并为浏览者提供了一种利用 HTTP 获取和操作网络资源的方式，以及查找和浏览信息的图形化、易访问的直观界面。

以 Web 服务器作为宿主的资源不仅仅包含像文字和图片这样传统的信息载

体,还包含音频和视频等多媒体信息。从技术架构层面上看,Web 的技术包括四个基石。

(1) URI:关于互联网社区如何分配名称并将其与所标识的资源联系起来的协议,用于标识资源。

(2) HyperText:Web 的一个决定性特征就是允许通过 URI 嵌入对其他资源的引用表达,这就是超文本。

(3) HTTP:超文本传输协议(hypertext transfer protocol)。

(4) MIME:本意为多用途 Internet 邮件扩展(multipurpose internet mail extension),发明它的最初目的是在发送电子邮件时附加多媒体数据,让邮件客户程序能根据其类型进行处理。在 Web 上,设定某种扩展名的文件与一种应用程序绑定,当具有该扩展名的文件被访问时,浏览器会自动使用指定应用程序打开。

这四个基石相互支撑,促使 Web 这座宏伟的大厦以几何级的速度发展了起来,改变了人们的生活方式和思维方式。

1. 网络协议

TCP/IP 是以 IP(internet protocol)和 TCP(transmission control protocol)为核心的一整套网络协议的总称。毫不夸张地说,TCP/IP 支撑着整个互联网,因为它就是互联网采用的基础网络协议集。

TCP 利用"接收确认"和"超时重传"机制确保了数据能够成功抵达目的地;每个 TCP 报文段都有一个 16 位的检验和,所以接收方可以根据它确认数据在传输过程中是否被篡改。

IP 利用 IP 地址来定位数据报文发送的目的地,并利用域名系统(domain name system,DNS)实现域名与 IP 地址之间的转换。

HTTP 是 TCP/IP 协议族的一部分,其位于应用层,在它之下的就是 TCP。由于 TCP 是一个"可靠"的协议,故 HTTP 自然也能提供可靠的数据传输功能。

2. Web 资源

任何寄宿于 Web 服务器、可以利用 HTTP 获取或者操作的"事物"均可以被称为资源,常用的资源包括的媒体类型(MIME)有以下几种。

(1) text/html:HTML 格式的文本。

(2) text/xml(application/xml):XML 格式的文本。

(3) text/json(application/json):JSON 格式的文本。

(4) image/gif(image/jpeg、image/png):GIF(JPEG、PNG)格式的图像文件。

(5) audio/mp4(audio/mpeg、audio/vnd.wave):MP4(MPEG、WAVE)格式的音频文件。

(6) video/mp4(video/mpeg、video/quicktime):MP4(MPEG、QUICKTIME)格式的视频文件。

3. URI、URL 和 URN

Web 资源应该有一个唯一的标识。目前,采用 URI 来标识 Web 资源已经成为了一种共识,URI 包含了 URL 和 URN。

(1)URL(uniform resource loader):统一资源定位符,侧重于"定位"二字。

(2)URN(uniform resource name):统一资源名称,侧重于"名称"二字。

URL、URN都是URI的子集，但日常生活中最常见的是URL，所以大家口头上也习惯使用URL指代一个资源。URL除了标识之外还具有定位的功能，用于描述Web资源所在的位置，除此之外其还指明了该资源所采用的协议，一个完整的URL包含协议名称、主机名称（IP地址或者域名）、端口号、路径和查询字符串5个部分。如对于“http://www.artech.com:8080/images/photo.png? size=small”这样一个URL，上述的5部分分别是http、www.artech.com、8080、/images/photo.png和“? size=small”。

4. HTTP方法

HTTP采用简单的请求/响应模式消息交换实现针对某个Web资源的传输操作，通过以下方法完成具体功能。

(1) POST：向服务器提交信息，一般用于创建资源（增）。

(2) GET：获取服务器端的信息，一般用于浏览资源（查）。

(3) PUT：用于修改服务器端资源（改）。

(4) DELETE：用于删除资源（删）。

5. HTTP报文

Web客户端和服务器在一次HTTP事务中交换的消息被称为HTTP报文，客户端发送给服务器的请求消息被称为请求报文；服务器返回给客户端的响应消息被称为响应报文。请求报文和响应报文采用纯文本编码，由若干行简单的字符串组成。一个完整的HTTP报文由如下三部分构成。

(1) 起始行：请求报文利用起始行表示采用的HTTP方法、请求URI和采用的HTTP版本，而响应报文的起始行则包含HTTP版本和响应状态码等信息。

(2) 报头集合：HTTP报文的起始行后面可以包含零个或者多个报头字段。每个报头表现为一个“键-值”对，键和值分别表示报头名称和报头的值，两者通过冒号（“:”）分割。HTTP报文采用一个空行作为报头集合结束的标志。

(3) 主体内容：代表报头集合结束标志的空行之后就是HTTP报文的主体部分。客户端提交给服务器的数据一般置于请求报头的主体，而响应报头的主体部分则主要包含服务器返回给客户端的数据。

例如，尝试请求一个Web页面（http://info.cern.ch/hypertext/WWW/TheProject.html），这个页面就是第1章提到的世界上第一个Web页面，其对应的HTTP请求如下。

```
GET /hypertext/WWW/TheProject.html HTTP/1.1
User-Agent: PostmanRuntime/7.28.4
Accept: */*
Postman-Token: c559b1da-f4de-4a2d-8b95-91af758bab7c
Host: info.cern.ch
Accept-Encoding: gzip, deflate, br
Connection: keep-alive
```

这里用的访问工具是Postman，它是一个接口测试工具，可以模拟用户发起的各类HTTP请求，将请求数据发送至服务端并获取对应的响应结果。

第一行起始行即体现了HTTP请求的三个基本属性，即HTTP方法（GET）、目标资源（/hypertext/WWW/TheProject.html，这是一个相对于报头中主机变量Host: info.cern.ch的相对地址）和协议版本（HTTP/1.1）。

随后得到服务器端返回的 HTTP 报文如下。

```
HTTP/1.1 200 OK
Date: Sun, 03 Apr 2022 14:43:58 GMT
Server: Apache
Last-Modified: Thu, 03 Dec 1992 08:37:20 GMT
ETag: "8a9-291e721905000"
Accept-Ranges: bytes
Content-Length: 2217
Connection: close
Content-Type: text/html

<HEADER>
   <TITLE>The World Wide Web project</TITLE>
   <NEXTID N="55">
</HEADER>
<BODY>
<H1>World Wide Web</H1>The WorldWideWeb (W3) is a wide-area
...
</BODY>
```

第一行的内容包括采用的 HTTP 版本(HTTP/1.1)和响应状态码(200 OK),表示请求已被正常接收处理。

媒体类型通过报头 Content-Type 表示。主体内容是一个 HTML 文档,所以 Content-Type 媒体类型为 text/html。

响应的内容被封装到响应报文的主体部分,这就是一个文本格式的 HTML 文件。需要指出的是,这个网站内容虽然是世界上第一个 Web 页面,但在这个 CERN 维护的最新版本中出现的<header>标记却是 HTML 5 新增的标记元素。

6. 表述性状态转移 REST

Web 发展到了 1995 年,在 CGI、ASP 等技术出现之后,沿用了多年的、主要面向静态文档的 HTTP/1.0 协议已经无法满足 Web 应用的开发需求,人们此时迫切地需要设计新版本的 HTTP。

在 HTTP/1.0 协议专家组中,有一位年轻人脱颖而出,显示出了不凡的洞察力,后来他成为了 HTTP/1.1 协议专家组的负责人。这位年轻人就是后来成为 Apache HTTP 服务器核心开发者的罗伊·托马斯·菲尔丁(Roy Thomas Fielding)。

罗伊·托马斯·菲尔丁生于 1965 年,是美国计算机科学家、HTTP 规范的主要作者之一、计算机网络体系结构的权威学者,也是 Apache HTTP Server 项目的联合创始人,现在担任 Adobe Systems Incorporated 的高级首席科学家。1999 年,他被《麻省理工学院技术评论》TR100 评为全球 35 岁以下的前 100 名创新者之一。在 HTTP/1.1 协议的设计工作中,罗伊·托马斯·菲尔丁和他的同事们对 Web 取得巨大成功在技术架构方面的因素做了一番深入的总结,并将这些总结纳入到了一套理论框架之中,即 Representational State Transfer (REST,表述性状态转移),这套理论被用来指导 HTTP/1.1 协议的设计。

REST 的宗旨是从资源的角度观察整个网络,那么什么是资源呢? 任何寄宿于 Web 服务器、可以利用 HTTP 被获取或者操作的"事物"均可以被称为资源。资源必须可标识,分布在各处的资源由 URI 确定,而客户端应用也通过 URI 获取资源的表述。获得这些表述导致这些应用程序能够转变其状态，随着不断地获取资源的表述，客户端应用不断地转变着状态，这就叫作表述性状态转移。在 REST 的世界中，互联网就是一个巨大的状态机，早期互联网只有静态页面时，通过超链接在静态网页间跳转式浏览的“page->link->page ->link…”模式就是一种典型的状态转移过程：资源在浏览器中以超媒体的形式呈现，用户通过“点击”超媒体中的链接可以获取其他相关的资源或者对当前资源进行处理，获取的资源或者针对资源处理的响应同样以超媒体的形式再次被呈现在浏览器上。借助超媒体这种特殊的资源呈现方式，应用状态的转换在浏览器中呈现为资源的转换，这就是 REST 的含义。

资源并不孤立地存在，必然与其他资源具有某种关联。用户可以利用 URL 将相关的资源关联起来。例如，采用 XML 来表示一部电影的信息，那么如下的形式就可以利用 URL 将相关资源(导演、领衔主演、主演、编剧以及海报)关联在一起——这其实就是一份超文本/超媒体文档。

```
<movie>
<name>魔鬼代言人</name>
<genre>剧情|悬疑|惊悚</genre>
<directors>
<add ref="http://www.artech.com/directors/taylor-hackford">泰勒·海克福德</add>
</directors>
<starring>
<add ref ="http://www.artech.com/actors/al-pacino">阿尔·帕西诺</add>
<add ref ="http://www.artech.com/actors/keanu-reeves">基诺·李维斯</add>
  </starring>
  <supportingActors>
    <add ref ="http://www.artech.com/actors/charlize-theron">查理兹·塞隆</add>
    <add ref ="http://www.artech.com/actors/jeffrey-jones">杰弗瑞·琼斯</add>
    <add ref ="http://www.artech.com/actors/connie-nielsen">康尼·尼尔森</add>
  </supportingActors>
  <scriptWriters>
    <add ref ="http://www.artech.com/scriptwriters/jonathan-lemkin">乔纳森·
莱姆金</add>
    <add ref ="http://www.artech.com/scriptwriters/tony-gilroy">托尼·吉尔罗
伊</add>
  </scriptWriters>
  <language>英语</language>
  <poster ref ="http://www.artech.com/images/the-devil-s-advocate"/>
  <story>...</story>
</movie>
```

资源的关联还可以采用其他格式，如 JSON 就是目前另一种最为主流的表述形式。豆瓣网 2021 版电影《沙丘》页面的内容中，URL 都是相对路径，加上前缀"https://movie.douban.com/"就是资源的绝对路径，而豆瓣网上丹尼斯·维伦纽瓦(本片导演)的资源地址就是 https://movie.douban.com/celebrity/1028333/，目标数据即为 JSON 格式，如下所示。

```
{
  "@context": "http://schema.org",
```

```
  "name": "沙丘 Dune",
  "url": "/subject/3001114/",
  "image": "https://img9.doubanio.com/view/photo/s_ratio_poster/public/
p2687443734.webp",
  "director":
  [
    {     "@type": "Person",
     "url": "/celebrity/1028333/",
     "name": "丹尼斯·维伦纽瓦 Denis Villeneuve"    }
  ]
,
  "author":
  [
    {
     "@type": "Person",
     "url": "/celebrity/1028333/",
     "name": "丹尼斯·维伦纽瓦 Denis Villeneuve"    }
    ,
    {     "@type": "Person",
     "url": "/celebrity/1320120/",
     "name": "乔·斯派茨 Jon Spaihts"    }
    ,
    {     "@type": "Person",
     "url": "/celebrity/1000393/",
     "name": "艾瑞克·罗斯 Eric Roth"    }
    ,
    {     "@type": "Person",
     "url": "/celebrity/1028181/",
     "name": "弗兰克·赫伯特 Frank Herbert"    }
  ]
,
  "actor":
  [
    {     "@type": "Person",
     "url": "/celebrity/1325862/",
     "name": "蒂莫西·柴勒梅德 Timothée Chalamet"    }
    ,
    {     "@type": "Person",
     "url": "/celebrity/1088314/",
     "name": "丽贝卡·弗格森 Rebecca Ferguson"    }
    ,
    {     "@type": "Person",
     "url": "/celebrity/1012481/",
     "name": "奥斯卡·伊萨克 Oscar Isaac"    }
    ,
    {     "@type": "Person",
     "url": "/celebrity/1014003/",
     "name": "戴夫·巴蒂斯塔 Dave Bautista"    }
    ,
    …
```

```
    {       "@type": "Person",
      "url": "/celebrity/1409305/",
      "name": "比约恩·弗赖贝格 Björn Freiberg"     }
  ]
,
  "datePublished": "2021-09-03",
  "genre": ["\u5267\u60c5", "\u79d1\u5e7b", "\u5192\u9669"],
  "duration": "PT2H36M",
  "description": "电影《沙丘》为观众呈现了一段神秘而感人至深的英雄之旅。天赋异禀的少年保罗·厄崔迪被命运指引,为了保卫自己的家族和人民,决心前往浩瀚宇宙间最危险的星球,开启一场惊心动魄的冒险。与此同时,各路势力为了抢夺...",
  "@type": "Movie",
  "aggregateRating": {
    "@type": "AggregateRating",
    "ratingCount": "385654",
    "bestRating": "10",
    "worstRating": "2",
    "ratingValue": "7.8"
  }
}
```


网络上充斥着大量的数字资源,相比资源的内容,有时更需要被关注的是资源的状态,例如,人们不关心航班号,而更关心飞机是不是能正常起飞;人们不关心温度如何测得,而更关心当前的温度值;人们不关心道路是直的还是弯的,而更关心是否拥堵。在网上对资源的操作实际上是通过HTTP四种基本方法(GET、POST、PUT、DELETE)实现的。REST风格的应用体现为从一个状态迁移到下一个状态的状态转移过程。

REST思想在被提出后,也经历了一个逐渐被认知的过程。1996年1月HTTP/1.1协议的第一个草稿发布,经过了三年多修订,于1999年6月成为了IETF的正式规范。HTTP/1.1协议的设计极为成功,以至于发布之后整整10年都没有多少人认为其有修订的必要。

罗伊·托马斯·菲尔丁在完成HTTP/1.1协议工作后回到了加州大学欧文分校继续攻读自己的博士学位,次年(2000年)在他的博士学位论文 *Architectural Styles and the Design of Network-based Software Architectures*(谷歌引用9219)中系统地阐述了这套理论框架,并使用这套理论框架推导出了一种新的架构风格,将之取名为REST。

2005年之后,随着AJAX、Ruby on Rails等新一代的Web开发技术的兴起,Web开发技术社区掀起了一场重归Web架构设计本源的运动,REST架构风格得到了越来越多的关注。2007年1月,支持REST开发的Ruby on Rails 1.2版正式发布,并且将支持REST开发作为Rails未来发展中的优先内容。

最后,讨论一下什么是RESTful。正如美丽(beauty)的事物可以被称为Beautiful那样,设计为REST风格的系统自然可以被称为RESTful,符合REST风格的Web Service被称为RESTful Web Service,也被称为RESTful Web API。

2.2 从RPC到ROA

1. 三种Web服务技术方案

在Web服务发展过程中,出现过三种主流的Web服务实现技术方案。

1) XML-RPC:远程过程调用(remote procedure call,RPC)的分布式计算协议

XML-RPC透过向装置了这个协议的服务器发出HTTP请求。发出请求的用户端一般都是需要向远端系统请求调用的软件。它通过XML将调用函数封装,并使用HTTP作为传送机制,后来新的功能不断被引入,这个标准慢慢地演变成为今日的SOAP。

2) SOAP(simple object access protocol):简单对象访问协议

SOAP是一种标准化的通信规范,主要用于Web服务(Web service)。一个SOAP消息可以被发送到一个具有Web service功能的Web站点,例如,目标是一个含有票价信息的航空公司数据库,消息的参数中标明这是一个查询消息,此站点将返回一个XML格式的信息,其中包含了查询结果(价格、日期、航班号以及其他信息)。由于数据是用一种标准化的自描述结构(这是XML的特征)来传递的,所以其可以直接被第三方站点所使用。

3) REST模式

REST模式的Web服务采用Web标准的HTTP方法(GET、PUT、POST、DELETE)将所有Web系统的服务抽象为资源。前面说过,REST从资源的角度观察整个网络,分布在各处的资源由URI确定,而客户端的应用通过URI获取资源的表述;HTTP所抽象的GET、POST、PUT、DELETE等方法就好比数据库中最基本的查、增、改、删,而互联网上的各种资源就好比数据库中的记录,针对各种资源的操作(可以将之理解为服务所实现的功能)最后总是能被抽象成为这四种基本操作。因此,在定义了定位资源的规则以后,对资源的操作将通过标准的HTTP实现。

2. 理解"RPC模式"的Web服务

W3C工作组将Web服务定义为一个软件系统,支持网络上机器到机器的交互,实际上是一种利用应用程序连接远程客户端的媒介。在面向服务架构范式中,软件能力以基于消息的通信模型通过松耦合、可重用、粗粒度、可发现和自我包含的服务传递和使用。

回顾一下组成RPC模式的Web服务核心。

通信:简单对象访问协议提供了一个标准的封装结构,用来在各种不同的互联网协议(如SMTP、HTTP和FTP)上传输XML文档。通过这样的标准消息格式,异构的中间件系统可以实现互操作。

描述:Web服务描述语言(WSDL)描述了接口,即Web服务支持的一系列针对标准格式的操作。它标准化了操作的输入和输出参数的表示、服务的协议绑定、消息在线传输的方式。使用WSDL,不同的客户端可以自动理解如何与Web服务交互。

发布:通用描述、发现和集成(UDDI)提供了一种通过搜索名称、标识符、类别或Web服务的规范来广播和发现Web服务的全局注册表。

基于SOAP的Web服务采用RPC架构。RPC是面向操作的架构风格,其设计方法是把系统分解为一个个动作。一个过程(procedure)做(does)某些操作(比如订阅、阅读、评论等),在面向RPC的分析中,它会被视为将由客户端调用的动作。

先来考察一个 Google 公司早期提供的 RPC 模式的服务：doGoogleSearch。Google 允许客户端应用程序调用搜索和拼写检查之类的服务功能，使用 Google 公司的 Web Service API（包括 Java、C#、VB.NET 版本）创建自定义的搜索和拼写检查器等（图 2.2）。需要指出的是，目前 Google 公司已经不再提供这个服务[1]。

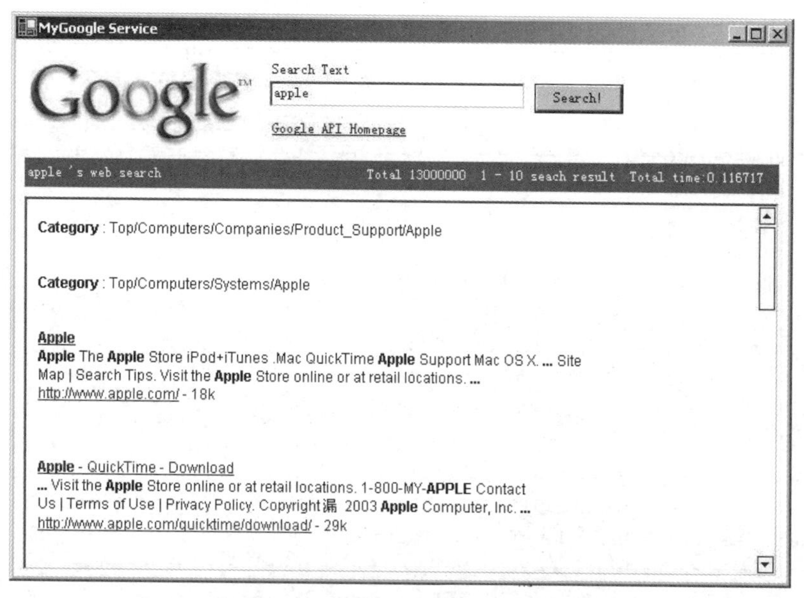

图 2.2　使用 C#开发的客户端

先看一下 GoogleSearch 服务的描述，这是一个 WSDL 文件。

```
<? xml version="1.0"? >
<!--WSDL description of the Google Web APIs.
    The Google Web APIs are in beta release. All interfaces are subject to
    change as we refine and extend our APIs. Please see the terms of use
    for more information. -->
<!--Revision 2002-08-16 -->
<definitions name="GoogleSearch"
             targetNamespace="urn:GoogleSearch"
             xmlns:typens="urn:GoogleSearch"
             xmlns:xsd="http://www.w3.org/2001/XMLSchema"
             xmlns:soap="http://schemas.xmlsoap.org/wsdl/soap/"
             xmlns:soapenc="http://schemas.xmlsoap.org/soap/encoding/"
             xmlns:wsdl="http://schemas.xmlsoap.org/wsdl/"
             xmlns="http://schemas.xmlsoap.org/wsdl/">
<!--Types for search -result elements, directory categories -->
<types>
<xsd:schema xmlns="http://www.w3.org/2001/XMLSchema"
            targetNamespace="urn:GoogleSearch">
<xsd:complexType name="GoogleSearchResult">
<xsd:all>
```

[1] 从 2006 年开始，Google Search API 停止支持 SOAP，转用 REST。

```
<xsd:element name="documentFiltering" type="xsd:boolean"/>
<xsd:element name="searchComments"    type="xsd:string"/>
<xsd:element name="estimatedTotalResultsCount"  type="xsd:int"/>
<xsd:element name="estimateIsExact"   type="xsd:boolean"/>
<xsd:element name="resultElements"    type="typens:ResultElementArray"/>
<xsd:element name="searchQuery"       type="xsd:string"/>
<xsd:element name="startIndex"        type="xsd:int"/>
<xsd:element name="endIndex"          type="xsd:int"/>
<xsd:element name="searchTips"        type="xsd:string"/>
<xsd:element name="directoryCategories" type="typens:DirectoryCategoryArray"/>
<xsd:element name="searchTime"        type="xsd:double"/>
</xsd:all>
</xsd:complexType>
<xsd:complexType name="ResultElement">
<xsd:all>
<xsd:element name="summary" type="xsd:string"/>
<xsd:element name="URL" type="xsd:string"/>
<xsd:element name="snippet" type="xsd:string"/>
<xsd:element name="title" type="xsd:string"/>
<xsd:element name="cachedSize" type="xsd:string"/>
<xsd:element name="relatedInformationPresent" type="xsd:boolean"/>
<xsd:element name="hostName" type="xsd:string"/>
<xsd:element name="directoryCategory" type="typens:DirectoryCategory"/>
<xsd:element name="directoryTitle" type="xsd:string"/>
</xsd:all>
</xsd:complexType>
<xsd:complexType name="ResultElementArray">
<xsd:complexContent>
<xsd:restriction base="soapenc:Array">
<xsd:attribute ref="soapenc:arrayType" wsdl:arrayType="typens:ResultElement[]"/>
</xsd:restriction>
</xsd:complexContent>
</xsd:complexType>
<xsd:complexType name="DirectoryCategoryArray">
<xsd:complexContent>
<xsd:restriction base="soapenc:Array">
<xsd:attribute ref="soapenc:arrayType" wsdl:arrayType="typens:DirectoryCategory[]"/>
</xsd:restriction>
</xsd:complexContent>
</xsd:complexType>
<xsd:complexType name="DirectoryCategory">
<xsd:all>
<xsd:element name="fullViewableName" type="xsd:string"/>
<xsd:element name="specialEncoding" type="xsd:string"/>
</xsd:all>
</xsd:complexType>
</xsd:schema>
</types>
<!--Messages for Google Web APIs - cached page, search, spelling. -->
<message name="doGetCachedPage">
```

```
<part name="key"            type="xsd:string"/>
<part name="url"            type="xsd:string"/>
</message>
<message name="doGetCachedPageResponse">
<part name="return"         type="xsd:base64Binary"/>
</message>
<message name="doSpellingSuggestion">
<part name="key"            type="xsd:string"/>
<part name="phrase"         type="xsd:string"/>
</message>
<message name="doSpellingSuggestionResponse">
<part name="return"         type="xsd:string"/>
</message>
<message name="doGoogleSearch">
<part name="key"            type="xsd:string"/>
<part name="q"              type="xsd:string"/>
<part name="start"          type="xsd:int"/>
<part name="maxResults"     type="xsd:int"/>
<part name="filter"         type="xsd:boolean"/>
<part name="restrict"       type="xsd:string"/>
<part name="safeSearch"     type="xsd:boolean"/>
<part name="lr"             type="xsd:string"/>
<part name="ie"             type="xsd:string"/>
<part name="oe"             type="xsd:string"/>
</message>
<message name="doGoogleSearchResponse">
<part name="return"         type="typens:GoogleSearchResult"/>
</message>
<!--Port for Google Web APIs, "GoogleSearch" -->
<portType name="GoogleSearchPort">
<operation name="doGetCachedPage">
<input message="typens:doGetCachedPage"/>
<output message="typens:doGetCachedPageResponse"/>
</operation>
<operation name="doSpellingSuggestion">
<input message="typens:doSpellingSuggestion"/>
<output message="typens:doSpellingSuggestionResponse"/>
</operation>
<operation name="doGoogleSearch">
<input message="typens:doGoogleSearch"/>
<output message="typens:doGoogleSearchResponse"/>
</operation>
</portType>
<!--Binding for Google Web APIs -RPC, SOAP over HTTP -->
<binding name="GoogleSearchBinding" type="typens:GoogleSearchPort">
<soap:binding style="rpc"
                  transport="http://schemas.xmlsoap.org/soap/http"/>
<operation name="doGetCachedPage">
<soap:operation soapAction="urn:GoogleSearchAction"/>
<input>
```

```
<soap:body use="encoded"
                  namespace="urn:GoogleSearch"
                  encodingStyle="http://schemas.xmlsoap.org/soap/encoding/"/>
</input>
<output>
<soap:body use="encoded"
                  namespace="urn:GoogleSearch"
                  encodingStyle="http://schemas.xmlsoap.org/soap/encoding/"/>
</output>
</operation>
<operation name="doSpellingSuggestion">
<soap:operation soapAction="urn:GoogleSearchAction"/>
<input>
<soap:body use="encoded"
                  namespace="urn:GoogleSearch"
                  encodingStyle="http://schemas.xmlsoap.org/soap/encoding/"/>
</input>
<output>
<soap:body use="encoded"
                  namespace="urn:GoogleSearch"
                  encodingStyle="http://schemas.xmlsoap.org/soap/encoding/"/>
</output>
</operation>
<operation name="doGoogleSearch">
<soap:operation soapAction="urn:GoogleSearchAction"/>
<input>
<soap:body use="encoded"
                  namespace="urn:GoogleSearch"
                  encodingStyle="http://schemas.xmlsoap.org/soap/encoding/"/>
</input>
<output>
<soap:body use="encoded"
                  namespace="urn:GoogleSearch"
                  encodingStyle="http://schemas.xmlsoap.org/soap/encoding/"/>
</output>
</operation>
</binding>
<!--Endpoint for Google Web APIs -->
<service name="GoogleSearchService">
<port name="GoogleSearchPort" binding="typens:GoogleSearchBinding">
<soap:address location="http://api.google.com/search/beta2"/>
</port>
</service>
</definitions>
```

C#的客户端代码如下。

```
// create Google Search object
GoogleSearchService s =new GoogleSearchService();
GoogleSearchResult r;
// call search function
```

```
r =s.doGoogleSearch("su7Zof1QFHL/DeQREtkaAZOKsfEikMxd", //licence key
     textSearch.Text,
     0,
     10,
     false, "", false, "", "", "");
foreach(DirectoryCategory dc in r.directoryCategories)
  {
    sw.Write("<b>Category</b>: ");
    sw.WriteLine(dc.fullViewableName);
    sw.WriteLine("<br><br><br>");
  }
foreach(ResultElement re in r.resultElements)
  {
     string strTitle ="<a href=\"" +re.URL +"\">" +re.title +"</a><br>";
     sw.WriteLine(strTitle);
     string strSnippet =re.snippet +"<br>";
     sw.WriteLine(strSnippet);
     string strLink ="<a href=\"" +re.URL +"\">" +re.URL +"</a>-" +
re.cachedSize +"<br><br>";
     sw.WriteLine(strLink);
     sw.WriteLine("<br><br>");
  }
```

这段代码通过服务调用 r = s.doGoogleSearch(…)直接获取了搜索结果，并将之存放在一个 GoogleSearchResult 对象 r 中，然后使用循环把返回的内容输出为 HTML 格式，并显示在应用程序中，效果如图 2.3 所示。

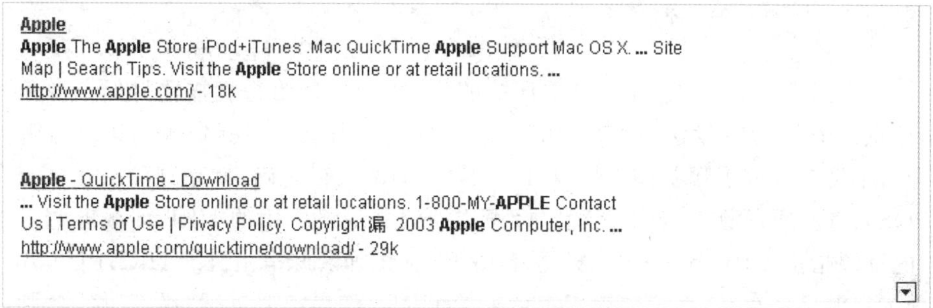

Apple
Apple The **Apple** Store iPod+iTunes .Mac QuickTime **Apple** Support Mac OS X. ... Site Map | Search Tips. Visit the **Apple** Store online or at retail locations. ...
http://www.apple.com/ - 18k

Apple - QuickTime - Download
... Visit the **Apple** Store online or at retail locations. 1-800-MY-**APPLE** Contact Us | Terms of Use | Privacy Policy. Copyright漏 2003 **Apple** Computer, Inc. ...
http://www.apple.com/quicktime/download/ - 29k

图 2.3　客户端返回的内容写成 HTML 格式的显示效果

在设计 RPC 模式的 Web 服务时，主要应考虑的是该提供什么样的功能(或者操作)。由这个例子可知，RPC 架构的 Web 服务本质上就是跨 Web 的过程调用，其调用的开发方式和本地服务的开发方式没有根本上的区别，只是这种调用需要依靠 Web 服务引擎提供的、能够跨 Web 通信的技术支持，包括对 SOAP 消息的封装与解析、对通信协议的绑定、通信端口调用等。

3. 回到 ROA——REST 风格的 Web 服务

REST 是面向资源的架构风格(resource-oriented architecture，ROA)。作为一种 Web 服务，REST 必须有一种机制，能够把用户需要的资源呈现给用户，或者能帮助用户把想施加于资源的操作完成。例如，用户查看自己银行账户的余额，是希望看到自己账户的余额数字；用户通过银行转账，期望的是将资金从一个账户转到另一个账户。这里涉及的是资源

“状态”的转移，而资源的状态都被保存在服务端。

上述第一个操作比较简单，只需要把服务端的资源（账户）“状态”（余额）传递到客户端即可，只需要借助某种资源的表述（如JSON格式的文本文件）把状态发给客户端；而第二个操作则需要把客户端想要操作资源（改变其状态）的想法从客户端“转移”到服务端，这同样需要借助某种资源的表述把状态发给服务端，再由服务端实际执行。所以，状态的“转移”都是建立在资源的“表述”之上的，故可称为“表述性状态转移”。

REST架构本身并不强调与协议的绑定。但HTTP是万维网广泛使用并且被证明是有效的通信协议，所以现在RESTful服务基本也是基于HTTP的。对资源的操作包括获取、创建、修改和删除，正好对应HTTP提供的GET、POST、PUT和DELETE方法。

基于REST的资源表述格式可以是XML（或者其他格式），也可以是HTML，这取决于请求者是机器还是人，是消费资源的客户软件还是浏览资源的人。XML具有自带的结构信息，比较适合计算机处理；使用浏览器的人则比较适合查看HTML格式的文件（网页）。

对于Web来说，针对资源的操作通过标准的HTTP方法来体现就意味着采用REST风格的Web服务，也需要分别针对增、删、改、查的操作对应HTTP方法的请求，就像下面的例子一样。

```
public class ResourceService
{
public IEnumerable<Resource>[] Get();
public void Post(Resource resource);
public void Put(Resource resource);
public void Patch (Resource resource);
public void Delete(string id);
public void Head(string id);
public void Options();
}
```

在以上代码中，GET方法用于获取所需的资源；HEAD为得到描述目标资源的报文头部数据信息；OPTIONS发送一种“探测”请求以确定针对某个目标资源的请求有哪些具体约束，即这个资源开放了哪些操作接口；DELETE的语义很明确，就是删除一个已经存在的资源；POST将新增资源，一般不能确定标识添加资源最终采用的URI，即服务端最终为成功添加的资源指定URI，其URI一般是资源相对标识加资源宿主机的URI；PUT用于修改资源，因为资源已经存在，客户端须指定请求的URI。如果需要进行“局部”修改，则可以采用PATCH方法，就是“打补丁”的意思。

HTTP请求方法在RESTful服务中的典型应用如表2.1所示。

表2.1 HTTP请求方法在RESTful服务中的典型应用

资源	GET	PUT	POST	DELETE
一组资源的URI	列出URI，以及该资源组中每个资源的详细信息（后者可选）	使用给定的一组资源替换当前整组资源	在本组资源中创建/追加一个新的资源。该操作往往返回新资源的URL	删除整组资源
单个资源的URI	获取指定的资源的详细信息，格式可以自选合适的媒体类型（如XML、JSON等）	替换/创建指定的资源，并将其追加到相应的资源组中	把指定的资源当作一个资源组，并在其下创建/追加一个新的元素，使其隶属于当前资源	删除指定的元素

2.3　ROA 与 RPC 的比较

RPC 模式的服务本质上是对过程调用的“远程化”，故其实现起来相对更加灵活，例如，要设计一个 Web 服务用于管理授权的角色，只需要提供针对角色本身的增、删、改、查功能以及建立/解除用户角色之间的映射关系。针对 SOAP 的 Web 服务其服务接口将如下所示。

```
public class RoleService
{
    public IEnumerable<string>GetAllRoles();
    public void CreateRole(string roleName);
    public void DeleteRole(string roleName);

    public void AddRolesInUser(string userName, string[] roleNames);
    public void RemoveRolesFromUser(string userName, string[] roleNames);
}
```

其中，只有前三个方法在针对角色的增、删、改、查操作范畴之内，后面两个方法“增加用户的角色”和“删除用户的角色”则是服务自定义的操作名称，并没有对应的 HTTP 操作，如果用 ROA 风格的设计，则需要换一个思路：增加一个“角色委派”(role assignment)资源，将后两个操作视为针对“角色委派”对象的添加和删除操作，这样就可以使用标准的 HTTP 方法了。这里实际上涉及了两种资源，即角色和角色委派，可以定义如下 REST 风格的 API。

```
public class RolesService
{   public IEnumerable<string>Get();
    public void Create(string roleName);
    public void Delete(string roleName);
}
public class RoleAssignmentsService
{   public void Create(RoleAssignment roleName);
          public void Delete(RoleAssignment roleName);
}
```

ROA 架构的特点就是尽量使用基本的 HTTP 操作，因此需要考虑的是以下几点。

(1) 有哪些资源可供操作？这一点很重要，是后续设计 API 的基础。

(2) 资源如何表述，即请求者怎么表述其对资源的请求？提供者怎么把资源表述给请求者？

(3) 状态转移的条件，即何种条件下、何时改变资源？

同样，ROA 架构下不需要考虑的则有以下两点。

(1) 需要为资源设计什么样的操作？因为资源的操作无非增、删、改、查四种。

(2) 资源如何改变？这是资源提供者在服务端处理的问题。

仅就消息形式上看，相比 RPC 消息，ROA 明显更加简洁(图 2.4)。

REST

```
GET
http://ws.nasdaqdod.com/v1/NASDAQAnalytics.asmx/GetEndOfDayData?
Symbols=IBM&StartDate=1/6/2012&EndDate=1/6/2012&MarketCenters=Q,B
```

SOAP

```
<soap:Envelope xmlns:soap=
"http://www.w3.org/2003/05/soap-envelope"
xmlns:v1=
"http://ws.nasdaqdod.com/services/v1/">
   <soap:Header>
      <v1:Header>
         <v1:Username>**your user name**
         </v1:Username>
         <v1:Password>**your password**
         </v1:Password>
      </v1:Header>
   </soap:Header>
   <soap:Body>
      <v1:GetEndOfDayData>
         <v1:Symbols>IBM</v1:Symbols>
         <v1:StartDate>1/6/2012</v1:StartDate>
         <v1:EndDate>1/6/2012</v1:EndDate>
      </v1:GetEndOfDayData>
   </soap:Body>
</soap:Envelope>
```

图 2.4 同样信息量的 ROA 和 RPC 消息对比

2.4 RESTful 服务的优势

1. 使用统一的接口操作资源

因为 REST 是面向资源的，所以一个 Web 服务旨在实现针对单一资源的操作。针对资源的基本操作唯有增、删、改、查而已，故为 Web 服务定义统一的标准接口成为可能。标准接口就是针对任何不同的资源，Web 服务都可以定义一致的方法操作它们，其接口可以采用类似下面的模式。

```
public class ResourceService
{
    public IEnumerable<Resource>[] Get();
    public void Create(Resource resource);
    public void Update(Resource resource);
    public void Delete(string id);
}
```

2. 接口更易于使用

标准统一的接口意味着 RESTful 服务使用标准的 HTTP 方法（GET、PUT、POST、DELETE）抽象所有 Web 系统的服务能力，而 SOAP 应用则可能需要定义各种复杂烦冗的接口方法抽象 Web 服务。相对来说，RESTful Web 服务接口使用起来更加简单。

标准化的 HTTP 操作方法加上已经标准化的其他技术（如 URI、HTML、XML 等），将会极大提高系统之间整合的互操作能力，这更加贴近 Web 本身的工作方式，也更加自然。

3. "无状态性"

所谓"无状态性"，就是对于分布式的应用而言，任意给定的两个服务请求互不依赖彼此，处理一次请求所需的全部信息要么都被包含在这个请求里，要么可以从外部获取到（如数据库），服务端本身不存储任何信息。HTTP 从本质上说就是一种无状态的协议，客户端发出的HTTP请求之间可以相互隔离，不存在状态依赖。

无状态服务主要是从可伸缩性方面考虑的，由于它们之间并没有相互之间的状态依赖，所以就不需要对它们进行协作处理，其结果是：服务请求可以在任何服务器上执行，这样的应用很容易在服务器端支持负载平衡(load-balance)。基于HTTP的RESTful服务请求继承了其“无状态”特性，可以非常自然的方式实现无状态服务请求处理逻辑。

现实中，有状态服务常常用于实现事务操作，如涉及数据交易的电商应用等。所以为了实现有状态服务，RESTful服务需要借助一些额外的方案，这个将在后面章节中讨论。

4. 安全操作与幂指相等特性

HTTP的GET、HEAD请求本质上应该是安全的调用，不会有任何副作用，也不会造成服务器端状态的改变。对服务器来说，客户端对某一个URI指代的资源执行1次或者多次GET、HAED操作，其状态与未执行操作之前应是一样的，资源本身的状态不会发生任何改变。这就好比打开一个只读文件，不管打开多少次，文件的内容都不会发生变化。

HTTP的PUT、DELETE操作具有幂指相等特性，或称幂等性(idempotent)。何为幂等？零乘运算就是一个典型的幂等运算，5×0是0,5×0×0还是0。一个数值乘以0的任意次幂得到的都是相同的结果：0。

同样，客户端对某一个URI指代的资源执行1次或者多次的PUT、DELETE操作，其效果与执行一次调用操作是一样的。HTTP的GET、HEAD方法也具有幂指相等特性。

Web应用的情况非常复杂，确保安全性和幂等性特征可以给服务设计带来方便。

5. 更容易实现缓存

在Web开发中通常需要使用缓存(cache)来节省网络传输的开销，尤其是在应对并发访问的大访问量和大计算量时。

HTTP中设计了带条件的HTTP GET请求(conditional GET)用于节省客户端与服务器之间网络传输带来的开销，这给客户端实现缓存机制提供了可能。通过HTTP HEADER域If-Modified-Since/Last-Modified、If-None-Match/ETag即可实现带条件的GET请求。

RESTful服务应用可以充分地挖掘HTTP对缓存的支持能力。当客户端第一次发送HTTP GET请求给服务器并获得内容后，该内容可以被缓存服务器缓存。当下一次客户端请求同样的资源时，缓存服务器可以直接响应，而不需要再请求远程服务器。而这一切对客户端来说都是透明的，不需要其再增加额外操作。

6. 更适合开放API场景

RESTful服务是一种针对网络应用的开发方式，它的真正价值在于通过接口访问程序，而不是通过浏览器操作程序。

使用开放API可以降低开发的复杂性，提高系统的可伸缩性。使用RESTful服务的最佳场景是对外提供的公开服务，也就是Open API。RESTful服务也更适合像Youtube这样的资源导向性网站。因此，RESTful服务是目前业界更为推崇的、构建新一代Web服务(或者Web API)的架构。

总之，REST对资源型服务接口来说很合适，同时特别适合对效率要求很高，但是对安全要求不高的场景。而SOAP的成熟性可以给需要提供多开发语言的、对于安全性要求较高的接口设计带来便利。所以关键还是看应用场景，适合的才是最好的(见图2.5)。

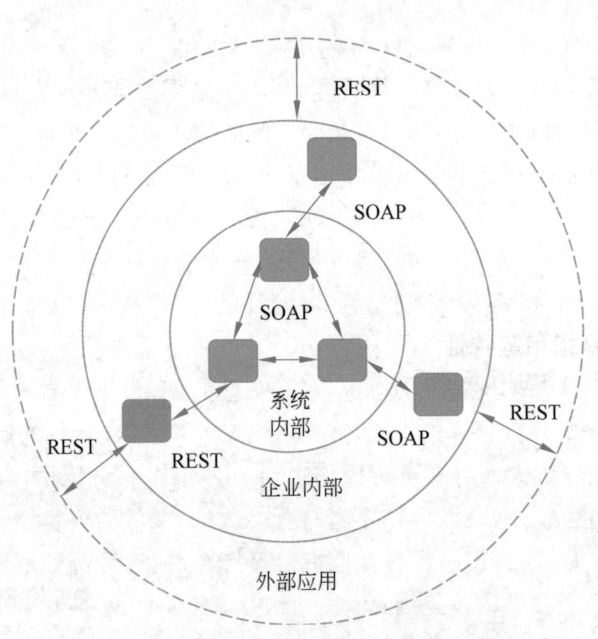

图 2.5　REST 和 SOAP 模式 Web 服务的适用场景

从趋势看，近年来，采用 REST 风格构建的公共 API 已经超过了其他任何 API 技术或方法。尽管有些企业仍然使用 SOAP 等方法，但选择 RESTful 服务并选择 JSON 作为首选消息格式已经成为主流（见图 2.6）。

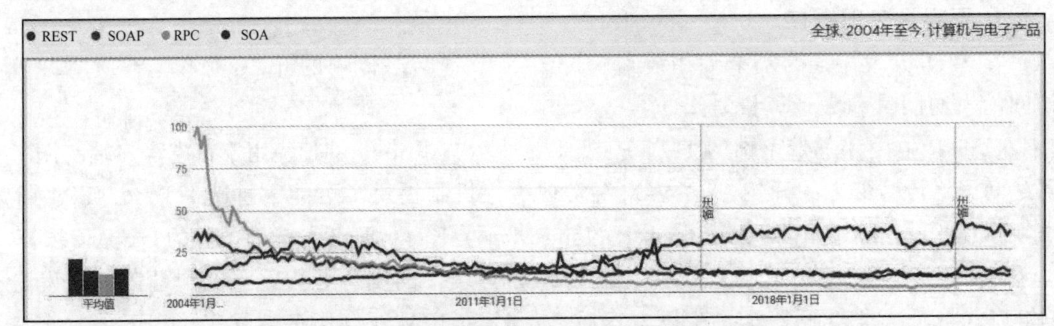

图 2.6　从谷歌趋势可以看到 REST 更加受到关注

出现这一趋势的原因有以下几点。

(1) SOAP/WSDL 协议表述过于复杂，很难供瘦客户端使用。

(2) 大型 Web 应用和移动应用普遍存在可伸缩性、高并发的需求，往往需要借助缓存机制实现，基于 HTTP 的 REST 架构风格在这一点上非常合适。

(3) REST API 普遍采用 JSON 作为表述格式，这使其适用于基于脚本的平台（Web / AJAX、Node.js、Grails 等）。

本 章 习 题

1. 支撑 Web 迅速发展的四个基石技术是什么？

2. RPC 模式的 Web 服务是如何运作的？

3. 如何理解面向资源的架构(ROA)？
4. 简述 ROA 模式与 RPC 模式服务的主要区别。
5. 何为表述性状态转移？
6. 概述 RESTful 服务的优势。
7. 何为幂等性？哪些 HTTP 操作具备幂等性？
8. 解释服务的“无状态性”对于分布式应用的重要性。
9. 从网上搜索 5 个可用的 REST API，并尝试访问之。

第3章

资源和表述

REST世界中的一切都被认为是资源，每个资源都由URI标识，使用统一的接口。处理资源时需要使用POST、GET、PUT、DELETE等HTTP方法，每个HTTP请求都是独立的，穿梭在资源请求者与提供者之间的则是资源的表述。

3.1 资源的本质

资源是一个很宽泛的概念，任何寄宿于Web、可供操作的“事物”均可被视为资源，就其本质而言，任何足够重要并被引用的事物都可以是资源。一个苹果可以是一个资源，但显然人们不可能通过网络传输物质的苹果，像《星际迷航》中那种“远距传送”(teleportation)现阶段还只是科学幻想。但如果将这个苹果放到电商网站中售卖，通过一系列的操作，用户可以在几天之内收到快递送上门的实物。

信息系统中的资源一般是可以被保存到计算机里的虚拟资源，如电子文档，数据库的记录，或者算法的运行结果，这些被统称为“信息资源(information resource)”，因为它们的本质都是数据，故得以在网络中传输。

信息资源可以被看作是物理资源的一种抽象，可以被体现为经过持久化处理后保存到磁盘上的某个文件或者数据库中的某条记录，也可以是Web应用接受请求后采用某种算法计算得出的结果。但在某种意义上，这种资源抽象又具有物理含义，如有了电子支付以后，买东西时不再需要付纸质的钞票，通过一个二维码或者银行的手机客户端进行转账，“钱”这个物质就可以发生“转移”，在银行账户里的数字也就变了。

所以，人们完全可以用理解物理资源的方式理解将要在软件系统中通过服务操作的“资源”。面向资源的架构实际更接近面向对象的思想，其同样是把系统分解为一个个功能部件，即对象(object)。每个对象都有自己的类和方法(用于与其他对象交互)。这些对象对应的就是面向资源架构中的那些资源，只不过在Web世界里，这些资源必须通过URI标识。

资源是物理资源的抽象，它可以具有多种表现形式，这种资源的呈现形式被称作资源的表述。例如，一篇文章可以使用不含任何格式的txt文本形式表现，也可以使用HTML、XML、JSON等具有丰富格式的形式表现。HTTP头部中的Content-Type字段描述的就是资源表述的格式。

例如，在电商平台的网站里，描绘一种苹果商品的资源数据如下所示。

```
...
skuid: 10020316405615,
name: '新鲜红富士苹果水果 3 千克装新鲜水果 3 千克',
skuidkey:'44793A379A42310B54A227146F902BD78493D9B4DC91B9A0',
href: '//item.jd.com/10020316405615.html',
src:'jfs/t1/124184/25/11457/153968/5f4cb164Eb3ae0e51/3d644848828b1c1f.jpg',
...
```

其中，src 代表的相对地址加上"https://img14.360buyimg.com/n0/"前缀就可以组成一个 URL，表示的是一幅显示给用户的苹果图像（图 3.1），这也可以被看作是资源的一种表述。

图 3.1　苹果的图像表述（京东平台）

这条数据库资源是一个 HTTP 资源，事实上也是一个信息资源，因为用户可以通过互联网将它逐个字符地发送出去。任何寄宿在 Web 服务器上，可以利用 HTTP 获取或者操作的"事物"均可以被称为资源。

资源请求者和资源拥有者只有在对事物的命名上达成一致以后才能针对这个事物实现相互通信。因此，每个资源必须拥有自己的唯一标识，互联网中使用 URL 和 URN 唯一标记一个资源，二者被统称为 URI。因为还需要定位，所以 URI 还应该具有"可寻址性(addressability)"，所以人们通常采用一个 URL 作为资源的标识，举例如下。

(1) http://www.abc.com/employees/c001(编号 c001 的员工)。

(2) http://www.abc.com/sales/2021/12/31(2021 年 12 月 31 日的销售额)。

(3) http://www.abc.com/orders/2021/q4(2021 年第 4 季度签订的订单)。

URL 为每个资源提供一个全球唯一的地址，将一个事物赋以 URL，它就会成为一个资源，如下面这条也是一个可用的资源。

```
http://t.weather.itboy.net/api/weather/city/101020100
```

这个 URL 代表的资源是上海市的实时天气，作为 URL，它的结构非常清晰：起始是提供资源的宿主网站 t.weather.itboy.net；然后是代表天气资源的 api/weather/；之后是表示单个城市资源的 city/，最后是城市代码 101020100。

向这个 API 发送一个 Get 请求，会得到如下 JSON 格式的反馈。

```
{
"message":"success……",
"status":200,
"date":"20210313",
"time":"2021-03-13 17:45:28",
"cityInfo":
{"city":"上海市",
"citykey":"101020100",
"parent":"上海",
"updateTime":"16:01"},
```

```
"data":
{"shidu":"56%","
pm25":55.0,"
pm10":66.0,"
quality":"良","
wendu":"14","
ganmao":"极少数敏感人群应减少户外活动",
"forecast":
[
{"date":"13",
"high":"高温 16℃",
"low":"低温 9℃",
"ymd":"2021-03-13",
"week":"星期六",
"sunrise":"06:07",
"sunset":"18:01",
"aqi":70,
"fx":"东北风",
"fl":"2 级",
"type":"阴",
"notice":"不要被阴云遮挡住好心情"
},
……//两周天气预报,此处省略后面 13 天

],
"yesterday":
{"date":"12",
"high":"高温 12℃",
"low":"低温 7℃",
"ymd":"2021-03-12",
"week":"星期五",
"sunrise":"06:08",
"sunset":"18:00",
"aqi":59,
"fx":"西北风",
"fl":"3 级",
"type":"阴",
"notice":"不要被阴云遮挡住好心情"}
}
}
```


不需赘述了,其中丰富的信息就是请求者希望得到的内容。

3.2 表述的本质

资源请求者实际上并不关心资源是什么,因为资源请求者从来看不到资源,资源请求者看到的永远只是资源的 URL 和表述。客户端应用与服务端的交互是通过资源的表述间接完成的,这体现了非常好的设计原则:“松耦合”与前后端分离。

在软件领域,“耦合”一般指软件组件之间的依赖程度,在一个“松耦合”的系统中,客户

端和远程服务并不知道也不需要知道对方是如何实现的，这样它们各自的实现就可以根据需要自行更改，而不必担心这种修改会破坏对方已有的实现。前后端分离已成为互联网项目开发的标准模式，前端展现所用到的数据都是由后端通过同步或异步接口的方式提供，前端只负责展现，后端则只负责处理逻辑与数据的存储。

通过资源的表述间接完成交互，实际上就是隔离了客户端与服务端（前端与后端），使请求服务方的操作不会直接影响服务提供者，而服务提供者也可以安全地分享自己的资源。

很多资源数据是变化的，如某地的气温数据，所以资源的表述实际是一段对资源（在某个特定时刻的）状态的描述，而客户端请求资源往往也是想得到资源的当前状态。另外，服务提供者也不必提供原始的或者完整的资源，只需要根据情况将资源（局部的或者完全的）用合适的格式以及结构表达出来，这就是"表述"。

因此，在客户端-服务器端之间转移的并不是资源本身，而是资源的表述。缩写词 REST 中的 state transfer 被翻译为"状态转移"，在客户端-服务器端之间转移的资源表述，就是对资源当前状态的某种合适的表达。

对资源的表述可以有多种形式，如 JSON/XML/HTML/纯文本等。服务器发送给客户端的资源，可以通过定义在 HTTP 中的标准的内容协商（content negotiation）机制来确定具体的格式。表 3.1 是罗伊·托马斯·菲尔丁在他的博士论文中对 REST 数据元素的总结。

表 3.1 REST 数据元素的总结

数据元素	现代 Web 实例
资源	一个超文本引用的预期概念目标
资源标识符	URL、URN
表述	HTML 文档、JPEG 图片等
表述元数据	媒体类型、最后修改时间
资源元数据	源链接、替代物、变化
控制数据	if-modified-since、cache-control

表述的作用可以被归纳如下。

1. 表述可以描述资源状态

表述只负责提供数据，如前文提到的天气数据资源，如果 GET 这个地址的资源（http://t.weather.itboy.net/api/weather/city/101120101），会得如下信息。


```
{"message":"success……","status":200,"date":"20210316","time":"2021-03-16 22:
18:59", "cityInfo":{"city":"济南市", "citykey":"101120101", "parent":"山东",
"updateTime":"21:16"}, "data":{"shidu":"39%", "pm25":78.0, "pm10":448.0,
"quality":"严重", "wendu":"7", "ganmao":"老年人病人应留在室内，停止体力消耗，一般人
群避免户外活动", "forecast":[{"date":"16", "high":"高温 15℃", "low":"低温 5℃",
"ymd":"2021-03-16", "week":"星期二", "sunrise":"06:21", "sunset":"18:19",
"aqi":181, "fx":"东北风", "fl":"2级", "type":"霾", "notice":"雾霾来袭，戴好口罩再
出门"},……
```


这是一段 JSON 格式的表述，内容是当前时刻的某地天气数据。这段文字可能看起来不够直观，但经过浏览器的处理，可以得到类似如图 3.2 所示的形式。

济南 $ ☾ 15℃/5℃

图 3.2 表述内容的一种可视化呈现

一个资源可以有很多种表述,如政府的官方文档经常会有多个语言版本。有的资源既有整体概括性的表述,也有面面俱到的、细致化的表述。有一些 API 可以使用 JSON 和 XML 数据格式来表示同一数据,当这种情况发生时,客户端应该如何指定它想要的表述呢?有两种策略:第一种就是内容协商,客户端通过一个 HTTP 报头的值来区分这些表述;第二种就是为一个资源分配多个 URL,一个 URL 对应一种表述,如表 3.2 所示。

表 3.2 同一内容的 XML 格式和 JSON 格式的两种表述

XML	JSON

<PlaceSearchResponse>
<status>0</status>
<message>ok</message>
<result_type>poi_type</result_type>
<results>
<result>
<name>中国建设银行 24 小时自助银行(北京天通苑支行)</name>
<location>
<lat>40.06701</lat>
<lng>116.421094</lng>
</location>
<address>北京市昌平区立汤路 186 号龙德广场 F1</address>
<province>北京市</province>
<city>北京市</city>
<area>昌平区</area>
<detail>1</detail>
<uid>2bb80dfd86d8417a0b69d9ee</uid>
</result>
...
</results>
</PlaceSearchResponse>
	{
	"status":0,
	"message":"ok",
	"result_type":"poi_type",
	"results":[
	{
	"name":"中国建设银行 24 小时自助银行(北京天通苑支行)",
	"location":{
	"lat":40.06701,
	"lng":116.421094
	},
	"address":"北京市昌平区立汤路 186 号龙德广场 F1",
	"province":"北京市",
	"city":"北京市",
	"area":"昌平区",
	"street_id":"2bb80dfd86d8417a0b69d9ee",
	"detail":1,
	"uid":"2bb80dfd86d8417a0b69d9ee"
	},
	...]
	}

2. 往来穿梭的表述

人们通常认为表述是服务器发送给客户端的数据,这是由于在上网时,发送的大部分请求都是 GET 请求,访问互联网多数时候都在请求获取表述。但是实际上,在 POST、PUT 或者 PATCH 请求中,客户端也会向服务器端发送表述,服务器随后的工作就是改变资源状态,这种情况下请求者的表述反映的是他所期望的未来的表述。

当客户端为了创建一个新的资源而发起一个 POST 请求时,它会发送它所期望的新的资源内容。服务器端的工作就是创建这个资源或者拒绝创建这个资源。客户端的表述只是一个建议,服务器可以根据请求者的要求增加、修改,也可以什么都不做,或者忽略表述的某一部分。

服务器发送的表述用于描述资源当前的状态;客户端发送的表述则用于描述客户端希

望资源拥有的状态，这就是所谓将资源状态通过表述“移交”。

用户使用 GET 请求表述比较简单，例如，获取 IFTTT 上面的一个用户信息表述。

```
GET /ifttt/v1/user/info HTTP/1.1
Host: api.example-service.com
Authorization: Bearer b29a71b4c58c22af116578a6be6402d2
Accept: application/json
Accept-Charset: utf-8
Accept-Encoding: gzip, deflate
X-Request-ID: 434d757081c94013b1b28f2087d28a98
```

但如果用户是 POST 给服务器端一个请求，则可能得到不一样的结果。以用户请求授权认证为例。

```
POST /oauth2/token HTTP/1.1
Host: api.example-service.com
Content-Type: application/x-www-form-urlencoded

grant_type = authorization_code&code = 67a8ad40341224c1&client_id = 83465ab42&client_secret = c4f7defe91df9b23&redirect_uri = https%3A//ifttt.com/channels/service_id/authorize
```

用户提供自己的认证信息，希望得到网站授权的令牌。正常情况下，服务器会反馈如下信息。

```
HTTP/1.1 200 OK
Content-Type: application/json; charset=utf-8

{
  "token_type": "Bearer",
  "access_token": "b29a71b4c58c22af116578a6be6402d2"
}
```

但如果认证不通过，则会反馈如下结果。

```
HTTP/1.1 400 OK
Content-Type: application/json; charset=utf-8

{
  "error": "invalid_grant",
  "error_description": "The code or token used is not valid"
}
```

这里，400 状态码表示的含义是：从 IFTTT 传入的数据出现了问题，服务端提供了一个错误响应体以澄清出错的原因。

3.3　超媒体与 HATEOAS

超文本(hypertext)是用超链接的方法将各种不同空间的文字信息组织在一起的网状文本，其中的文字包含有可以链接到其他文档的地址，可以从当前阅读位置直接切换到超文本链接所指向的文本。

超媒体(hypermedia)是超级媒体的缩写,是一种采用非线性网状结构对块状多媒体信息(包括文本、图像、视频等)组织和管理的技术[1]。超媒体在本质上和超文本是一样的,只不过超链接技术诞生初期管理的对象是纯文本,所以叫作超文本,随着多媒体技术的兴起和发展,超链接技术的管理对象从纯文本扩展到了多媒体。为强调管理对象的变化,就产生了超媒体这个词。

1945年,美国科学家Vannevar Bush在《大西洋月刊》上发表了一篇文章*As We May Think*,提出一种信息机器的构想——Memex(图3.3)。

图3.3 Memex构想图

这种机器内部用微缩胶卷(microfilm)存储信息,也可以自动翻拍,以实现不断地向机器中添加新的信息;桌面上有阅读屏,该机器用投影放大、展示微缩胶卷中的内容;机器还有许多按钮,每一个按钮代表一个主题,只要按一下,相应的微缩胶卷就会显示出来。每一个胶卷内部还记录着其他相关胶卷的编号,用户可以方便地切换、阅读。

在Bush博士的设想中,这种机器可以与图书馆联网,通过某种机制将图书馆收藏的胶卷自动装载到本地。因此,只通过这一台机器就可以实现海量的信息检索。他将这种机器命名为Memex,也就是memory extender这两个单词词首的组合,意思是"记忆的延伸"。这篇文章中关于信息切换的描述直接启发了"超文本协议"(hypertext)的发明。现在,人们在互联网网页上不同链接之间跳转访问,其源头都可以追溯到这篇文章。

超媒体体现了一种"关联"关系,即将资源关联到一起,这种关联实现了"1+1>2"的效果。善用超媒体技术,可以达成服务交互中的很多目的,故人们称为**超媒体策略**。

(1) 超媒体可以帮助服务器与客户端实现对话:服务器在发给客户端的文本中附加超链接,可以告知客户端如何进一步向服务器发起请求。

(2) 服务提供者可以在发给客户端的文本中附加广告信息的超链接,引导用户新的消费行为。

(3) 可以用超媒体写一个服务器提供的功能菜单,客户端可以从中自由选择,目前大多

[1] 温怀疆,何光威,史惠. 融媒体技术[M]. 北京:清华大学出版社,2016.

数应用都是这样做的。

超链接将Web资源链接在一起，形成一张由多达数十亿计的HTML页面组成的网络，Web则作为一个整体按照连通性原则运转。超链接可以有多种技术实现方式，可以被添加到图像上、文本上、按钮上等；在实际应用中，可以由开发者根据业务需求灵活地选择；Web中的大多数链接是HTML＜a＞标记和＜form＞标记这样的超链接形式，它们分别描述了针对资源的GET、POST等HTTP请求。

超媒体策略和超媒体技术有助于创建出更具灵活性的服务访问接口。但是超链接只是一种声明，它只是告知客户端服务器能做的事，最终还是要由客户端决定去不去访问这个链接。

超文本作为应用程序状态的引擎(hypertext as the engine of application state, HATEOAS)是REST的一项重要原则，罗伊·菲尔丁曾说过："如果应用程序状态的引擎(以及API)不是由超文本驱动的，则它不能是RESTful的，也不能是REST API"。借助HATEOAS，应用程序服务器通过超媒体动态地提供信息，帮助客户端与网络应用程序交互，为REST资源返回的表述不仅包含数据，还包含指向相关资源的链接，只要能理解超媒体，REST客户端几乎不需要其他额外知识就能与服务器交互。

例如，客户端向服务器端发送一个GET请求，客户端返回一个JSON表述的响应。

(1) 请求。

```
GET /accounts/12345 HTTP/1.1
Host: bank.example.com
Accept: application/vnd.acme.account+json
...
```

(2) 响应。

```
HTTP/1.1 200 OK
Content-Type: application/vnd.acme.account+json
Content-Length: ...

{
    "account": {
        "account_number": 12345,
        "balance": {
            "currency": "usd",
            "value": 100.00
        },
        "links": {
            "deposit": "/accounts/12345/deposit",
            "withdraw": "/accounts/12345/withdraw",
            "transfer": "/accounts/12345/transfer",
            "close": "/accounts/12345/close"
        }
    }
}
```

注意：这个响应中包含了提示客户端后续可以执行的操作链接：存款、取款、转账及关闭账户。这些操作有可能引起客户端进一步的行动，引发新的状态转移，这就是"引擎"的含义。

Github 的 API 就实现了 HATEOAS，用户请求 api.github.com 会得到一个 JSON 格式的列表，显示其所有可用的 API 地址如下。


```
{
  "current_user_url": "https://api.github.com/user",
  "current_user_authorizations_html_url": "https://github.com/settings/connections/applications{/client_id}",
  "authorizations_url": "https://api.github.com/authorizations",
  "code_search_url": "https://api.github.com/search/code? q={query}{&page,per_page,sort,order}",
  "commit_search_url": "https://api.github.com/search/commits? q={query}{&page,per_page,sort,order}",
  "emails_url": "https://api.github.com/user/emails",
  "emojis_url": "https://api.github.com/emojis",
  "events_url": "https://api.github.com/events",
  "feeds_url": "https://api.github.com/feeds",
  "followers_url": "https://api.github.com/user/followers",
  "following_url": "https://api.github.com/user/following{/target}",
  "gists_url": "https://api.github.com/gists{/gist_id}",
  "hub_url": "https://api.github.com/hub",
  "issue_search_url": "https://api.github.com/search/issues? q={query}{&page,per_page,sort,order}",
  "issues_url": "https://api.github.com/issues",
  "keys_url": "https://api.github.com/user/keys",
  "label_search_url": "https://api.github.com/search/labels? q={query}&repository_id={repository_id}{&page,per_page}",
  "notifications_url": "https://api.github.com/notifications",
  "organization_url": "https://api.github.com/orgs/{org}",
  "organization_repositories_url": "https://api.github.com/orgs/{org}/repos{?type,page,per_page,sort}",
  "organization_teams_url": "https://api.github.com/orgs/{org}/teams",
  "public_gists_url": "https://api.github.com/gists/public",
  "rate_limit_url": "https://api.github.com/rate_limit",
  "repository_url": "https://api.github.com/repos/{owner}/{repo}",
  "repository_search_url": "https://api.github.com/search/repositories? q={query}{&page,per_page,sort,order}",
  "current_user_repositories_url": "https://api.github.com/user/repos{? type,page,per_page,sort}",
  "starred_url": "https://api.github.com/user/starred{/owner}{/repo}",
  "starred_gists_url": "https://api.github.com/gists/starred",
  "user_url": "https://api.github.com/users/{user}",
  "user_organizations_url": "https://api.github.com/user/orgs",
  "user_repositories_url": "https://api.github.com/users/{user}/repos{? type,page,per_page,sort}",
  "user_search_url": "https://api.github.com/search/users? q={query}{&page,per_page,sort,order}"
}
```


OpenStack 也大量的使用到了这种设计，如下所示。

```
HTTP/1.1 200 OK
Content-Type: application/json

{"servers": [{
    "status": "ACTIVE",
    "links": [{
        "href": "http://192.168.10.111:8774/v2.1/e5ab2182bb984f3bb4773d4a83672549/
servers/95f684d4-0802-484e-b852-7ded35a8eeb5",
        "rel": "self"
    }, {
        "href": "http://192.168.10.111:8774/e5ab2182bb984f3bb4773d4a83672549/
servers/95f684d4-0802-484e-b852-7ded35a8eeb5",
        "rel": "bookmark"
    }],
    "image": {
        "id": "be4e8e37-226f-4784-b19d-a439400edca0",
        "links": [{
            "href": "http://192.168.10.201:8774/e5ab2182bb984f3bb4773d4a83672549/
images/be4e8e37-226f-4784-b19d-a439400edca0",
            "rel": "bookmark"
        }]
    },
    "flavor": {
        "id": "ed218eec-1e00-4ea9-93e7-f6e4e7c0ba93",
        "links": [{
            "href": "http://192.168.10.201:8774/e5ab2182bb984f3bb4773d4a83672549/
flavors/ed218eec-1e00-4ea9-93e7-f6e4e7c0ba93",
            "rel": "bookmark"
        }]
    },
    "id": "95f684d4-0802-484e-b852-7ded35a8eeb5",
    …
}]}
```

Spring 提供了对 HATEOAS 的支持,以简化开发者在 Spring 尤其是 Spring MVC 开发中创建遵循 HATEOAS 原则的 REST 表述的过程(图 3.4),它所解决的核心问题是创建链接和组装表述。

下面介绍 Spring 的一个简单例子,即添加一个静态的链接。

```
public class WebSite extends EntityModel {
    private String name;
    public WebSite(String name) {
        this.name =name;
        add(new Link("https://www.google.com"));
    }
    public String getName() {
        return name;
    }
    public void setName(String name) {
        this.name =name;
```

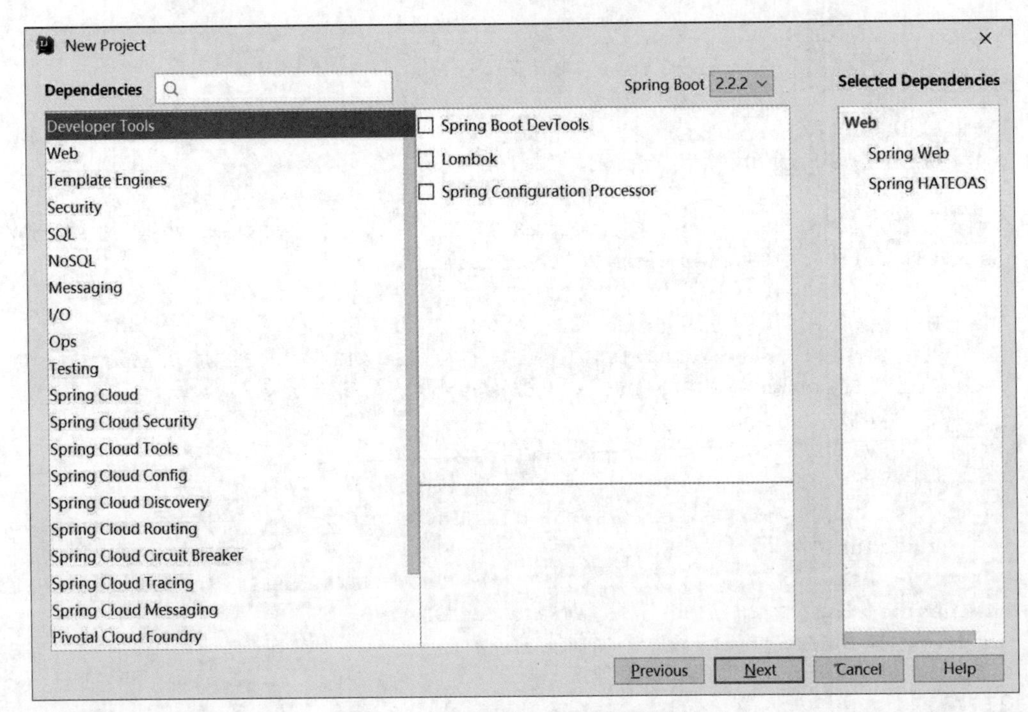

图 3.4 Spring 对 HATEOAS 的支持

```
    }
}
```

然后声明接口如下。

```
@GetMapping("/")
public EntityModel<WebSite>getGoogle() {
    WebSite webSite =new WebSite("Google");
    return webSite;
}
```

就可以返回以下结果。

```
{"name":"Google","_links":{"self":{"href":"https://www.google.com"}}}
```

Link 也支持模板的写法,如下所示。

```
Link link =new Link("/{segment}/something{? parameter}");
Map<String, Object>values =new HashMap<>();
values.put("segment", "path");
values.put("parameter", 42);
link.expand(values).getHref(); //返回/path/something? parameter=42
```

具体的开发案例见附录 A。

3.4 HTTP 的语义

在一个 Web RESTful 系统中,客户端和服务器端只能通过相互发送遵循预定义协议的消息来交互,这个协议就是 HTTP。客户端可以发送一些不同类型的 HTTP 消息与服务器端交互。

每一个 HTTP 响应可以被分成 3 部分，如下所示。

(1) 状态码，亦称响应码。

其由三位数字组成，简要说明了请求目前的进展。响应码是客户端从响应中最先看到的信息，它奠定了响应剩余部分的基调。正确使用状态码能够给客户端以简明准确的信息。前面的示例中最常看到的状态码是 200(OK)，这是客户端所期盼的——这意味着一切进展顺利。

(2) 实体消息体(entity-body)，有时也被称为消息体。

这部分是一个采用某种数据格式书写成的文档，并且人们预期该文档是可以被客户端理解的。如果将 GET 请求理解成为获取表述而发起的请求，那么可以将实体消息体理解为客户端最终得到的表述(严格来说，整个 HTTP 响应都是"表述"，但是重要的信息通常都被记录在实体消息体中)。

(3) 响应报头。

响应报头的发送顺序排在状态码和实体消息体之间，通常是一系列用于描述实体消息体和 HTTP 响应的"键-值"对。

最重要的 HTTP 报头是 Content-Type，它向 HTTP 客户端说明了如何理解实体消息体。Content-Type 报头的值被称为实体消息体的媒体类型(media type)，媒体类型非常重要，它的值都具有特定的名称。就平时人们通过浏览器就能看到的 Web 信息而言，最常见的媒体类型是 text/html(针对 HTML 文档)。

HTTP 标准定义了 8 种不同类型的操作，除了之前介绍过的 GET、DELETE、POST、PUT 4 个最常用的操作外，下面两个方法是客户端在分析研究 API 时经常用到的。

(1) HEAD：获取服务器发送过来的报头信息(不是资源的表述)，这些报头信息是在服务器发送资源的表述时被一起发送过来的。

(2) OPTIONS：获取这个资源所能响应的 HTTP 方法列表。

另外两个定义在 HTTP 标准中的方法 CONNECT 和 TRACE 只被用于 HTTP 代理，所以暂且不对它们进行介绍。

第 9 个 HTTP 方法 PATCH 并没有被写进 HTTP 标准中，而是作为补充内容在 RFC 5789 中定义的。

PATCH 方法可以根据客户端提供的表述信息修改资源的部分状态。如果某些资源状态在提供的表述中没被提到，这些状态就保持不变；所以 PATCH 类似于 PUT，但允许对资源状态进行一些细粒度的改动，俗称"打补丁"。

总体来说，这 9 个方法确定了 HTTP 的基本协议语义。仅通过查看 HTTP 请求中所采用的方法就可以大概了解客户端要做什么了。

对 HTTP 操作的统一仅是完成了协议语义上的一致化，但对资源的操作的具体应用语义(application semantic)其实是无法统一的，因为资源可以是任何事物。向一个博客日志发送的 GET 请求和向一个股票代码发送的 GET 请求在协议语义上是一致的，但在拿到这个资源之前是很难知道资源的实际含义的。所以，无法仅通过使用 HTTP 来满足应用语义的统一要求，因为 HTTP 并没有定义任何应用语义。

1. GET

尽管可能完全不知道资源的应用语义，不明白资源能干什么，但 HTTP 的语义却很好地保持了一致。“获取一篇日志”和“获取一个股票报价”都应该被归为“获取一个资源的表述”，所以这两个请求都应该使用 HTTP GET 方法。

GET 请求中最常见的响应码是前文介绍过的 200(OK)。此外像 300(Moved Permanently)这样的重定向码也比较常见。

2. DELETE

当客户端想要删除一个资源时，它可以发送一个 DELETE 请求。客户端这时会希望服务器将资源销毁。当然，服务器没有义务来删除一些自己不希望删除的资源。

下面这个 HTTP 片段中，客户端要求删除一条信息。

```
DELETE /api/Messages/1234 HTTP/1.1
Host:https://developer.abc.com/
```

DELETE 请求成功发送后收到的状态码可能是 204(No Content，也就是“删除成功，我没有其他关于这个资源的信息描述了”)，如下所示。

```
HTTP/1.1 204 No Content
```

返回的状态码也可能是 200 (OK，也就是“删除成功，这里是关于它的一条消息”)或者 202(Accepted，也就是“收到，我稍后将删除这个资源”)。

如果客户端试图获取一个已经被删除的资源，那么服务器会返回错误响应码，通常是 404(Not Found)或者 410(Gone)，如下所示。

```
GET /api/Messages/1234 HTTP/1.1
Host:https://developer.abc.com/
HTTP/1.1 404 Not Found
```

很明显，DELETE 不是一个安全的方法。发送 DELETE 请求的效果不同于未发送请求。但是 DELETE 方法有另外一个很有用的特性：它是幂等的。一旦删除了一个资源，这个资源就消失了，资源状态也就永久性地改变了。再次发送同一条 DELETE 请求，可能会收到一个 404 错误，但是资源状态和第一次发送 DELETE 请求之后的状态是一致的：资源还是不存在的。这就是幂等性的好处，不管发送多少次同样请求，对资源状态的影响和发送一次请求时的影响是一样的。

幂等是一个很有用的特性，因为互联网不是一个可靠的网络。假设用户发送了一个 DELETE 请求，然后连接超时了，由于没有收到响应信息，所以用户无法确定之前的 DELETE 请求是否顺利完成。这时用户只需要再次发送 DELETE 请求并不断重试，直到收到响应信息为止。执行两次 DELETE 请求并不会比只执行一次造成更多的影响，HTTP DELETE 方法就相当于用零乘以一个资源。

3. POST

POST 方法有两种，第一种就是 POST-to-append，即向某个资源发送一条 POST 请求用于在该资源的下一级目录或结点中创建一个新的资源。在客户端发送一个 POST-to-append 请求时，它会在请求的实体消息体中添加资源的表述信息。

例如，使用 POST-to-append 通过一个新闻 API 发布一条消息，如下所示。

```
POSTnews/api/ HTTP/1.1
Content-Type: application/ json
{
"data" : [
{"title" : "Hangzhou sets stage for excellence",
"abstract" : "Asian Games venues completed as state-of-the-art facilities
promise to deliver exceptional event",
"content" : "With less than six months to go, preparations for the Hangzhou Asian
Games are in full swing……",
"datetime" : "2022-04-01 09:23"
}
]
}
```

对 POST-to-append 请求而言，最常见的响应码是 201(Created)，它用于告知客户端一个新的资源已经被创建成功，Location 报头用于告诉客户端这个新资源的 URL 地址；另一种常见的响应码是 202 (Accepted)，这表示服务器打算按照提供的表述信息创建一个资源，但是现在还没有真正创建完成。

POST 方法既不安全也不幂等，发送 5 次 POST 请求，会收到 5 条内容一模一样的消息，但它们却是 5 条独立的资源，因为具有不同的 URI。

除了用 POST“创建一个新的资源”之外，因为 POST 可以往服务器端发送内容，所以其被用来完成各种各样的工作，这是 POST 的第二种用法，被称为重载的 POST(overloaded POST)。

由于过去大部分浏览器只支持 GET/POST 方法，所以人们无法完美地实现 REST。对于这种情况，人们不得不将 PUT、DELETE、PATCH、LINK 和 UNLINK 等操作的用法混同为一个操作。

例如，POST 一个表单，然后在表单里加入一个名为 method 的隐藏字段，用于表示真正的方法，或者使用 X-HTTP-METHOD-OVERRIDE 头信息来重载 POST。

下面是一个 HTML 表单，其目的是编辑以前发布的商品描述。

```
<form method="POST" action="/merchant/items/1101">
    <textarea>
        A new description of goods.
    </textarea>
    <input type="submit" class="edit-description" value="Edit the description.">
</form>
```

在应用语义的语境中，“编辑商品描述”这个操作听起来像是一个 PUT 请求。但是 HTML 表单不能触发 PUT 请求，HTML 数据格式并不允许这么做，所以需要使用 POST 代替之。

这完全是合法的。因为 HTTP 规范中 POST 可以用于向数据处理流程提供表单提交结果的数据块。

这里“数据处理流程”可以无限扩展，用户可以将任何数据作为 POST 请求的一部分发送出去，不论是出于什么目的这都是合法的。

但这种用法下的 POST 方法并不真正表示“创建一个新的资源”，这将导致 POST 请求实际上没有任何协议语义的一致性,使用户只能在应用语义的层面上理解它。

由于重载的POST请求可以用来完成任何工作,所以这种POST方法同样既不安全也不幂等。某个特定的重载的POST可能事实上是安全的,但是从HTTP协议层面考虑,仍然是不安全的。

这种用法显然带来了很多混乱,因此建议尽量不要使用重载的POST。

4. PUT

PUT方法用于修改资源状态。客户端一般会通过GET请求获取表述,然后对其进行修改,最后再将修改后的资源表述作为PUT请求的负载数据发送回去。例如,要修改一条消息的文本信息(将abstract字段的值修改以取代之前的内容),内容如下。

```
PUTnews/api/q1w2e HTTP/1.1
Content-Type: application/json
{
"data" : [
{"title" : "Hangzhou sets stage for excellence",
"abstract" : "The 56 venues for the 19th Asian Games Hangzhou 2022 (Sept 10-25) and
the fourth Asian Para Games (Oct 9-15) have been finished on schedule, according
to the organizing committee.",
"content" : "With less than six months to go, preparations for the Hangzhou Asian
Games are in full swing……",
"datetime" : "2022-04-01 09:23"
}
]
}
```

服务器可以自由地拒绝一个PUT请求,理由可以是多种多样的,例如,实体消息类的意义不够明确,实体消息类试图修改服务器认为是只读的资源等。如果服务器决定接受一个PUT请求,那么它就会修改资源的状态,完成之后,通常会返回200(OK)或者204(No Content)状态码。

PUT请求和DELETE请求一样是幂等的,发送10次同样的PUT请求,结果和只发1次请求的结果是一样的。

如果客户端知道新资源的URL,那么它同样能够使用PUT新建一个资源。例如,想要发布一条新的消息,并且恰好还知道这条新消息的URL,那么就可以用PUT操作来实现。

创建操作可以使用POST也可以使用PUT,区别在于POST是作用在一个集合资源之上的(如/items),而PUT操作是作用在一个具体资源之上的(如/items/12/3)。通俗点说,如果URL可以在客户端确定,那么就使用PUT;如果是在服务端确定,那么就使用POST,例如,使用数据库自增主键作为标识信息创建的资源,其标识信息只能由服务端提供,这个时候就必须使用POST。

5. PATCH

"修改表述,然后通过PUT方法提交"是一个简单的规则。但是如果表述的信息量非常大,而需要修改的却只是资源状态中很小的一部分,这就可能造成极大的浪费;此外,PUT规则还可能导致发生修改冲突。这时可以仅向服务器发送需要修改的部分数据文档,PATCH方法就提供了这样的功能。

与将完整的表述信息通过PUT方法发送出去不同,用户可以建立一个特别的diff表述，并将它作为 PATCH 请求的负载数据发送给服务器，如下所示。

```
PATCH /my/data HTTP/1.1
Host: example.org
Content-Length: 326
Content-Type: application/json-patch+json
If-Match: "abc123"
[
{ "op": "test", "path": "/a/b/c", "value": "foo" },
{ "op": "remove", "path": "/a/b/c" },
{ "op": "add", "path": "/a/b/c", "value": [ "foo", "bar" ] },
{ "op": "replace", "path": "/a/b/c", "value": 42 },
{ "op": "move", "from": "/a/b/c", "path": "/a/b/d" },
{ "op": "copy", "from": "/a/b/d", "path": "/a/b/e" }
]
```

对一个执行成功的 PATCH 请求而言，如果服务器想要向客户端发送数据（如已经更新的资源表），那么 200（OK）是最好的选择；而如果服务器仅仅想要表示执行已经成功，那么 204（No Content）就已经足够了。

PATCH 方法既不是安全的，也不能保证幂等，如果对同一个文档应用了两次 PATCH，可能会在第二次收到一个错误信息，但这并没有被定义在相关标准中。考虑到 PATCH 的协议语义，它跟 POST 一样是一个不安全的操作。

需要注意的是，由于 PATCH 方法是针对 Web API 而特别设计的扩展方法，并没有被定义在 HTTP 规范中，这也就意味着在工具支持方面，PATCH 方法及其所使用的 diff 文档提供的工具不如 PUT 方法丰富。

6. HEAD

HEAD 像 GET 方法一样安全，其可以被理解为轻量级 GET 方法。服务器处理 HEAD 方法的方式与 GET 方法类似，但是不需要发送实体消息体——只需要发送 HTTP 状态码和报头，如下所示。

```
HEADnews/api/ HTTP/1.1
Accept: application/json
HTTP/1.1 200 OK
Content-Type: application/vnd.collection+json
ETag: "dd9b7c436ab247a7b69f355f2d57994c"
Last-Modified: Thu, 24Feb 2022 18:40:42 GMT
Date: Thu, 24Feb 2022 19:14:23 GMT
Connection: keep-alive
```

代替 GET 方法的 HEAD 方法并不会节约任何时间（服务器还是需要生成所有的 HTTP 报头），但是它确实能够节省带宽消耗。

7. OPTIONS

OPTIONS 请求是 HTTP 的原生探索机制。一个 OPTIONS 请求的返回结果包含一个 HTTP Allow 报头，这个报头展示了该资源所支持的所有 HTTP 方法。下面是一个 OPTIONS 请求例子。

```
OPTIONS /api/a1s2d3 HTTP/1.1
```

```
Host:https://example.com/
200 OK
Allow: GET PUT DELETE HEAD OPTIONS
```

已知资源所支持的 HTTP 方法后，用户可以方便地对该资源进行各种读写操作，OPTIONS 请求的意义便在于此。

8. HTTP 响应状态码(status codes)

REST 请求会遇到各种各样的情况，这些情况都需要通过 HTTP 状态码反映。

状态码是一个三位数字，被分成五个类别，每个类别都代表一种状态，具体见本书附录 B。

有时一些服务提供者会专门描述自己对状态码的定义，如 IFTTT 网站对服务请求的状态码约定如表 3.3 所示。

表 3.3 ITFFF 对状态码的说明

状 态	描 述
200	请求成功
400	从 IFTTT 传入的数据出现了问题。提供一个错误响应体以澄清出错的因
401	IFTTT 发送了一个无效的 OAuth 2.0 访问令牌
404	IFTTT 正试图访问一个不存在的 URL
500	应用逻辑中存在错误
503	请求的服务目前不可用，但 IFTTT 稍后会再试

3.5 操作资源

HTTP 方法够用么？从上文内容可以看出，使用已有的 POST、DELETE、PUT、GET 四种方法就可以增、删、改、查资源。

但在实际情况下人们需要做的操作往往并不仅局限于增、删、改、查，例如，要把一篇文章“置顶”，但是 HTTP 方法中没有一个和“置顶”操作相对应的方法，这时该怎么办呢？

REST 对类似问题的解决方案是创建一个新的资源。例如，上面的例子可以使用 PUT 方法实现，如下所示。

```
PUT /toparticles/123
```

通过创建一个新的资源(toparticles)，可以使用简单的 HTTP 方法实现一切操作。

再举一个例子，实现银行转账可以把账户看作是一个资源，在这个资源上的存储操作体现出来就是账户余额值的变化，转账涉及的就是两个账户余额的此消彼长。这在数据库中是一个典型的事务操作：张三给李四转账 100 元，实际上的操作分为两步，第一步，张三账户余额减去 100 元；第二步，李四账户余额增加 100 元。事务的作用就是要保证这两步要么全部成功，要么全部失败。

标准的 HTTP 操作并没有“增加”“减少”“转账”这些操作。如果用服务实现，可以设计一个新资源“账户交易”，以之作为账户的从属资源，每次账户发生存取款时都在账户下面POST一个新的账户交易资源，用正负数值表示存款与取款，而真正的账户变动则由服务端的数据库事务操作完成。另外，还可以设计一个转账资源，资源表述中包括转账的目的账户，也以之作为账户的从属资源，每次账户向其他账户转账，就在账户下面POST一个新的转账资源，真正的转账操作也由服务端的数据库事务操作去完成。

在设计服务时需要把握一点：HTTP REST接口应该是粗粒度的，不应该是暴露对后台数据库增、删、改、查的细粒度操作。

另外，设计良好的API会响应GET请求并返回一个超媒体说明文档，用这个文档来宣传自己，这些文档中的链接和表单阐明了客户端下一步所能发起的HTTP请求。而设计低劣的API则只会使用人类可读的文档来说明客户端能发起哪种HTTP请求。

本章习题

1. 如何理解资源的本质？
2. 如何理解表述的本质？
3. 如何理解资源与表述的关系？
4. 资源操作能否仅依赖HTTP方法？
5. 如果HTTP方法中没有需要的操作方法，这时该如何设计？
6. 何为重载的POST操作？为什么在开发REST架构风格的API时不建议使用重载的POST？
7. HEAD方法有什么用处？
8. 为什么需要善用状态码/响应码？
9. 如何理解超链接在Web中的重要作用？
10. 请以在电商网站购买商品的过程为例，列出可能涉及的资源、对资源的HTTP操作。

第4章 认识 RESTful 资源：以地图服务为例

地图是人们日常生活中一种常见的工具，《周礼·地官·土训》有"掌道地图，以诏地事"，也就是说手握地图，给人一种俯瞰天下的可能。信息时代，出现了卫星遥感影像，不但给地图制作提供了新的数据源，还可以把影像直接作为地理事物的表现形式；而北斗导航等卫星定位技术，可以将个体的位置直接关联到电子地图中。各种各样的地图以及附加在地图上的资源给人们的出行和生活带来很大方便，这里面也离不开 RESTful 风格的地图服务的推动。

本章以地图为例，帮助读者认识我们身边这些常见的 RESTful 资源。

4.1 基于位置的服务

随着 GPS、北斗等空间定位技术与移动网络的快速发展，持有移动终端的人们可以方便地采用定位技术获取自身当前所在位置，因此通过网络向定位设备提供信息的"基于位置的服务"(location based services，LBS)应运而生。国内 LBS 发展迅速，出现了百度、腾讯、高德等一批骨干服务商和国家地理信息服务平台(天地图)等一批专业的位置服务机构，它们都提供了基于位置的服务接口，构建了基于地图 API 的开发者生态。

(1) 百度地图 Web 服务 API(图 4.1)为开发者提供 HTTP/HTTPS 接口，开发者通过 HTTP/HTTPS 协议发起检索请求，获取 JSON 或 XML 格式的返回数据，以这些数据为基础开发基于 JavaScript、C#、C++、Java 等语言的地图应用。

(2) 高德地图 Web 服务 API(图 4.2)向开发者提供 HTTP 接口，开发者可通过该接口使用各类型的地理数据服务，返回结果同样支持 JSON 和 XML 格式。高德地图 Web 服务 API 对所有用户开放，但不同类型用户能够获取的数据范围有所不同。

(3) 腾讯地图 Web 服务 API(图 4.3)基于 HTTPS/HTTP 协议的数据接口，开发者可以使用任何客户端、服务器和开发语言，按照腾讯地图 Web 服务 API 规范，按需构建 HTTPS 请求并获取结果数据(目前支持 JSON/JSONP 方式返回)。

(4) 天地图 Web 服务 API(图 4.4)为用户提供 HTTP/HTTPS 接口，开发者可以通过这些接口使用各类型的地理信息数据服务，可以基于此开发跨平台的地理信息应用。

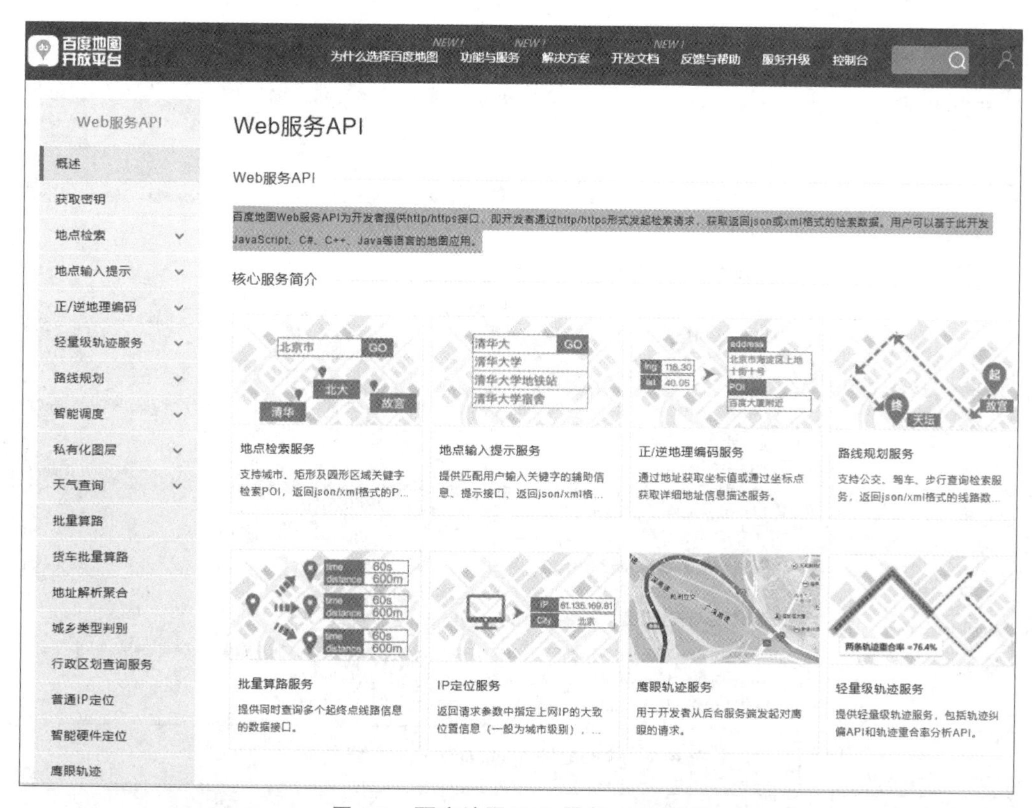

图 4.1　百度地图 Web 服务 API 首页

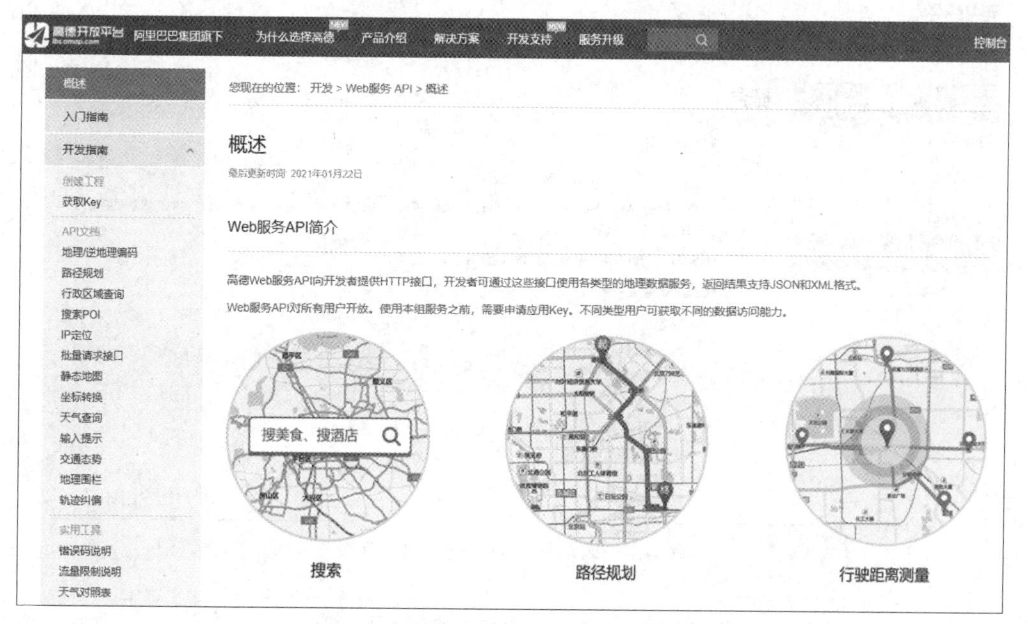

图 4.2　高德地图 Web 服务 API 首页

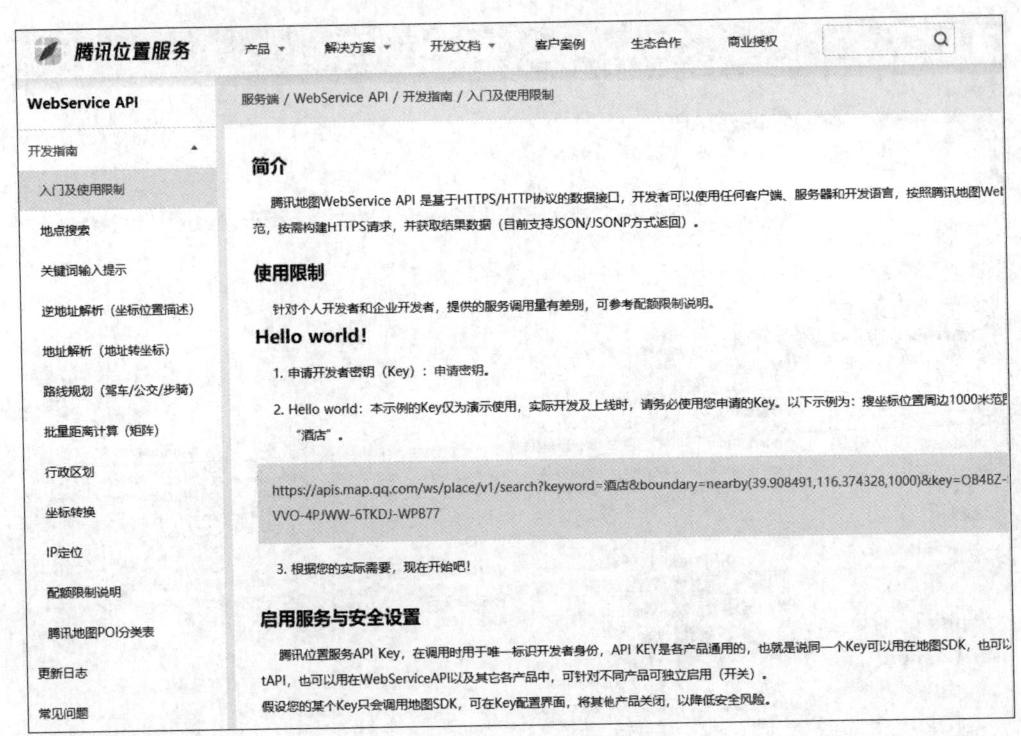

图 4.3　腾讯地图 WebService API 首页

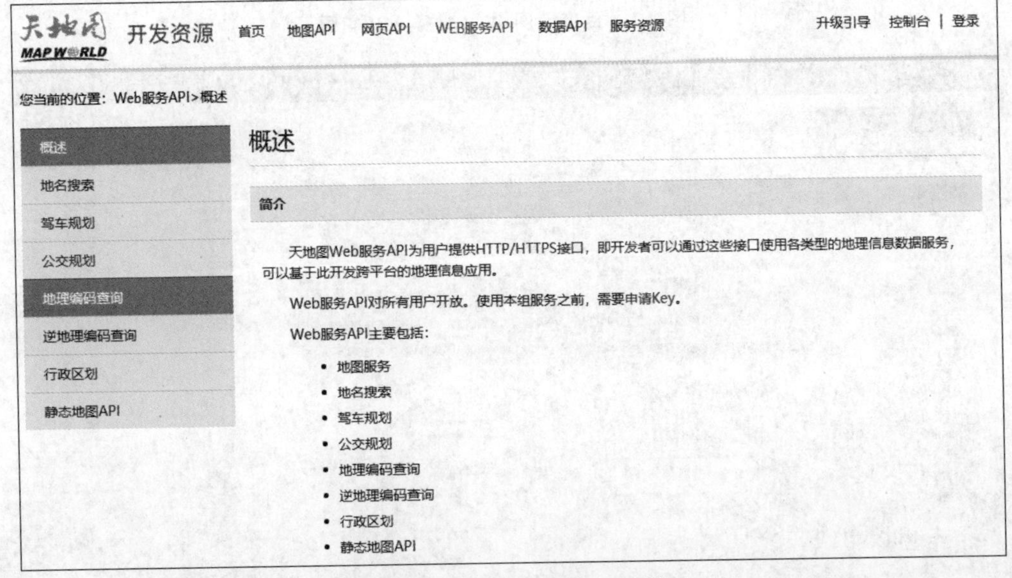

图 4.4　天地图 Web 服务 API 首页

4.2　认识资源型的服务

使用这些地图服务的方式大同小异，下面以百度地图服务为例进行介绍。

百度地图服务通过服务提供了对地图资源的大量访问方法，首先是地图，地图是以图像的形式呈现的，包括平面地图、全景图等；其次是地图上的信息，包括地点名称、地点的经度和纬度以及其他一些可以传递的交通信息资源（如限行信息、实时路况等），这些都通过文本形式呈现；最后一类就是基于计算的资源，如路径规划、导航、搜索等，这一类资源要经过一定的算法计算才能得到，但计算结果其实也是资源，这些资源的表述形式较为复杂，如路径规划的结果将由一个经度和纬度序列的点连接而成。

通过呈现这些资源，百度地图实现了 15 类服务：地点检索、地点输入提示、正/逆地理编码、路线规划、批量算路、IP 定位、鹰眼轨迹、轻量级轨迹、时区服务、推荐上车点、坐标转换、地图调起、静态图、全景静态图、道路信息查询。百度为以上服务提供了详细的使用说明，读者可自行查阅。这里仅摘取其中有代表性的三个服务简要说明。

1. 地点检索服务

地点检索服务（又名 place API）是一类 Web API 接口服务，其提供多种场景的地点（POI）检索功能，包括城市检索、圆形区域检索、矩形区域检索等。

通过 GET 请求可以方便地调用之。

```
http://api.map.baidu.com/place/v2/search? query=ATM 机 &tag=银行 &region=北京
&output=json&ak=您的 ak
```

资源地址是一个计算语句，其通过拼接关键词、标签、行政区域而形成客户端对资源的表述。资源的返回表述是一个 JSON 文件。

例如，通过 GET 方法访问一个资源（可以在浏览器地址栏里输入地址并按 Enter 键）如下所示。

```
http://api.map.baidu.com/place/v2/search? query=ATM 机 &tag=银行 &region=北京
&output=json &ak=9XNEM0mlcFqXGY5ZE7yaLuzC
```

这个 URL 代表了请求者对资源的表述，其希望得到北京区域中的银行 ATM 机的信息，这里的 ak＝9XNEM0mlcFqXGY5ZE7yaLuzC 是笔者申请的百度开发密钥，读者可以自行申请并将之替换。

请求后，可以得到如下的 JSON 代码。

```
{
    "status":0,
    "message":"ok",
    "result_type":"poi_type",
    "results":[
        {
            "name":"中国建设银行 24 小时自助银行(北京天通苑支行)",
            "location":{
                "lat":40.06701,
                "lng":116.421094
            },
            "address":"北京市昌平区立汤路 186 号龙德广场 F1",
            "province":"北京市",
            "city":"北京市",
            "area":"昌平区",
            "street_id":"2bb80dfd86d8417a0b69d9ee",
            "detail":1,
```

```
            "uid":"2bb80dfd86d8417a0b69d9ee"
        },
...
    ]
}
```

返回的结果文件中包括了北京地区每一个 ATM 网点的名称、位置(经度和纬度)、地址等信息。这就是一个典型的资源型服务交互过程,用户通过标准的 HTTP 操作请求资源、根据约定好的表述格式(除了 JSON,还可以选择 XML 格式)获得资源内容。获得这个表述后,请求者可以根据需求进一步处理,通常的地图应用(App)就是把这些结果用图示标示在地图中,给用户更加直观的信息。

2. 路线规划服务

路线规划服务(又名 direction API)是一套 REST 风格的 Web 服务 API,其以 HTTP/HTTPS 的方式提供了路线规划服务。direction API 支持公交、骑行、驾车路线规划,本服务也是通过 GET 请求调用之。

```
http://api.map.baidu.com/direction/v2/ transit? origin= 4846797.3, 12948640.7&destination=4836829.84,12967554.88&coord_type=bd09mc&ak=您的 AK
```

资源地址采用计算语句的形式,通过拼接起点经度和纬度、终点经度和纬度以及坐标类型等形成客户端对资源的表述,资源的返回表述是一个 JSON 文件。

例如,GET 一个从 A 点(40.01116,116.33930/3)到 B 点(39.936404,116.45256/2)的骑行路径规划,如下所示。

```
http://api. map. baidu. com/direction/v2/riding? origin = 40. 01116, 116.339303&destination=39.936404,116.452562&ak=9XNEM0mlcFqXGY5ZE7yaLuzC
```

请求后可以得到如下的 JSON 代码,如下所示。


```
{"status":0,
"message":"ok",
"info":{
"copyright":{
"text":"@2021 Baidu -Data",
"imageUrl":"http://api.map.baidu.com/images/copyright_logo.png"}},
"type":2,
"result":{
"routes":[
{"distance":18863,
"duration":6407,
"steps":[
{"area":0,
"direction":176,
"distance":200,
"duration":60,
"instructions":"骑行 200 米",
"name":"",
"path":"116.339966,40.011176;116.340006,40.010546;116.340017,40.010166;116.340067,40.009366",
```

```
"pois":[],
"type":5,
"turn_type":"右转",
"restrictions_info":"",
"stepOriginLocation":
{"lng":116.33996581129,"lat":40.011176482433},
"stepDestinationLocation":
{"lng":116.34006725922,"lat":40.009366288399},
…
}}}
```

这个文件很长，它实际由很多坐标点构成，这些点连接在一起就是规划的路线。

3. 静态地图

地图，顾名思义是一张图，那么如何获取一张地图呢？

由于地球是圆的，而人们通常浏览的地图都是平面的，故需要在二者之间进行投影转换。地图投影就是按照一定的数学规则将地球椭球面上的经纬网转换到平面上，在地球上点的地理经度和纬度坐标与地图上对应点的平面直角坐标间可以建立起一一对应的函数关系。地图学家设计了有很多种投影方式，互联网地图服务通常采用墨卡托地图投影方式将椭圆地形图投影成平面图。墨卡托投影是由荷兰地图学家墨卡托(Gerhardus Mercator，1512—1594)于 1569 年提出的，方法是设想一个与地轴方向一致的圆柱切于或割于地球，按等角条件将经纬网投影到圆柱面上，将圆柱面展为平面后，就可以得到平面的经纬线网。

投影到平面上的地图还需要再切成为分级瓦片。所谓瓦片(tile)，就是指将一定范围内的地图按照一定的尺寸和格式、缩放级别或者比例尺切成若干行和列的正方形栅格图，这些图像瓦片一样铺满地面就呈现出一张完整的地图。瓦片地图一般采用一种类似于金字塔的多分辨率层级模型存储(图 4.5)，从模型金字塔的底层到顶层，分辨率越来越低，但其表示的地理范围不变。

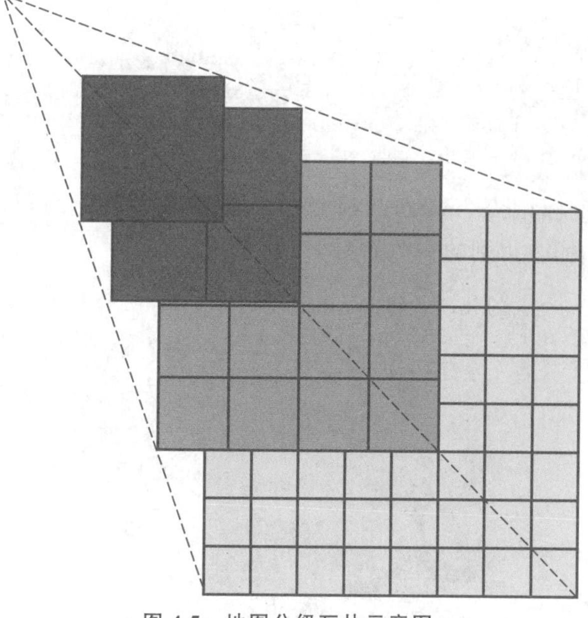

图 4.5　地图分级瓦片示意图

所以，提供地图服务的服务器上，实际上按照分层结构存储了大量的地图图像，这些图像就是资源。静态图API是百度地图Web服务API中的一种，它根据所设定的参数，通过标准HTTP协议返回PNG格式的地图图像。用户可以指定图像的尺寸、地图的显示范围（包含中心点和缩放级别），还可以放置一些覆盖物在地图上，以生成符合需求的地图图像。例如，GET下面的资源。

```
http://api.map.baidu.com/staticimage/v2? ak=9XNEM0mlcFqXGY5ZE7yaLuzC&center
=116.403874,39.914888&width=300&height=200&zoom=11
```

可以得到一幅图像，如图4.6所示。

图4.6 调用百度地图服务得到的静态地图图片

因为调用者只需发送HTTP请求访问百度地图静态图服务，得到的结果就是一幅图像，因此只需将百度静态API调用代码嵌入网页中，通过给<img>标签设置src属性即可将地图图像显示在网页中，如下所示。

```
<img style="margin:20px" width="280" height="140"
src="http://api.map.baidu.com/staticimage/v2? ak=
9XNEM0mlcFqXGY5ZE7yaLuzC&width=280&height=140&zoom=11&scale=2"/>
```

静态地图还有许多高级特征，例如，在地图上添加标注、折线和曲面，在北京地图上添加多个普通标记点，代码如下。

```
http://api.map.baidu.com/staticimage/v2? ak=9XNEM0mlcFqXGY5ZE7yaLuzC&center
=116.403874,39.914889&width=400&height=300&zoom=11&markers=116.288891,40.
004261|116.487812,40.017524|116.525756,39.967111|116.536105,39.872374|116.
442968,39.797022|116.270494,39.851993|116.275093,39.935251|116.383177,39.
923743&markerStyles=l,A|m,B|l,C|l,D|m,E|,|l,G|m,H
```

以上代码中每个标记点（makers）都是由经度和纬度坐标表示的，标记点的样式由markerStyles参数说明。得到的资源如图4.7所示。

图4.7 带标记的地图图片

百度地图还提供静态图形式的全景图，这是用街景采集车采集到的街道实景照片，支持获取视角 10°～360°。从百度地图获取的山东大学软件学院附近街景 180°全景图片代码如下，所得图片如图 4.8 所示。

```
http://api.map.baidu.com/panorama/v2? ak=9XNEM0mlcFqXGY5ZE7yaLuzC&width=
512&height=256&location=116.403690,39.9149&fov=270
```

图 4.8　从百度地图获取的山东大学软件学院附近街景 180°全景图片

4.3　用地图 API 写最简单的地图应用

通过上面的例子可以看出，地图 Web 服务所提供的都是资源服务，不管是表示地图本身的图像还是那些地图上的经度和纬度、场所信息等都是资源。地图 API 将在资源提供者和资源请求者之间建立一种交互关系，将资源或以图像或以文本的形式展现给请求者。

利用这些开放的资源，用户其实已经可以开发一些具有实用价值的应用程序、实现面向资源的开发。

1. 生成位置指示静态地图

在举办会议等活动时，经常需要给来宾指导到达会场的路线，利用百度地图资源可以开发一个能方便地生成导引静态地图的应用(图 4.9)。

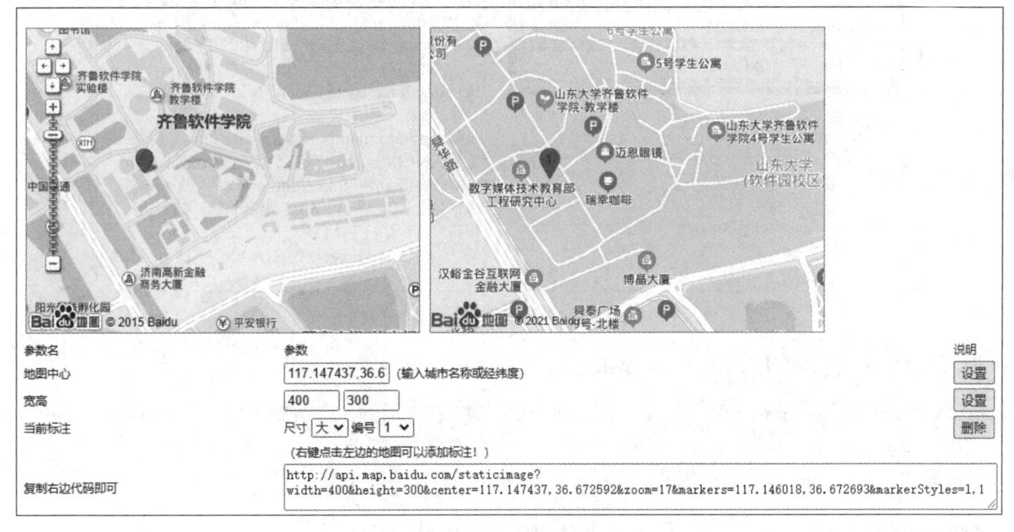

图 4.9　静态地图生成助手

这个应用上方左侧的地图调用百度提供的 JavaScript 代码展现了一个可拖曳、可缩放的地图应用，用于定位、选择静态地图的区域；上方右侧的地图则是使用百度静态地图 API 获取的地图图像。用户可以在左侧地图上右击添加不多于 20 个位置标注，在右侧地图中会显示这些标注。这个应用的核心是生成页面下方的静态地图 URL，它是由一系列指定的参数拼接而成，GET 这个 URL 就能得到生成好的位置指示静态地图(图 4.10)。

图 4.10 生成带有标记的静态地图

用户同样也可以在地图上加标签和路径，如可以写一段 JavaScript 代码，按照资源 URL 的生成规则填写必要的参数，如图 4.11 所示。

标签示例

参数	值
Center:	117.145241,36.672986
zoom:	18
labels:	117.145708,36.672834
content:	大赛会场
fontSize:	14
fontColor:	0xffffff
bgColor:	0x000fff

```
function display()
{
var
a1=document.getElementById("a").value;
var
b1=document.getElementById("b").value;
var
c1=document.getElementById("c").value;
var
d1=document.getElementById("d").value;
var
e1=document.getElementById("e").value;
var
f1=document.getElementById("f").value;
var
g1=document.getElementById("g").value;
var
h='http://api.map.baidu.com/staticimage/v2?ak=9XNEM0mlcFqXGY5ZE7yaLuzC&width=400&height=300&Center='+a1+'&zoom='+b1+'&labels='+c1+'&labelStyles='+d1+',1,'+e1+','+f1+','+g1+',1';
resource.innerHTML = h;
}
```

图 4.11 简单的标签拼接代码

然后，就可以拼接出一段符合规范的 URL，如下所示。

```
http://api.map.baidu.com/staticimage/v2? ak= 9XNEM0mlcFqXGY5ZE7yaLuzC&width=400&height = 300&Center = 117. 145241, 36. 672986&zoom = 18&labels = 117. 145708,36.672834&labelStyles=大赛会场,1,14,0xffffff,0x000fff,1
```

GET 这个 URL 就能得到生成好的带标签的静态地图(图 4.12)。

在地图上添加路线(图 4.13)同样可以拼接出一段符合规范的 URL。

图 4.12　生成带有标签的静态地图

路径示例

参数	值
Center:	117.145241,36.672986
zoom:	18
paths:	117.144622,36.672545;117.1
color:	0xff0000
weight:	5
opacity:	1

```
function displayURL()
{
var a1=document.getElementById("a").value;
var b1=document.getElementById("b").value;
var c1=document.getElementById("c").value;
var d1=document.getElementById("d").value;
var e1=document.getElementById("e").value;
var f1=document.getElementById("f").value;
var
h='http://api.map.baidu.com/staticimage/v2?a
k=9XNEM0mlcFqXGY5ZE7yaLuzC&width
=400&height=300&Center='+a1+'&zoom='+
b1+'&paths='+c1+'&pathStyles='+d1+','+e1+
','+f1;
window.location.assign(h);
return resource;
}
```

图 4.13　简单的添加路径代码

拼接出的 URL 如下所示。

```
http://api.map.baidu.com/staticimage/v2? ak= 9XNEM0mlcFqXGY5ZE7yaLuzC&width=
400&height = 300&Center = 117. 145241, 36. 672986&zoom = 18&paths = 117. 144622,
36.672545; 117. 144918, 36. 672762; 117. 145465, 36. 673008; 117. 145969, 36. 673095;
117.146229,36.672747&pathStyles=0xff0000,5,1
```

GET 这个 URL 就能得到生成好的带路径的静态地图(图 4.14)。

图 4.14　生成带有路线标识的静态地图

2. 最简单的电子地图

与纸质地图相比，电子地图最大的优势就是可以呈现动态内容，通过拖曳和缩放，使用者可以浏览不同的区域并查看大量细节信息。借助静态地图资源，用几十行代码就可以实现这样一个最简单的地图应用(图 4.15)。

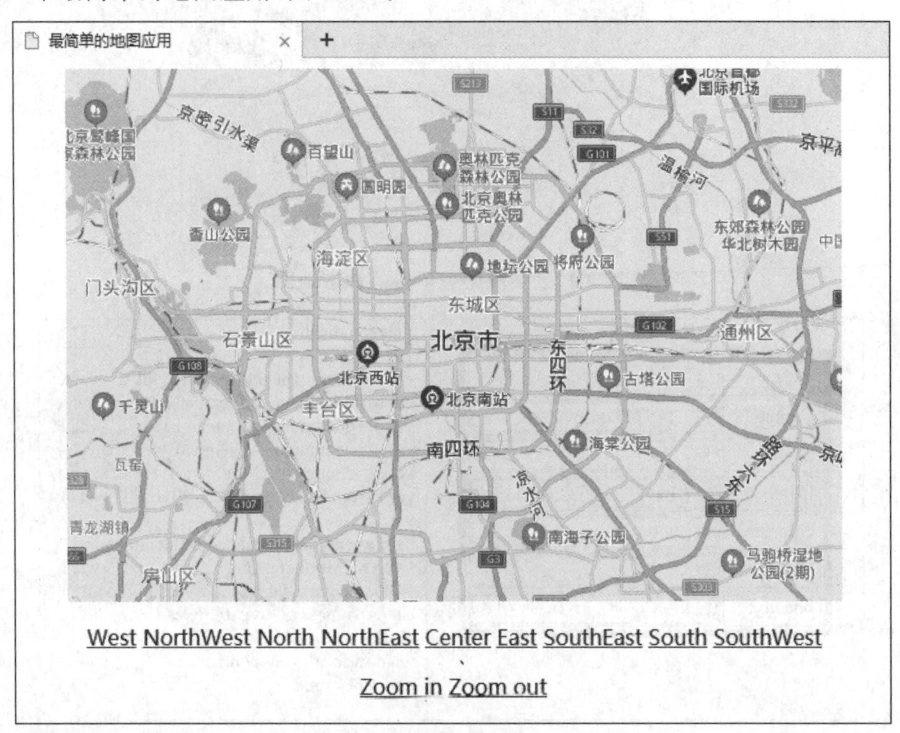

图 4.15 最简单的电子地图

打开页面，首先显示的是一幅默认的地图，它是通过 GET 静态地图得到的，代码如下。

```
<img id="myPic" src="http://api.map.baidu.com/staticimage? center=116.403874,
39.914888&width=600&height=400&zoom=11"/>
```

单击地图下方表示方向(东、西、南、北、东北、东南、西北、西南)和缩放的链接，地图会向相应的方向移动。这些链接背后指向的实际上是一幅新的静态地图，此新图已经根据方向变化和移动对应地图上经度和纬度变化(本例仅作示例，未精确计算经度和纬度)调整了中心位置，如向东南的链接实际上是 GET 如下地址的静态地图图像。

```
http://api.map.baidu.com/staticimage? center=116.423874,39.894888&width=
600&height=400&zoom=11
```

其将先更改地图中心的经度和纬度，然后用新图替换页面原来显示的地图，就实现了地图移动的效果，代码如下。

```
<html xmlns="http://www.w3.org/1999/xhtml" lang="zh-CN" xml:lang="zh-CN">
<head>
<meta http-equiv="Content-Type" content="text/html; charset=UTF-8">
<title>最简单的地图应用</title>
</head>
<body >
<div align="center">
```

```
<img id="myPic" src="http://api.map.baidu.com/staticimage? center=116.403874,
39.914888&width=600&height=400&zoom=11"/>
</div>
<p>
<script type="application/javascript">
    let myPic =document.getElementById("myPic");
    function show_page(direction){
    //通过 direction 跳转页面
    switch(direction) {
     case 'West':
        myPic.src = "http://api.map.baidu.com/staticimage? center=116.383874,
39.914888&width=600&height=400&zoom=11";
        break;
     case 'NorthWest':
        myPic.src = "http://api.map.baidu.com/staticimage? center=116.383874,
39.934888&width=600&height=400&zoom=11";
        break;
     case 'North':
        myPic.src = "http://api.map.baidu.com/staticimage? center=116.403874,
39.934888&width=600&height=400&zoom=11";
        break;
     case 'NorthEast':
        myPic.src = "http://api.map.baidu.com/staticimage? center=116.423874,
39.934888&width=600&height=400&zoom=11";
        break;
     case 'Center':
        myPic.src = "http://api.map.baidu.com/staticimage? center=116.403874,
39.914888&width=600&height=400&zoom=11";
        break;
     case 'East':
        myPic.src = "http://api.map.baidu.com/staticimage? center=116.423874,
39.914888&width=600&height=400&zoom=11";
        break;
     case 'SouthEast':
        myPic.src = "http://api.map.baidu.com/staticimage? center=116.423874,
39.894888&width=600&height=400&zoom=11";
        break;
     case 'South':
        myPic.src = "http://api.map.baidu.com/staticimage? center=116.403874,
39.894888&width=600&height=400&zoom=11";
        break;
     case 'SouthWest':
        myPic.src = "http://api.map.baidu.com/staticimage? center=116.383874,
39.894888&width=600&height=400&zoom=11";
        break;
     case 'Zoom in':
        myPic.src = "http://api.map.baidu.com/staticimage? center=116.403874,
39.914888&width=600&height=400&zoom=13";
        break;
     case 'Zoom out':
```

```
        myPic.src = "http://api.map.baidu.com/staticimage? center=116.403874,
39.914888&width=600&height=400&zoom=9";
        break;
    default:
        myPic.src = "http://api.map.baidu.com/staticimage? center=116.403874,
39.914888&width=600&height=400&zoom=11";
    }
  }
</script>

<div align="center">
<a href="javascript:show_page('West')" >West</a>
<a href="javascript:show_page('NorthWest')">NorthWest</a>
<a href="javascript:show_page('North')">North</a>
<a href="javascript:show_page('NorthEast')">NorthEast</a>
<a href="javascript:show_page('Center')">Center</a>
<a href="javascript:show_page('East')">East</a>
<a href="javascript:show_page('SouthEast')">SouthEast</a>
<a href="javascript:show_page('South')">South</a>
<a href="javascript:show_page('SouthWest')">SouthWest</a>
<p>
<a href="javascript:show_page('Zoom in')">Zoom in</a>
<a href="javascript:show_page('Zoom out')">Zoom out</a>
</div>
</body>
</html>
```

3. 让地图动起来

单击上述地图中表示方位的链接可以让地图动起来，但毕竟这不是很直观。实际上可以把地图划分成上、下、左、右和四个角组成的八个区域，使用 HTML area 标签为每个区域加一个链接，以链接表示方位移动，如下所示。

```
<area href="javascript:show_page('North')" shape="poly" coords="150,0,150,
100,300,200,450,100,450,0"/>
```

如图 4.16 所示的就是一个可移动的电子地图。图中有八个区域，每个区域的链接背后都指向一幅已经根据方向调整了地图中心位置的静态地图，用户单击不同的区域就可以切换至对应的静态地图，只要网络足够流畅，几乎让用户感受不到图像加载的过程的，实现类似地图移动的效果，代码如下。

```
<html xmlns="http://www.w3.org/1999/xhtml" lang="zh-CN" xml:lang="zh-CN">
<head>
<meta http-equiv="Content-Type" content="text/html; charset=UTF-8">
<title>改进的最简单的地图应用</title>
</head>
<body >
<div align="center">
<img id="myPic" src="http://api.map.baidu.com/staticimage? center=116.403874,
39.914888&width=600&height=400&zoom=11" ismap usemap="# mymap" width="600"
height="400" />
```

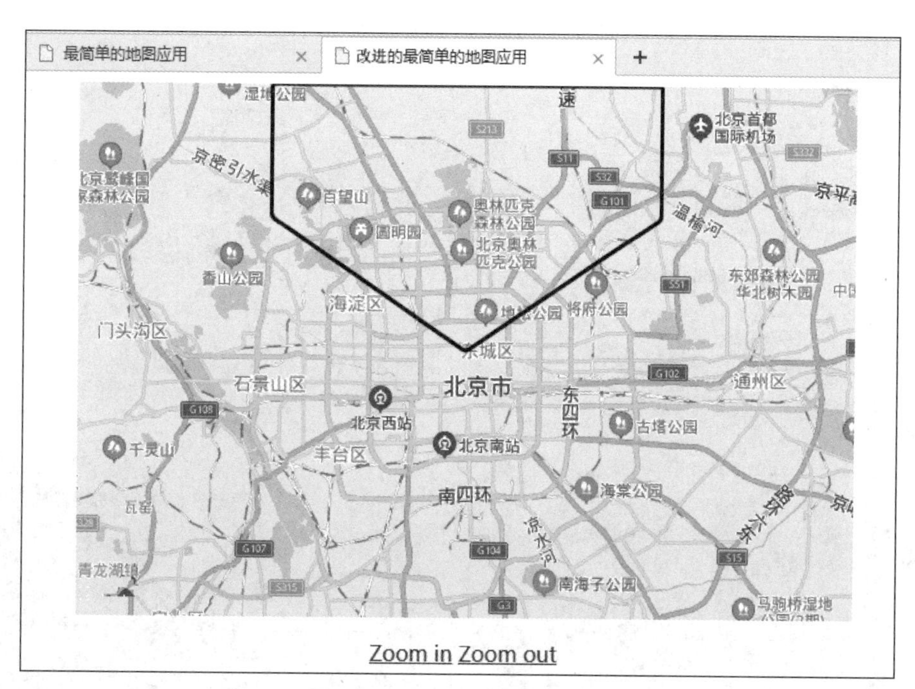

图 4.16　可以移动的电子地图

```
<map name="mymap">
<area href="javascript:show_page('West')" shape="poly" coords="0,100,0,300,
150,300,300,200,150,100" />
<area href="javascript:show_page('NorthWest')" shape="rect" coords="0,0,150,
100"  />
<area href="javascript:show_page('North')" shape="poly" coords="150,0,150,
100,300,200,450,100,450,0" />
<area href="javascript:show_page('NorthEast')" shape="rect" coords="450,0,
600,100"/>
<area href="javascript:show_page('East')" shape="poly" coords="600,100,450,
100,300,200,450,300,600,300" />
<area href="javascript:show_page('SouthEast')" shape="rect" coords="450,300,
600,400" />
<area href="javascript:show_page('South')" shape="poly" coords="150,400,150,
300,300,200,450,300,450,400" />
<area href="javascript:show_page('SouthWest')" shape="rect" coords="0,300,
150,400"  /></map>
</div>
<p>
<div align="center">
<a href="javascript:show_page('Zoom in')">Zoom in</a>
<a href="javascript:show_page('Zoom out')">Zoom out</a>
</div>

<script type="application/javascript">
    let myPic =document.getElementById("myPic");
    function show_page(direction){
    //通过 direction 跳转页面
```

```
switch(direction) {
  case 'West':
    myPic.src ="http://api.map.baidu.com/staticimage? center=116.383874,
39.914888&width=600&height=400&zoom=11";
    break;
  case 'NorthWest':
    myPic.src ="http://api.map.baidu.com/staticimage? center=116.383874,
39.934888&width=600&height=400&zoom=11";
    break;
  case 'North':
    myPic.src ="http://api.map.baidu.com/staticimage? center=116.403874,
39.934888&width=600&height=400&zoom=11";
    break;
  case 'NorthEast':
    myPic.src ="http://api.map.baidu.com/staticimage? center=116.423874,
39.934888&width=600&height=400&zoom=11";
    break;
  case 'Center':
    myPic.src ="http://api.map.baidu.com/staticimage? center=116.403874,
39.914888&width=600&height=400&zoom=11";
    break;
  case 'East':
    myPic.src ="http://api.map.baidu.com/staticimage? center=116.423874,
39.914888&width=600&height=400&zoom=11";
    break;
  case 'SouthEast':
    myPic.src ="http://api.map.baidu.com/staticimage? center=116.423874,
39.894888&width=600&height=400&zoom=11";
    break;
  case 'South':
    myPic.src ="http://api.map.baidu.com/staticimage? center=116.403874,
39.894888&width=600&height=400&zoom=11";
    break;
  case 'SouthWest':
    myPic.src ="http://api.map.baidu.com/staticimage? center=116.383874,
39.894888&width=600&height=400&zoom=11";
    break;
  case 'Zoom in':
    myPic.src ="http://api.map.baidu.com/staticimage? center=116.403874,
39.914888&width=600&height=400&zoom=13";
    break;
  case 'Zoom out':
    myPic.src ="http://api.map.baidu.com/staticimage? center=116.403874,
39.914888&width=600&height=400&zoom=9";
    break;
  default:
    myPic.src ="http://api.map.baidu.com/staticimage? center=116.403874,
39.914888&width=600&height=400&zoom=11";
  }
  }
```

```
</script>
</body>
</html>
```

4. 真正会动的地图

上面两个例子主要是示意性的，如果想做出真正的能够让用户自由拖曳和缩放的地图，还需要精心编写程序，效果如图 4.17 所示。

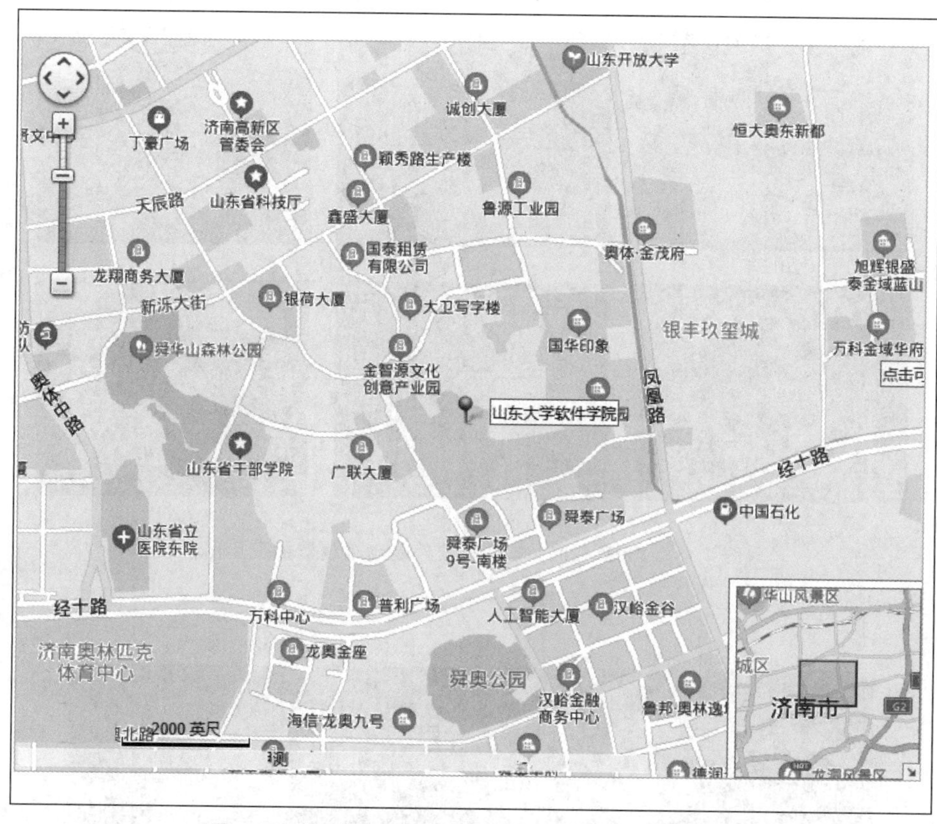

图 4.17 使用百度 JS API 开发更为成熟的地图应用

以上程序也可以借助百度地图提供的 JS API 开发，但这已经不仅仅是从资源角度实现的开发了，而是要借助百度已经完成的一些程序功能，有兴趣的读者可以自行研究。

5. 地图时光机

百度地图 API 除了提供各种比例尺的地图，还提供了很多不同形式的地图，如政区图、交通图、地形图和卫星图等，很多地图网站甚至提供了不同历史时期的卫星图，2020 年，谷歌地图发布了街景时光机应用，能够让用户以 3D 形式浏览城市的发展变化。利用已获取的 2003—2021 年济南软件园同位置的卫星图可以实现一个非常简单的时光机应用，以此反映时代的变化，如图 4.18 所示。

利用这些资源也可以开发一个简单的“时光机”应用(图 4.19)。让用户通过拖动图中的滚动条获取不同的地图图像资源，浏览该地区的时光演化。

本节的程序源代码见本书附录 C。

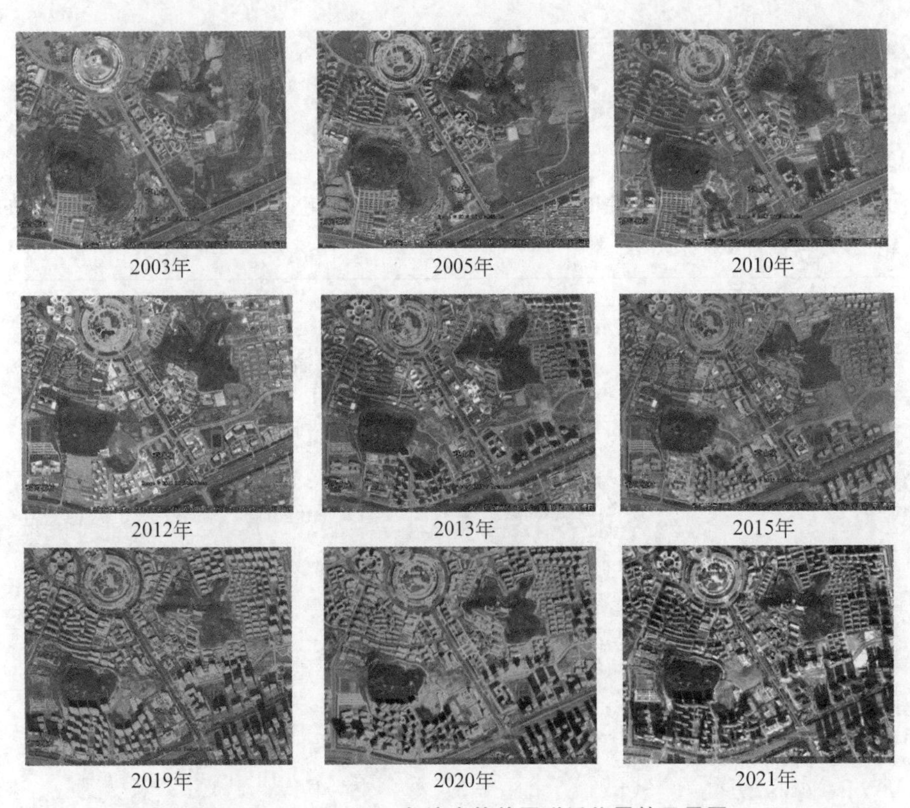

图 4.18　2003—2021 年济南软件园附近位置的卫星图

图 4.19　简单的地图时光机

本章习题

1. 基于位置的服务(LBS)为什么重要？其有哪些应用？

2. 注册一个 LBS 服务开发者账户，可选百度、高德、腾讯及其他。

3. 尝试获取这些地图服务网站上的资源。

4. 编写一个调用静态地图的 URL，获取某地的静态地图，加标记和标注(标注可以用学号)。

第5章 领域驱动的服务设计

对于服务请求者而言，无论其是查询信息的个人还是调用服务的网络应用，需要的都是数据、图像、算法结果或其他功能，这些就是所谓的资源。如果对某一资源的请求存在共性，那么可以把这个功能设计为服务以实现共用。

领域可以被理解为软件需求分析中业务场景对应的业务域，每一个领域又可被分为问题域和解决方案域。

领域本身可以进一步划分为子领域，限界上下文定义了子领域的边界，限界上下文的目的就是厘清子领域，然后区分这些子领域中哪些是核心域、支撑子领域和通用子领域等。

软件系统来自于不同的现实应用领域，其所操作的资源也因具体的业务而各不相同，正如开发软件需要理解业务一样，开发服务也需要深入实际业务去理解资源。这种“理解”包括哪些实体可以作为资源？资源如何表述？如何操作这些资源？这是在设计服务系统时需要首先考虑清楚的问题。

5.1 领域模型与领域驱动设计

1. 领域模型

之所以需要开发软件系统，通常是因为实际业务中遇到了问题，希望通过软件系统解决问题。通过对问题的分析，可以知道需要一个什么样的系统，进一步可以思考如何设计与实现这个系统。

软件系统的需求通常对应某个特定的领域，如银行业务系统对应的是银行业务领域。这种领域本质上可以被理解为包含若干问题的一个问题域，其中的核心问题往往对应着该领域的核心业务，对一个领域而言，这些都是确定的。

领域也不是无限大的，它有边界，设计软件系统时有必要把问题限定在这种边界里。只要能够确定系统所属的领域，那这个系统的核心业务(即要解决的关键问题、问题的范围边界)就基本被确定了。一般在领域专家的指导下，设计人员、开发人员和用户能够在不断交流的过程中发现和挖掘该领域的主要概念，然后以某种各方都能理解的“通用语言”作为交流的工具，将这些概念设计成一个领域模型。这种为描述领域中的核心问题而建立模型的过程就是领域建模。

2. 领域驱动设计

领域驱动设计(domain-driven design, DDD)是一种建模方法，其针对一个领域内各个业务需求进行建模，本身就是要完成从问题域到解决方案域的映射和抽象，它同时提供了战略(宏观)和战术(细化)层面的建模方法及工具。

建模的宏观层面首先利用领域限界上下文表示业务模型，并通过上下文之间的映射集成多个限界上下文，多个限界上下文结合在一起可以表示领域内一个完整业务的实体、行为、接口等方面。

划分上下文边界是解决方案域的一个关键内容，在领域驱动设计中首先要完成的就是划分上下文边界，一个领域模型的核心域、子域也可以被表达为若干子领域模型，这样一层层嵌套下去，符合传统软件分析设计方法中的子系统或组件划分思路。

领域的战术设计层面着重描绘限界上下文内的细节。限界上下文中包括很多领域对象，为实现某种功能而体现出“高内聚”的特性；而限界上下文之间的边界则体现了“低耦合”的特性。

可以看到领域驱动设计的主要任务有两个：一是发现系统中的聚合(aggregate)；二是划分限界上下文(bounded context)。这两个元素是领域驱动设计的核心概念，分别对应了单个业务功能模块内核心的领域对象建模，以及划分业务功能的边界。这种建模方法可以方便开发者和领域专家更好更快速地配合进行开发。

聚合是一组相关的领域对象(或者称为实体)，是由业务和逻辑上紧密关联的事物和值对象二者组合而成的。所谓的值对象 Value Object 类似一座大厦的地址，也可以作为一个有价值的信息用于查询。

聚合用来将若干事物和值组织在一起，但并不是简单地将对象组合在一起，而是要确保业务规则在边界内的稳定性。每个聚合都有一个根实体，被叫作聚合根，聚合根具有全局标识，所有对聚合根内对象的修改都只能通过聚合根实现。聚合内有一套不变的业务规则，各实体和值对象按照统一的业务规则运行，实现对象数据的一致性，边界之外的任何东西都与该聚合无关，这就是聚合能实现业务高内聚的原因。

领域建模的过程包括理解用户行为、找出领域对象和聚合根、对实体和值对象进行聚类组成聚合、划分限界上下文以及建立领域模型。

建模时，第一步需要根据业务行为梳理出发生这些行为的所有实体和值对象，按照功能/模块/业务对项目进行划分，将符合同一个功能/模块/业务的实体、值对象找出来，聚合到同一个领域内。

第二步，从众多实体中选出适合作为对象管理者的根实体，也就是聚合根。判断一个实体是否是聚合根需要结合场景分析，具体包括：实体是否有独立的生命周期？是否有全局唯一的 ID？是否可以创建或修改其他对象？是否有专门的模块来管理这个实体？

第三步，根据业务单一职责和高内聚原则，找出与聚合根关联的所有紧密依赖的实体和值对象，构建出一个包含唯一聚合根与多个实体和值对象的对象集合，这个集合就是聚合。

第四步，梳理聚合内实体之间的复杂关系，根据聚合根、实体和值对象的依赖关系画出实体及值对象间的引用和依赖模型。

最后根据业务语义和上下文将多个聚合一起划分到同一个限界上下文内。

领域建模可以借助可视化建模工具实现，如有领域的上下文(图 5.1)，则上下文中的实体与关系如图 5.2 所示。

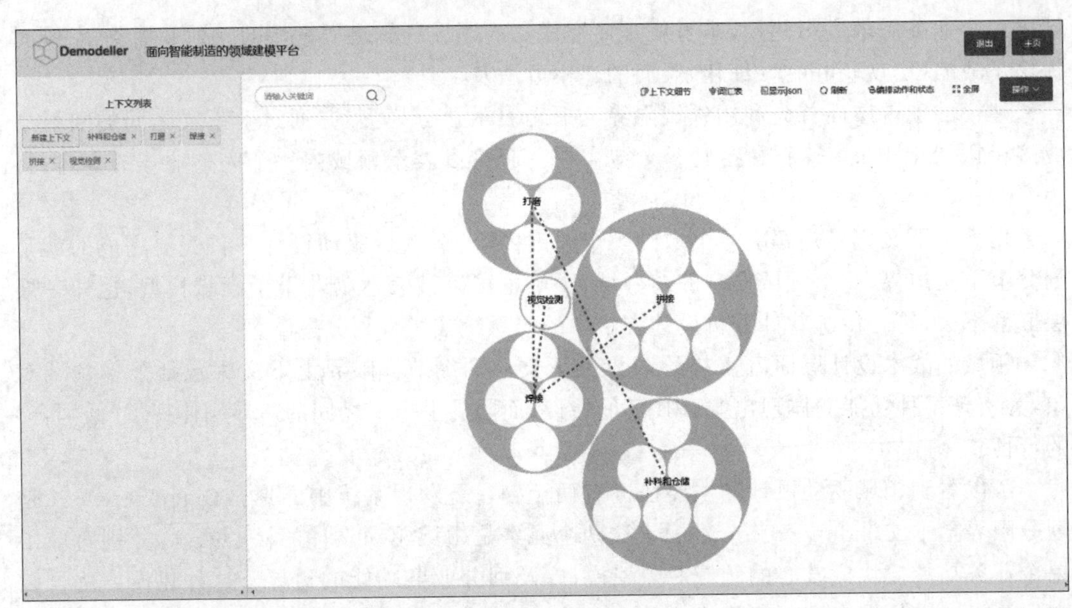

图 5.1 领域的上下文

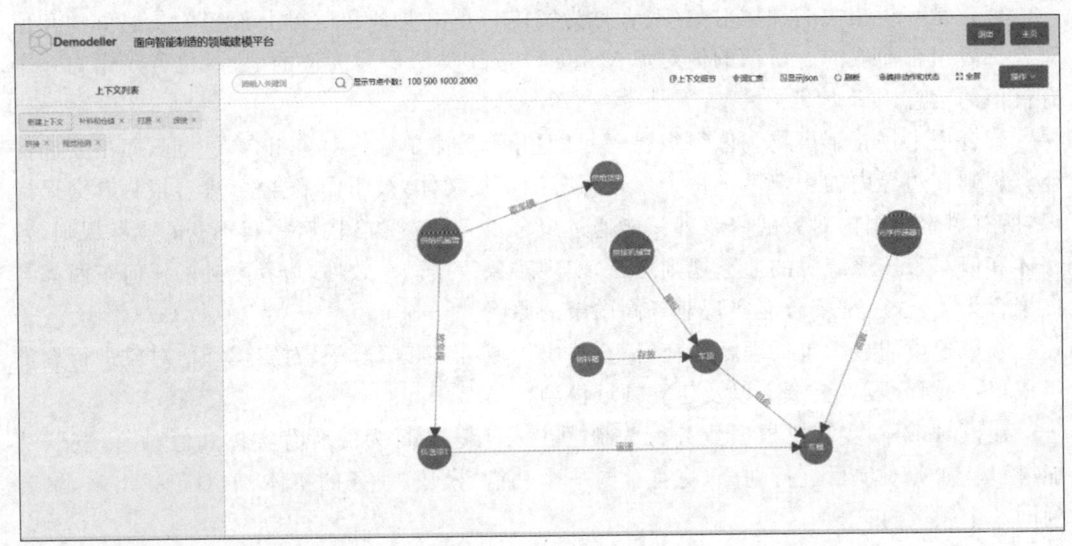

图 5.2 上下文中的实体与关系

5.2 理解领域、识别资源、划分服务

面向资源进行 RESTful 服务设计，识别和定义资源时可以参考领域设计的思路，首先定义领域对象，将领域对象建模为对应的资源，然后再考虑这个资源应该暴露哪些功能接口。

1. 导入场景

在进行 Web 服务设计时首先要考虑用户的功能需求，还要理解实现这些功能的逻辑，这就需要将功能放入服务的场景去分析。下面以一个电商网站中经常出现的“顾客订单处理”场景为例。

(1) 电商网站创建商品 SPU(standard product unit,即标准化产品单元,是商品信息聚合的最小单位)。

(2) 电商网站创建商品 SKU(stock keeping unit,商品的最小库存单位,商品的进货、销售、售价、库存等最终都是以 SKU 为准)。

(3) 电商网站按照 SKU 增加商品库存。

(4) 顾客创建订单,电商网站锁定库存。

(5) 顾客支付订单,电商网站扣减库存。

(6) 顾客取消订单,电商网站恢复库存。

(7) 电商仓储发货。

(8) 顾客评价、投诉等。

2. 理解事件

根据领域中业务行为中的事件可以梳理系统的数据和行为,从而进行合适的建模。

电商平台系统的事件如图 5.3 所示,在这里可以尝试理解“订单处理”这个应用所属的领域,以及可能发生的事件和涉及的数据和行为。

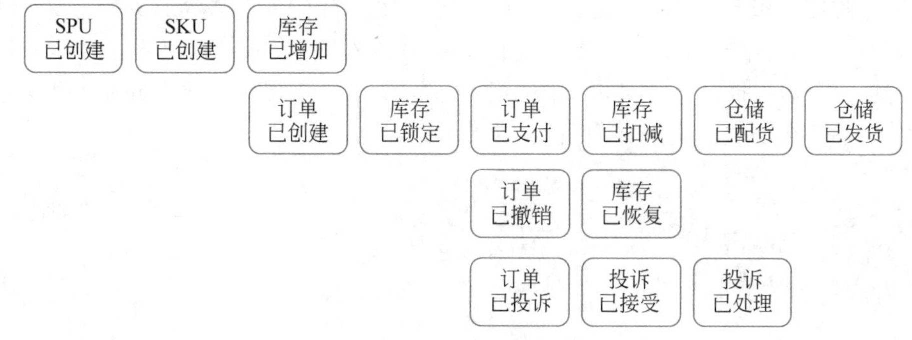

图 5.3　电商平台系统的事件

进一步带入角色,理解不同角色在系统中的操作(图 5.4)。

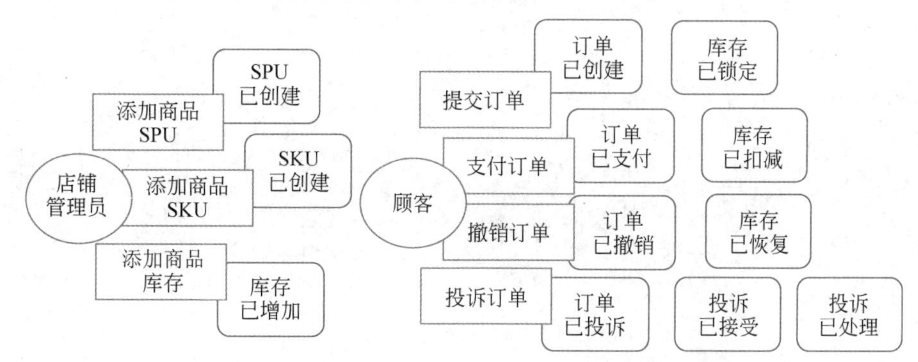

图 5.4　理解电商平台不同角色用户在系统中的操作

3. 聚合对象

聚合是一组相关的领域对象,其目的是确保业务规则在边界内的稳定性。聚合根具有全局标识,所有对聚合根内对象的修改都只能通过聚合根进行。在识别聚合时,可以通过对命令和事件的划分找到聚合边界。电商平台的聚合对象如图 5.5 所示。

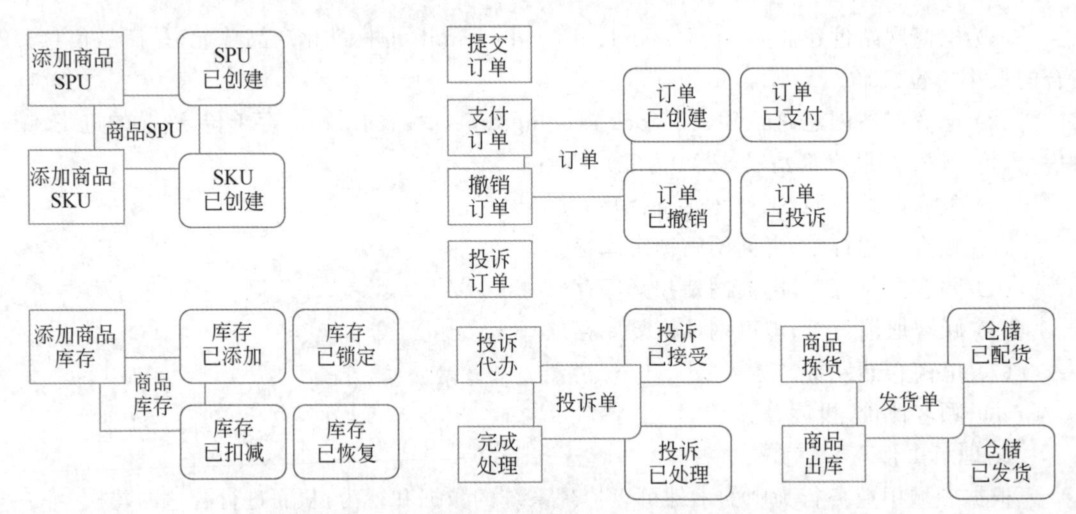

图 5.5　聚合对象

4. 划分边界

在一定程度上服务边界对应的就是"限界上下文",它有一个非常形象的定义：细胞之所以会存在,是因为细胞膜定义了什么在细胞内,什么在细胞外,并且确定了什么物质可以通过细胞膜。聚合可能是最小粒度的限界上下文,同时,人们经常需要合并业务相关性很高的聚合。电商平台的限界上下文如图 5.6 所示。

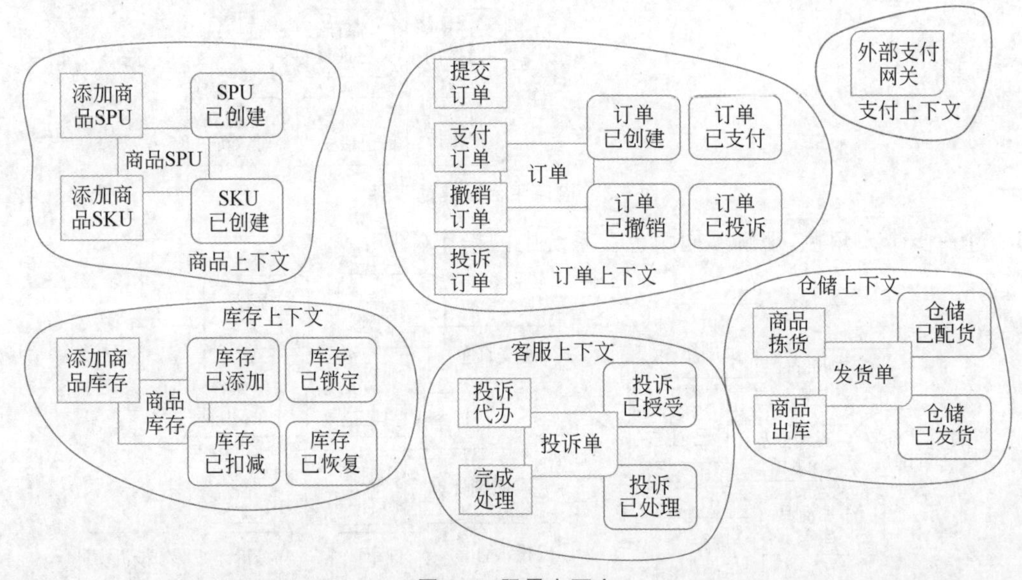

图 5.6　限界上下文

在领域驱动设计中,如果聚合设计得过大,则其会因为包含过多的实体而导致实体之间的管理过于复杂,高频操作时会出现并发冲突或者数据库锁,最终导致系统可用性变差。而小聚合设计则可以避免由于业务过大导致的聚合重构,让领域模型能更适应业务的变化。

5. 识别资源

在设计面向服务的系统时,设计的主要是服务,但仍然要从资源入手,即设计服务应提供的资源?

资源即实体，实体即对象，这些对象代表的是业务对象，有明确的业务含义，类似供应商、采购订单、产品、合同等。同时这些对象本身存在关联和递进的层次结构，如供应商有对应的联系人，有对应的银行账号，产品可能有对应的维修记录等。这些业务对象正是在领域驱动设计时候经常会识别的领域对象。

为实现服务内聚合之间的解耦以及未来以聚合为单位的服务组合和拆分，应避免调用跨聚合的领域服务和关联跨聚合的数据库表。

现实世界中每个具体事物都一定会有唯一的标识，例如，一张火车票，如果具体到日期、车次、到站地点和座位号，那就是一个独立的实体，座位号是其唯一的标识。但如果设计的车票服务系统主要是提供车次以及余票查询服务，那么由于只需要关心剩余座位数，则并不需要以座位号为唯一标识，日期、车次才是最需要被关注的。这里的关键点是实际的业务场景和需求是否需要管理到唯一标识，所以实体划分跟业务需求紧密相关。此外，是否将值对象设计为资源也要看具体的场景。

6. 划分服务

理想情况下，限界上下文与微服务可以一一对应，但在实际项目中，又需要根据业务做一些灵活的调整，包括将多个限界上下文合并，对应的就是将相对简单的服务合并在一起。但一般而言，聚合是服务的最小单元(一个限界上下文可以包括多个聚合)，打破聚合，就很有可能破坏事务一致性和业务约束。

如果粗粒度的、体现业务价值的接口服务全部都变成了数据库访问类细粒度接口服务，那么接口就失去了其本身的意义，同时又会导致其本身应该完全内聚在服务内部的业务逻辑全部被暴露到外层。如果一个资源完全不需要和外部模块或外部应用打交道，那么其完全不用开放任何接口，这一方面能提升性能，另一方面也能减少各类难以应对的分布式事务问题。

7. 在边界上定义接口

下面考虑这个资源应该暴露哪些能力接口？对于上面的电商订单场景，可将其拆分为顾客生成新的商品订单、顾客对已有的商品订单进行修改、顾客查询商品订单集合、顾客查看某个特定商品订单的明细数据等业务场景。基于商品订单资源可以设计如下接口需求。

(1) 创建新的顾客订单：POST/Orders。

(2) 修改一张 ID 为 1111 的已有订单：PATCH /Orders/1111。

(3) 删除 ID 为 1111 的已有订单：DELETE/Orders/1111。

(4) 查询所有顾客订单：GET/Orders。

(5) 查询 ID 为 1111 的顾客订单：GET/Orders/1111。

如果没有按照领域对象的方式定义资源，那么最容易犯的错误就是将所有的数据库表对象都全部定义为一个个独立的资源，并将这些资源的增、删、查、改操作全部暴露为 GET、PUT、POST 和 DELETE 接口方法，那么这样暴露出来的 HTTP REST 接口方法将全都是细粒度的接口。

根据领域驱动开发的通用设计原则，实际开发中还需要考虑项目的具体情况，综合便利性、高性能、事务管理等影响因素，以解决实际问题为出发点灵活运用。

5.3 理解行为、设计表述

在美剧《生活大爆炸》中，主角谢尔顿和他的朋友们下班回到租住的公寓后，经常玩一款叫作《龙与地下城》(*Dungeons & Dragons*，*D&D*)的游戏。*D&D* 属于桌面角色扮演游戏(tabletop role-playing game，TRPG)，这种游戏的基本玩法是玩家扮演不同角色，在一个丰富的幻想世界中冒险。游戏中玩家可以自选角色，在城主(dungeon master，DM)给出的故事情节、场景地图、怪物等剧情元素中根据官方制定的规则与 DM 一起游戏，通过掷骰子的方式来进行诸如战斗等动作，完成升级、打怪等任务。*D&D* 追求完善和复杂，有着精细的设计和繁复的场景，以至于其游戏规则相当复杂，官方规则书动辄数百页。

下面将以 *D&D* 为参照设计一个极简版的 TPRG，游戏借用 *D&D* 的基本设定，但适度简化其规则，简称 NDnD。

(1) 游戏中只有一个单独的关卡，即一个场景，包括一张平面地图，地图被平分为 25 个单元格，左上角是关卡的入口，右下角是通关的出口，玩家每次只能移动一个单元格。

(2) 简化游戏为单人游戏，定义玩家是一位骑士，保留游戏中各种怪物(如地精、恶龙、象人、巨噬鲨、巨蜈蚣等)，以及悬崖、河流、火山、陷阱等障碍。骑士有初始的能力值，包括战斗技能值、跳跃技能值，分别用于打怪和越过障碍。怪物都有自身的战斗技能值，各种障碍有不同的难度值。

(3) 每一个单元格中会有一种怪物或障碍，也可能是安全的平地，骑士遇到怪物可以选择战斗，战斗规则是简单的比拼能力值，例如，骑士的战斗技能是 10，现在面对一个战斗技能是 20 的怪物，这时玩家需要扔一个 20 面骰子，得到的随机数值加上 10(骑士的战斗技能)，如果结果大于 20 则骑士获胜，反之则会失败。骑士获胜以后会获得怪物战斗技能的 10%(增加到其战斗技能中)，并可以选择行进方向继续前进；如果失败则骑士自身战斗技能会损失 10%，并回退到上一关；越过障碍的游戏规则类似。

(4) 游戏中的随机事件由掷骰子来决定，通过随机值增加游戏的不确定性，并推动故事的发展。

下面通过 NDnD 这样一个简单的案例理解问题领域中的行为和设计表述。

首先是如何表达地图场景。如图 5.7 所示，游戏地图可以被抽象成一个由单元格构成的网格，每个单元格是一个最小单元，用 A～Y 的字母标记。平面网格在几何上有所谓“四连通”(指对应单元位置的前、后、左、右共 4 个方向连通)、八连通(指对应位置的前、后、左、右、左前、右前、左后、右后共 8 个方向连通)。考虑表述得简洁，这里把地图设计为四连通，即游戏玩家只能从当前单元格向前、后、左、右四个方向移动。

入口 →	A	B	C	D	E	
	F	G	H	I	J	
	K	L	M	N	O	
	P	Q	R	S	T	
	U	V	W	X	Y	→ 出口

图 5.7 游戏地图的一种抽象

整个地图场景对玩家是不透明的，这样会使冒险过程充满不确定性，增加挑战性与玩游戏的乐趣。在任何时刻，身处游戏内部的骑士都看不到场景的全貌，而仅能知道当前单元格中的场景(客户端可以用简笔画描绘这个场景，如图 5.8 所示）以及当前单元格与相邻单元之间的连通关系。

图 5.8　NDnD 中的一个游戏场景

据此，对游戏的理解已经形成了一些共识。

（1）游戏需要且只需要为玩家呈现当前单元格的场景，包括该单元格中有什么怪物或者障碍、可以连通的其他单元格是哪些。

（2）玩家根据当前单元格的场景确定下一步的行动，可以打败怪物/越过障碍然后继续前进，也可以退回上一个单元格。

（3）玩家知道自己当前的战斗技能值和跳跃技能值，但不知道怪物或障碍的技能值，掷骰子的结果也是随机的，这个战斗过程由后台服务计算完成。

（4）战斗结果由后台服务反馈给玩家，玩家技能值的增加或者减少也要反馈给玩家，再由玩家根据结果判断局势并确定下一步的行动。

下面可以考虑表述的设计了。这里借用一个已有的设计——Maze＋XML。Maze＋XML 是一个 XML 格式的数据格式，用于描述简单的迷宫（Maze）类游戏数据，其 MIME 类型为 application/vnd.amundsen.maze＋xml。在 Maze＋XML 的基础上扩展，将每个地图单元格都设计成一个拥有独立 URL 的 HTTP 资源，每当游戏玩家进入新的单元就向服务端发送一个 GET 请求，服务端就会给客户端反馈一个表示当前单元格的表述，如下所示。

```
<NDnD version="1.0">
  <cell href="/cells/M" rel="current">
  <title>峡谷地</title>
    <monster>
        <name>史前巨鳄</name>
        <link rel="fight" href="/fightWithMonster/crocodile"/>
    </monster>
    <link rel="east" href="/cells/N"/>
    <link rel="west" href="/cells/L"/>
    <link rel="south" href="/cells/R"/>
    <link rel="north" href="/cells/H"/>
  </cell>
</NDnD >
```

这条表述包含了当前单元格地址"/cells/M"，一个显示给玩家的单元格名字："峡谷地"，这个名字其实没有具体含义，只是便于玩家记忆以及增加一些游戏中的临场感。这里用 link 标记将单元格与它附近的其他单元格连接起来，注意，在 Maze＋XML 格式中，方向是用东、西、南、北来表示的，就像人们使用地图的习惯一样，即“左西右东，上北下南”，从单元格 M 开始，玩家可以选择向西走进入单元格 L，也可以选择向东进入单元格 N；monster 标记是笔者自行扩展的，表示当前玩家遇到的怪物，同样，这里也增加了一个与怪物格斗的链接。

玩家可以从反馈的表述中选择自己的行动，首先，他可以选择战斗，即向/fightWithMonster/crocodile 链接再发送一个 GET 请求，后台服务器会将之理解为玩家要与史前巨鳄决斗一番，并获取 fightWithMonster 的结果，这里服务器只需简单反馈两个数值就可以了，如下所示。

```
<NDnD version="1.0">
  <fightWithMonster >
     <Dice>8</Dice>
     <Score>-2</Score>
  </fightWithMonster >
</NDnD >
```

其中 Dice 标记将调用后台一个随机算法，计算出一个玩家掷骰子的数字，Score 标记是战斗结果，负数表示玩家失败了，并损失 2 点战斗技能。

这样设计的表述实际上是把当前的状态都反馈给了客户端，再由客户端去设计游戏的交互逻辑，如下所示。

首先 Dice 标记的值可以先反馈给用户，可以用可视化的形式，例如，显示一个旋转的骰子最后将值停止在 8，也可以直接显示一个数值；然后也可以可视化地展现战斗的结果，模拟一个打斗的过程，或者也只是显示一个文字；玩家获得/失去的技能值也应显示给玩家。

然后，客户端要根据战斗结果决定显示给玩家的其他链接选项，如果胜利了，玩家会看到连通相邻单元格的链接，进入新的冒险历程；如果失败了，而其技能值还是正数，玩家可以选择再战，因此 fight 链接还在，或者选择退回上一个单元格；因为允许玩家回退，如果回退到已经取得胜利的单元格，玩家进去后看到的是平地，没有任何怪物/障碍，但是连通周围单元格的链接关系还在，这里需要客户端做好标记。

假设玩家获胜了，客户端会显示可选的前进方向，玩家自己选一个(如向东走)，则客户端对单元格 N 发出一个 GET 请求，并收到新的表述，内容如下。

```
<NDnD version="1.0">
  <cell href="/cells/N" rel="current">
  <title>大瀑布</title>
    <barrier>
        <name>激流</name>
        <link rel="conquer" href="/conquerTheBarrier/torrent"/>
    </barrier>
    <link rel="east" href="/cells/O"/>
    <link rel="west" href="/cells/M"/>
    <link rel="south" href="/cells/S"/>
    <link rel="north" href="/cells/I"/>
  </cell>
 </NDnD >
```

客户端的应用状态会因玩家的操作发生变化。借用 HTML 标准中的术语,客户端刚才在“访问”单元格 M,现在它正在“访问”单元格 N。

barrier 标记也是笔者扩展的元素,表示在当前单元格玩家遇到了障碍;同样,这里也增加了一个征服障碍的链接:/conquerTheBarrier/torrent,客户端把这个链接表述给玩家后,玩家可以选择征服,即向该链接再发送一个 GET 请求,后台服务器会将之理解为玩家要利用自己的跳跃技能征服障碍,并获取 conquerTheBarrier 计算的结果。这实现起来也很简单,服务器也只需反馈两个数值就可以了,代码如下。

```
<NDnD version="1.0">
  <conquerTheBarrier>
      <Dice>17</Dice>
      <Score>1</Score>
  </conquerTheBarrier >
</NDnD >
```

同样,这里的 Dice 标记将调用后台一个随机算法,计算出一个用户掷骰子的数字,Score 标记是征服结果,若玩家成功地跨越了激流将获得 1 点跳跃技能。

之后,客户端会为玩家显示可选的前进方向,玩家继续前进,经过一系列的探险,最终来到 Y 单元格。Y 单元格名字叫“龙巢”,游戏设计的惯例会在最后一关放一个大 BOSS,但这里也包含了游戏通关的出口,这个出口是通过一个链接关系为 exit 的 link 标记来表明的,如下所示。

```
<maze version="1.0">
  <cell href="/cells/Y">
    <title>龙巢</title>
    <monster>
        <name>恶龙</name>
        <link rel="fight" href="/fightWithMonster/dragon"/>
    </monster>
    <link rel="west" href="/cells/X"/>
    <link rel="north" href="/cells/T"/>
    <link rel="exit" href="/success.txt"/>
  </cell>
</maze>
```

当然,玩家需要先战胜恶龙,在此之前,客户端是不会把出口显示出来的。

5.4　客户端与服务端的设计

NDnD 的表述设计还有一些其他内容,如整个游戏的入口。进入不同关卡的链接等。但基本的行为已经有了,从一个单元格选择与怪兽战斗或者征服障碍,成功后访问链接进入下一个单元格,最终发现一个通关标记为 exit 的链接。这些信息已经足够实现客户端了。

这个服务最重要的用途就是开发供人类玩乐的游戏。下面先介绍一个只需要用文字呈现 NDnD 布局的极简客户端,这有点类似 MUD 游戏(multiple user domain,多用户虚拟空间游戏)。

这个游戏将从获取一个游戏场景集合开始,让玩家从中选择一个场景。一旦玩家进入这个场景,他所看到(想象到)的画面只有当前单元格,玩家可以通过选择战斗、前进方向等操作完成冒险历程,直至通关。

首先向服务器发出请求,使用 HTTP GET 方法。

```
GET /NDnDs/ HTTP/1.1
Host: example.org
Accept: application/vnd.amundsen.maze+xml
```

服务器以 Maze+XML 格式的文档做出响应。

```
<maze version="1.0">
  <collection href="http://example.org/NDnDs/">
    <link href="http://example.org/NDnDs/a-beginner-NDnD" rel="NDnD "
      title="菜鸟 NDnD" />
    <link href="http://example.org/NDnDs/a-expert-NDnD" rel="NDnD "
      title="高阶 NDnD" />
  </collection>
</maze>
```

游戏客户端读取这个文档——NDnD 集合的表述,然后将其解析出来,玩家就会看到两个 NDnD 选项。它们对应 Maze+XML 文档中链接关系为 NDnD 的两个链接,分别被标记为 1 和 2。

在文本框中输入 1 选择一个 NDnD,这样玩家就进入游戏,这实际上是告诉客户端让其用一个 HTTP GET 请求访问第一个 rel="NDnD"的链接。请求内容如下。

```
GET /NDnDs/beginner HTTP/1.1
Host: example.org
Accept: application/vnd.amundsen.maze+xml
```

之后,服务器发送 Maze+XML 格式的文档作为响应。

```
<maze version="1.0">
  <item href="http://example.org/NDnDs/beginner" title="菜鸟 NDnD">
    <link href="http://example.org/NDnDs/beginner/cells/A" rel="start"/>
  </item>
</maze>
```

接收到服务器的响应后,游戏客户端将提供给用户下列信息。

```
菜鸟 NDnD
Start
```

用户输入 Start 就可以进入游戏场景的第一个单元格 A,处在"菜鸟 NDnD"的内部。假设这个单元格里既没有怪物也没有障碍,那么客户端就会直接给出前行方向的链接。

```
east    south
```

这表示有两个可以走的方向供玩家选择,从所提供的列表中选择一个方向(east 或 south)将其输入文本框,按 Enter 键,也就是在告诉客户端发起一次 HTTP GET 请求访问对应的链接。如此一步步地前行,直至最后反馈的信息出现了出口,即 exit 为止。

玩家选择 exit 即可通关,这也是在告诉客户端发起一次 HTTP GET 请求访问 exit 所对应的链接,游戏开发者可以发一段祝贺的话语显示给玩家。

这个客户端虽然相当简陋,却能够真正玩起来,这就足够了。另外,服务器端还需要考虑对游戏布局的内部保存形式，如用简单的 JSON 文档来保存场景数据。这个 JSON 文档所代表的地图场景并不是 REST 意义上的服务端表述，它只是原始数据，但可以用于生成能发送给客户端的 Maze+XML 文档，如下所示。

```
{
"title" : "菜鸟 NDnD",
"cells" : {
"cellA":{"title":"冒险入口", "monster":none, "barrier":none, "ways":[B,0,F,0]},
"cellB":{"title":"大断桥", "monster":none, "barrier":"断桥", "ways":[C,A,G,0]},
"cellC":{"title":"花草地","monster":none, "barrier":none, "ways":[D,B,H,0]},
"cellD":{"title":"蘑菇甸","monster":"巨蝎", "barrier":none, "ways":[E,C,I,0]},
"cellE":{"title":"静波塘","monster":"赤焰蛇", "barrier":none, "ways":[0,D,J,0]},
"cellF":{"title":"红崖口", "monster":none, "barrier":"陡崖", "ways":[G,0,K,A]},
"cellG":{"title":"巨蕨林", "monster":"食草龙", "barrier":none, "ways":[H,F,L,B]},
"cellH":{"title":"黑松林","monster":"剑齿虎", "barrier":none, "ways":[I,G,M,C]},
"cellI":{"title":"人熊谷","monster":"人熊怪", "barrier":none, "ways":[J,H,N,D]},
"cellJ":{"title":"幽幽洞", "monster":"火麟鲵", "barrier":none, "ways":[0,I,O,E]},
"cellK":{"title":"一线天","monster":none, "barrier":"狭缝", "ways":[L,0,P,F]},
"cellL":{"title":"冰川臼", "monster":none, "barrier":"巨石", "ways":[M,K,Q,G]},
"cellM":{"title":"峡谷地","monster":"史前巨鳄", "barrier":none, "ways":[N,L,R,H]},
"cellN":{"title":"大瀑布", "monster":none, "barrier":"激流", "ways":[O,M,S,I]},
"cellO":{"title":"天龙潭","monster":"小白龙", "barrier":none, "ways":[0,N,T,J]},
"cellP":{"title":"巨杉坡","monster":"大旱獭", "barrier":none, "ways":[Q,0,U,K]},
"cellQ":{"title":"硫磺泉", "monster":none, "barrier":"强酸泉", "ways":[R,P,V,L]},
"cellR":{"title":"沼泽地", "monster":none, "barrier":"陷坑", "ways":[S,Q,W,M]},
"cellS":{"title":"通谷井","monster":"箭毒蛙", "barrier":none, "ways":[T,R,X,N]},
"cellT":{"title":"水龙吟", "monster":"灰巨龙", "barrier":none, "ways":[0,S,Y,O]},
"cellU":{"title":"潜龙谷", "monster":none, "barrier":none, "ways":[V,0,0,P]},
"cellV":{"title":"巨石关", "monster":none, "barrier":"石墙", "ways":[W,U,0,Q]},
"cellW":{"title":"莽草径", "monster":"响尾蛇", "barrier":none, "ways":[X,V,0,R]},
"cellX":{"title":"叠石城", "monster":none, "barrier":"叠石阵", "ways":[Y,W,0,S]},
"cellY":{"title":"龙巢","monster":"恶龙", "barrier":none, "ways":[0,X,0,T]}
}
}
```

借助领域分析、领域模型及在此基础上建立的领域规范，可以描述和解释问题空间中的设定，使客户端和服务器可以实现对问题领域的一致理解。在 NDnD 游戏的设计中，客户端需要根据游戏的逻辑有选择地展示其收到的表述，这显然需要客户端设计者全面地理解领域。

然而，设计服务系统时，服务器的职责将以一种客户端可以理解的方式描述（表述）资源的状态，而不是给客户端下达目标命令。客户端和服务器只需要对传递于它们之间的表述形式达成共识即可，并不需要在要解决问题方面有必然相同的看法。这里遵循的一个原则是：客户端要尽可能忠实地渲染收到的表述且不将自己的主观判断掺杂其中，这样，在遇到一些自己不期望的表述时系统也不容易崩溃，换言之，尽量不给服务器端制造歧义。

5.5 REST 成熟度模型

《RESTful Web 服务》一书的作者 Leonard Richardson 在全球软件开发者大会 QCon2008 的一个报告中阐述了他的 RESTful 服务成熟度模型，描述了 RESTful 服务的规范性和发展路径的 4 个层次(图 5.9)，这里结合 Martin Fowler 给的一个预约医生的例子予以介绍。

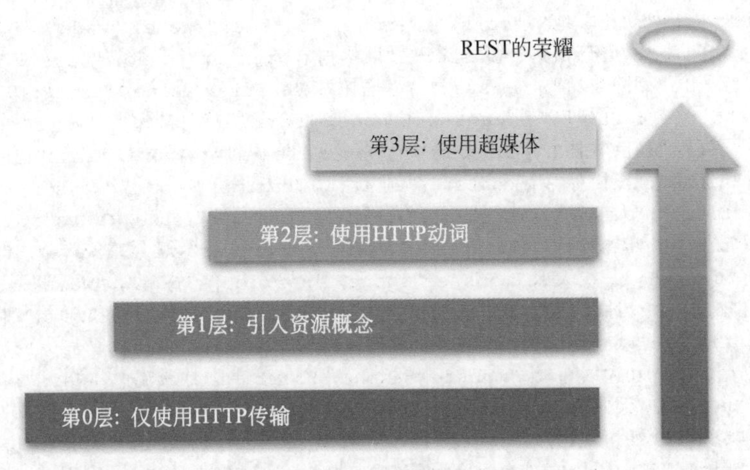

图 5.9 通往 REST 的 4 个层次

1. 第 0 层：HTTP 传输

第 0 层的 Web 服务只是使用 HTTP 作为传输标准(大多数是使用 POST 请求)。交互案例如图 5.10 所示。

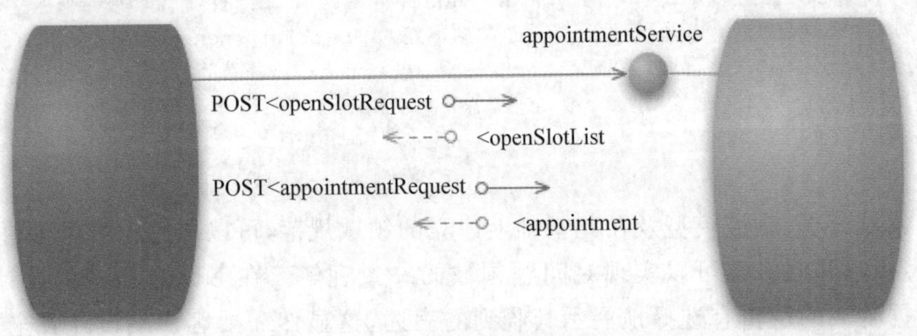

图 5.10 第 0 层交互案例

在此例中，首先要向服务端口发送一个预约服务(appointmentService)请求，查看医生空闲时间片(使用 POST)，如下所示。

```
POST /appointmentService HTTP/1.1
…
<openSlotRequest date ="2023-01-04" doctor ="mjones"/>
```

如果请求成功，会收到服务端的响应。

```
HTTP/1.1 200 OK
…
<openSlotList>
```

```
<slot start ="1400" end ="1450">
<doctor id ="mjones"/>
</slot>
<slot start ="1600" end ="1650">
<doctor id ="mjones"/>
</slot>
</openSlotList>
```

然后,把预约医生的请求通过 HTTP 传输过去。

```
POST /appointmentService HTTP/1.1
...
<appointmentRequest>
<slot doctor ="mjones" start ="1400" end ="1450"/>
<patient id ="jsmith"/>
</appointmentRequest>
```

如果预约成功,会收到服务端的响应。

```
HTTP/1.1 200 OK
...
<appointment>
<slot doctor ="mjones" start ="1400" end ="1450"/>
<patient id ="jsmith"/>
</appointment>
```

可以将这种方式理解为前文介绍的重载的 POST,实际上所有的请求都是发往同一个服务端口(URI),请求的具体内容都在 POST 过去的文件中。这其实也是远程方法调用(RPC)的一种具体形式,XML-RPC 和大多数 SOAP 服务都属于此类。

2. 第 1 层: 面向资源为中心

这一层级引入了资源的概念,并为每个资源都赋予了 URI,包括医生(doctors)和时间片(slots),交互案例如图 5.11 所示。

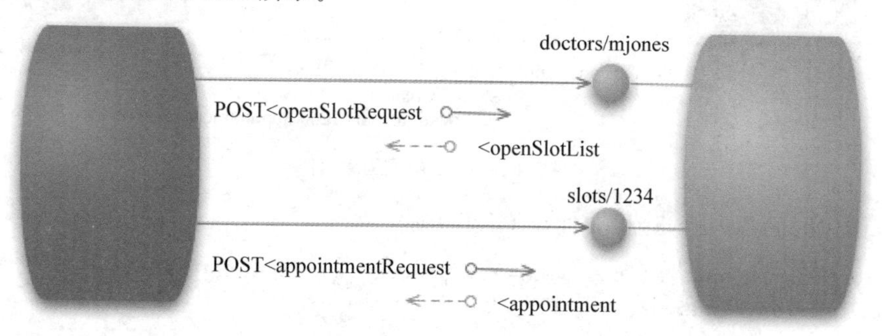

图 5.11 第 1 层交互案例

每个资源都有一个唯一的 URI,假设要预约 mjones 医生,首先发送请求(POST)。

```
POST /doctors/mjones HTTP/1.1
...
<openSlotRequest date ="2010-01-04"/>
```

如果请求成功,会收到服务端对 mjones 医生空闲时间片的响应。

```
HTTP/1.1 200 OK
```

```
...
<openSlotList>
<slot id ="1234" doctor ="mjones" start ="1400" end ="1450"/>
<slot id ="5678" doctor ="mjones" start ="1600" end ="1650"/>
</openSlotList>
```

现在,预约 mjones 医生的 1234 号时间片,请求如下。

```
POST /slots/1234 HTTP/1.1
...
<appointmentRequest>
<patient id ="jsmith"/>
</appointmentRequest>
```

如果预约成功,会收到服务端的响应。

```
HTTP/1.1 200 OK
...
<appointment>
<slot id ="1234" doctor ="mjones" start ="1400" end ="1450"/>
<patient id ="jsmith"/>
</appointment>
```

需要注意的是,本层级的所有请求也都是通过 POST 方法实现的。

3. 第 2 层: 使用 HTTP 方法

本层级的服务使用 HTTP 语法执行操作,如 GET 表示获取、POST 表示创建、PUT 表示更新,交互案例如图 5.12 所示。

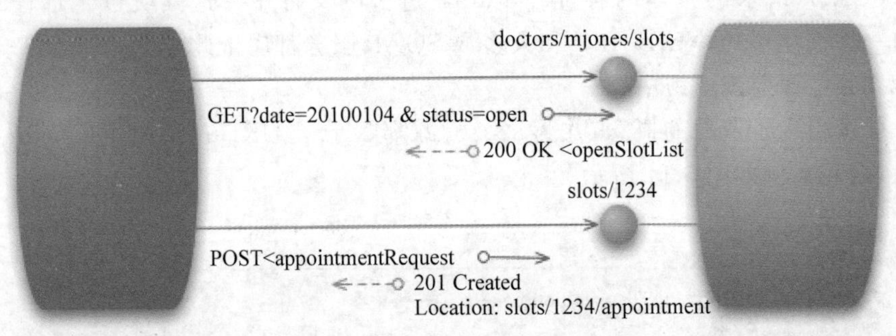

图 5.12 第 2 层交互案例

获取医生时间片列表,这里要使用 GET 方法。

```
GET /doctors/mjones/slots? date=20100104&status=open HTTP/1.1
Host: royalhope.nhs.uk
```

返回的响应结果是一样的,如下所示。

```
HTTP/1.1 200 OK
...
<openSlotList>
<slot id ="1234" doctor ="mjones" start ="1400" end ="1450"/>
<slot id ="5678" doctor ="mjones" start ="1600" end ="1650"/>
</openSlotList>
```

预约医生时间需要使用 POST 方法,如下所示。

```
POST /slots/1234 HTTP/1.1
...
<appointmentRequest>
<patient id ="jsmith"/>
</appointmentRequest>
```

如果预约成功，会收到服务端的响应。

```
HTTP/1.1 201 Created
Location: slots/1234/appointment
...
<appointment>
<slot id ="1234" doctor ="mjones" start ="1400" end ="1450"/>
<patient id ="jsmith"/>
</appointment>
```

注意这里使用了一个新的 HTTP 响应码：201 Created。

4. 第 3 层：使用超媒体控制

本层级的基本设计思想是通过超媒体描述资源的功能和连接关系，由 GET 请求返回的资源表述中包含资源能够执行操作的链接，这实际就是 HATEOAS 原则。交互案例如图 5.13 所示。

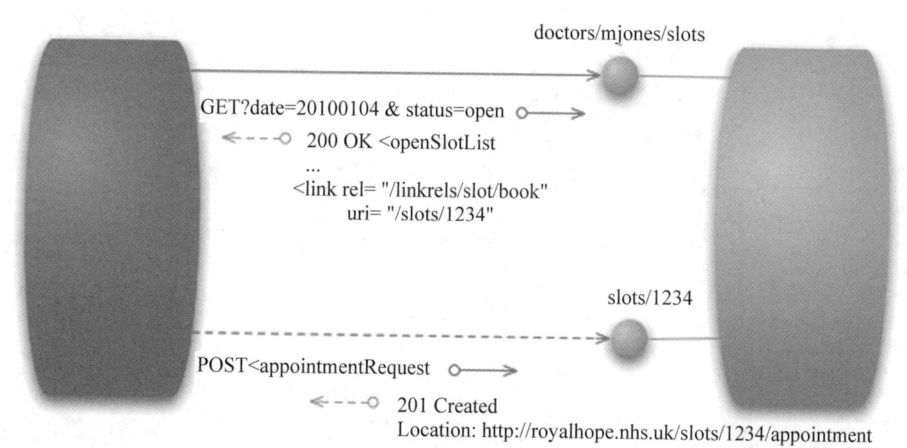

图 5.13　第 3 层交互案例

这里使用与 Level 2 一样的 GET 方法获取医生时间片列表。

```
GET /doctors/mjones/slots? date=20100104&status=open HTTP/1.1
Host: royalhope.nhs.uk
```

但返回的响应结果是不一样的，如下所示。

```
HTTP/1.1 200 OK
...
<openSlotList>
<slot id ="1234" doctor ="mjones" start ="1400" end ="1450">
<link rel ="/linkrels/slot/book"  uri ="/slots/1234"/>
</slot>
<slot id ="5678" doctor ="mjones" start ="1600" end ="1650">
<link rel ="/linkrels/slot/book"  uri ="/slots/5678"/>
```

```
  </slot>
  </openSlotList>
```

可以看到每个时间片上都增加了预约链接，这显然大大方便了客户端的后续预约操作。

通过这个案例可以看出，对REST架构风格的理解和应用也是具有不同层次的，高成熟度的应用实际就是充分把握了罗伊·菲尔丁所阐述的REST原则：把一切看作是资源，严格地只使用最基本的HTTP语义，善于使用超链接。

本章习题

1. 概述领域驱动设计的思想。

2. 概述理解领域、识别资源、划分服务的过程。

3. 怎样理解“客户端要尽可能忠实地渲染收到的表述并避免将自己的主观判断掺杂其中”？

4. 概述REST成熟度模型几个层级的区别。

第6章

设计只读的资源服务

通过 GET 来获取资源的表述符合 HTTP 的统一原则。按照这些原则设计出来的网站往往很好地符合了面向资源的架构(resource-oriented architecture,ROA)。

有很多优秀的 Web 服务都是只读的,它们把有价值的数据提供给需要的人,例如,基于 Web 的天气预报、航班查询、图书搜索、股票报价等。

本章将介绍如何用 ROA 设计网上数据供应服务。这些服务不但允许客户端访问数据集,而且允许客户端过滤或搜索数据。

6.1 资源分析与设计

分析与设计资源要从理解服务功能开始,然后根据服务功能梳理和组织好必要的资源,并设计合理的、易于扩展的资源命名方式。

1. 理解服务功能

要想构建一个 Web 地图应用,应该为其规划哪些功能呢?

(1) 应用入口。其需要有一个公开的 URL,通过 GET 可以获取。

(2) 可以浏览地图。地图有很多种,如卫星图、政区图、地形图等。应能够允许用户自由切换,各种比例尺的地图支持方便地缩放。

(3) 指定经度和纬度。可以根据经度和纬度定位到地图上的某个点,显示以该点为中心的地图。

(4) 指定地点名称。可以根据名称定位到地图上的点,从而显示以该点为中心的地图。

(5) 搜索周边。可以在地图的某一区域范围内搜索兴趣点(某种类型的地点,如加油站、银行等)。

2. 梳理必要的资源

设计 Web 服务时首先要拥有资源,由于要构建的是 Web 应用,所以这里指的资源是可以通过网络传输的信息资源(数据资源),这些数据资源就是应用将要分享给资源请求者(用户)的。

通过第 4 章介绍的案例可以归纳出需要的数据资源。

首先,最主要的是以图像的形式存在的地图资源,包括各种比例的平面地图、政区地图、公路地图、自然地图、地形地图、全景图等。

构建一个 Web 地图应用需要大量的资源，如果用一像素代表地球一平方千米的表面，那么一幅地球图像的像素就要有 40 000×20 000，这幅图像的大小至少为 2.4GB。参考一下谷歌地球(图 6.1)，它在 2016 年的数据量已经超过了 3PB。

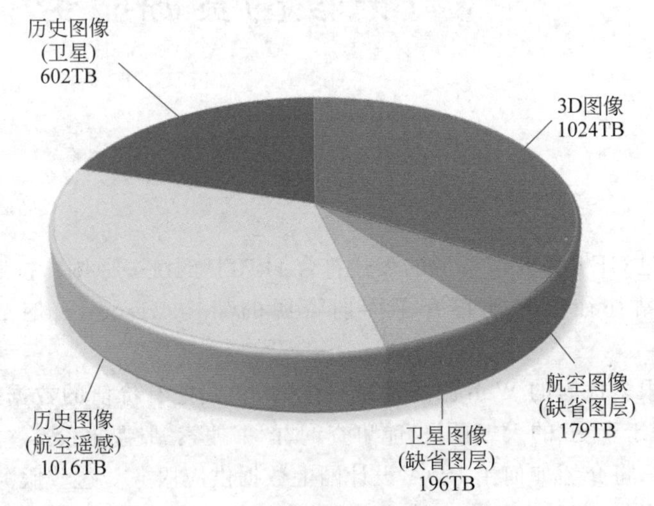

图 6.1 谷歌地球的数据量及分布

其次，地图是由点(points)构成的——这里的点指的是具有经度和纬度的点，一幅准确的地图应该基于某种投影规则，并与地球上的经度和纬度对应起来。因此，一个经度和纬度对代表的是地球上一个唯一的、确定的点，这样的点有无数个，理论上都可以映射到地图上。地图不一定要精确，但必须是可通过经度和纬度寻址的，给定经度和纬度，就能定位到地图上的某个准确位置。

记住每个点的经度和纬度很难，好在很多地点都有公认的地名(即地点的名称)，例如，"北京""南极洲""鸟巢体育场"等，为了让用户能够标识地点，可以用地点代表由经度和纬度表示的点。地点有大有小，一般取地点中心位置点的经度和纬度与地点对应。所以，数据资源还应该包括"地名到地图上对应的点"的转换。

地图上还有一些有用的信息资源：道路的限行信息、道路的实时路况、地点的描述、地点的类型等，这些都可以通过文本形式呈现。

最后一类数据就是作为计算结果的数据资源，例如，路径规划、导航、搜索等，这一类资源要经过一定的计算才能得到，如两个地点之间的交通路线实际上是由若干个点串联而成的，因此也可以把计算结果看作资源。

归纳一下，要开发的地图服务需要的数据资源主要有以下几点。

(1) 根据一个国家的名字在地球上定位代表该国家的点，并在政区地图上显示出这个国家。

(2) 根据一条街的地址在地球上定位到相应的点，并在公路地图上显示出这条街。

(3) 可以根据地名、类型或描述搜索地球上的某个地点。

(4) 可以在地图上显示某地点(形式是以地点为中心的地图)，在所见区域内，可以搜索周边的兴趣点。

(5) 假如用户搜索的是一个不确定的地名，如"青岛"，那么地图服务将列出给定范围内所有相应的点，如"青岛路""青岛啤酒广场"等。

（6）地点可以有不同的类型，用户还可以给出模糊地名，并按类型来搜索地点，例如，用户可以搜索“ATM 机”，反馈地图当前视图内的所有 ATM 机的位置。

3. 创建只读资源

有关数据的资源常常构成一个层次结构，这样的好处是可以由很少的资源开始，然后逐渐扩展为一个庞大而有序的资源体系。

1）设定资源入口

必须有一个包含所有可用资源的最上层目录，如地图网站的首页。另外还需要将这个资源入口的 URL 公布出去，以之作为提供其他资源的入口。

2）根据服务确定需要暴露的资源

一个服务可以暴露很多对象，每一种对象都有对应若干资源集合。例如，地图服务如果要提供可视化的地图展现方式，就需要提供地图图像；如果服务要提供地点的精确位置信息，就需要知道地点对应的经度和纬度（这些数据可能存储在服务端的数据库中）。

3）作为查询结果的集合资源

如何理解“查询”这一方式呢？不要从动作（如“在地图上搜索地点”）方面考虑，而要从该动作的结果方面考虑（如“地图上符合搜索条件的地点”）。该类服务使用一个算法产生数据，并将数据作为资源，如地图上的路径规划服务实际上是一个有条件约束的最短路径算法，执行以后会得到一个地点序列并构成路径。

4. 给资源命名

资源命名需要精巧地设计，确保命名规则合理、规范、一致，更重要的是要易于扩展，因为很多情况下（甚至可以说绝大多数情况下）资源名字都是由程序自动生成的。

例如，Web 服务将以 http://maps.example.com/为根 URI。为简单起见，在本章和后面两章将使用 http://maps. example. com/的相对 URI，如/political 指 http://maps. example.com /political，代表政区图。

针对资源特点和设计经验，地图服务的 URI 设计基于三条基本原则。

1）用路径变量（path variables）表达层次结构（hierarchy）

可以按层次结构组织的资源，采用路径变量（path variables）是最好的方式。文件系统或静态网站的层次结构可以用一个任意长度的路径变量列表表达，要容纳更深的层次和更广的范围，只要把该层次架构继续延伸就行了。以下是一些地图应用中表达地点的 URI。

```
http://maps.example.com/place
http://maps.example.com/place/China
http://maps.example.com/place/China/Beijing
http://maps.example.com/place/China/Beijing/Haidian
http://maps.example.com/place/China/Beijing/Haidian/FirstHospital
```

2）使用矩阵 URI，在路径变量里用标点符号表达多个信息

使用经度和纬度可以精确地表示地球上的点（points），但因为纬度和经度是在一起的，所以采用层次结构不太合适，如“/24.9195/117.821”这样的 URI 就不太合理，因为其包含的斜线“/”很容易与层次结构中的斜线混淆。因此，需要用标点符号如分号“;”或逗号“,”隔开，百度地图就是这样处理的，如下所示。

```
http://maps.example.com/24.9195,17.821
```

蒂姆·伯纳斯-李在1996年12月19日写了一篇小文章*Matrix URIs - Ideas about Web Architecture*,表达了自己对URI设计的一些“个人观点”。他认为在URI层次结构的斜线之间,一组名称和同样重要的参数可以代表一个更像(可能是稀疏的)矩阵的空间,这就构成了矩阵URI(Matrix URI)。这样的结构使人们可以在URI的某一层次中通过分号分隔限定词(相当于在层次结构中又扩展出一个维度),就可以表示地址空间在某个矩阵中的位置。他认为这样就能够将URI表达资源的能力扩充出更多的量级,从原先的一条链扩展到了一个平面,甚至是一个多维的立体结构。

蒂姆·伯纳斯-李特意举了一个地图资源的案例:设想一个自动生成的地图资源URI,其中纬度、经度和比例尺的参数是单独给出的,每个参数都可以被命名。如果某些参数被省略则可以采用默认值,可以得到如下URI。

```
//moremaps.com/map/color;lat=50;long=20;scale=32000
```

在蒂姆·伯纳斯-李的方案里,形如“scale=32000”的“名值”对实际上表示一个属性的名称及其取值,这样做主要是为了方便对URI的解析,因为可以省略其中的一些属性,例如,对于//moremaps.com/us/ma/cambridge;roads=main;scale=50000,其相关URI如表6.1所示。

表6.1 矩阵URI的解析

相关URI	解　析
;	//moremaps.com/us/ma/cambridge;scale=50000;roads=main
;scale=25000	//moremaps.com/us/ma/cambridge;scale=25000;roads=main
;rivers=all	//moremaps.com/us/ma/cambridge;scale=50000;roads=main;rivers=all

在决定将属性放到层次上还是放到层次的矩阵上其实要认真思考,在浏览一幅地图时,人们往往习惯先确定比例尺,再搜寻地点,因此上例中的比例尺属性scale和具体经度和纬度的一个点掺杂在一起似乎不很合理,可以这样设计。

```
//moremaps.com/map/scale=32000/lat=50;long=20;
```

这里有个建议:处于同一层次中的多个数据,如果其是有序的,那么建议用逗号分隔,否则就用分号分隔。虽然这只是一种人为的约定,但它有助人们正确理解URI的含义。显然,经度和纬度是有先后的(假如把纬度与经度对调,那么其表示的将是另一个点,或一个不存在的点,因为不会有北纬120°),所以需要用逗号来分隔纬度和经度。另一方面,人们在书面语言中早已采用逗号来分隔纬度和经度了,所以URI也应尽量遵从人们已有的习惯。

同一层次中的数据次序在某些情况下可能是无关紧要的。例如,有一个Web服务,表示用户选择的喜欢的颜色,如“/favoritecolors/red; blue”和“/ favoritecolors/blue;red”这两个URI标识的是同一个资源。因为次序在这里不重要,所以分隔符用的是分号而不是逗号。

3) 用查询变量来表达算法的输入

换一个角度,所谓矩阵URI或者说在路径变量的同一层次里包含多个属性相当于表达了资源的某些状态,如“/colorpair/color1=red;color2=blue”表示当前资源是“红蓝”颜色对。但这样使用的情况不多，相反，过去人们习惯把状态放在查询变量里，如下面这样的 URI 所示。

```
http://www.example.com/colorpair? color1=red&color2=blue
http://www.example.com/articles? start=20061201&end=20071201
http://www.example.com/weblog? post=My-Opinion-About-Taxes
```

这是因为有些习惯是在 Web 发展过程中早已形成，在表单输入时，URI 的固定部分可能形如 http://www.example.com/colorpair，而人们会在输入框中分别输入表达状态的分量，例如，red 和 blue，提交后，浏览器知道如何往 URI 里增加查询变量，就变成了如下这样。

```
http://www.example.com/colorpair? color1=red&color2=blue
```

假如去掉查询变量，上面这些 URI 看上去会美观一些，如下所示。

```
http://www.example.com/colorpair/red;blue
http://www.example.com/articles/20061201-20071201
http://www.example.com/weblog/My-Opinion-About-Taxes
```

不过，有时采用查询变量更为合适。例如，当在 Web 浏览器里提交 HTML 表单时，用户输入的数据将被转换为查询变量（如/search? q＝apple），而不是路径变量（如/search/apple），后者看起来更像是目录，而不是算法的运行结果。

也就是说，如果本意是查询，写成路径形式并不符合人们的日常习惯。路径变量体现出的是一种层次结构，而查询变量有“给一个算法传参数”的感觉。如果一定要用路径变量，建议换一种方式，如“/directory/apple”或许比“/search/apple”要好一些。

由于这一情况，许多 RESTful 服务即使在路径变量更符合习惯的情况下也依然采用查询变量，使资源的 URI 看起来仍然像是函数调用，如下所示。

```
http://api.map.baidu.com/staticimage/v2? ak=9XNEM0mlcFqXGY5ZE7yaLuzC&center
=116.403874,39.914888&width=300&height=200&zoom=11
```

所以要表示搜索结果列表的资源类型，继续沿用层次结构就显得不太合理，完全可以用查询变量命名算法资源，搜索地点接口的复杂程度可以根据需要来定，可以设定各种查询变量和条件，如下所示。

```
http://api.map.baidu.com/staticimage/v2? ak=9XNEM0mlcFqXGY5ZE7yaLuzC&center=
116.403874,39.914889&width=400&height=300&zoom=11&markers=116.288891,40.
004261|116.487812,40.017524|116.525756,39.967111|116.536105,39.872374|116.
442968,39.797022|116.270494,39.851993|116.275093,39.935251|116.383177,39.
923743&markerStyles=l,A|m,B|l,C|l,D|m,E|,|l,G|m,H
```

还有更简单的办法，只要增加一个 show 查询变量就行了，它允许客户端用自然语言来指定要搜索什么。

服务器将根据客户端为 show 指定的值决定搜索结果里应该包含哪些地点。例如，为“地图应用中青岛范围内的饭店”资源构建的 URI，如下所示。

```
http://maps.example.com/China/Qingdao/? show=diners
```

根据上面这些原则归纳一下对资源命名的设计，如下所示。

（1）地图服务入口：http://maps.example.com，或者用相对地址“/.”。

（2）某种类型的某一比例尺的地图“/{map-type}/{scale}”。

(3) 某种类型的某一比例尺的地图上的点“/{map-type}/{scale}/{经度,纬度}”。

(4) 带有层次结构的地点“/[{scoping-information}/][{placename}]”。

需要注意的是,地点与经度和纬度点的对应关系实际上是后台数据,地图上每一个明确的地点在地球上都有唯一对应的经度和纬度点,这些数据可能被保存在服务端数据库里。用户按照地点获取资源时,由服务端负责解析其对应关系。

以上讨论的仅是示例性的、地图应用的最基本资源。如果开发一个真正的商用 Web 地图,需要考虑的资源种类其实还有很多,而且各种资源还会越来越多,谷歌地图就从数千个第三方来源搜集各种与地图有关的数据,如街景信息等。谷歌地图副总裁布莱恩·麦克伦登(Brian McClendon)曾表示,“我们很快就意识到做地图的最佳途径之一,就是拥有全世界的街头照片。”借用计算机视觉和机器学习的方法提取路边的街道编号、企业名称、限速交通标志等细节信息,利用卫星和航空影像提取建筑物的轮廓和高度,进而使用计算机视觉技术提取出详细的 3D 模型,可以构建三维地图数据库,实现立体 Web 地图服务(图 6.2 为谷歌地图美国亚特兰大机场的三维景象,图 6.3 为谷歌地图美国国家公园一些自然景观的三维景象)。

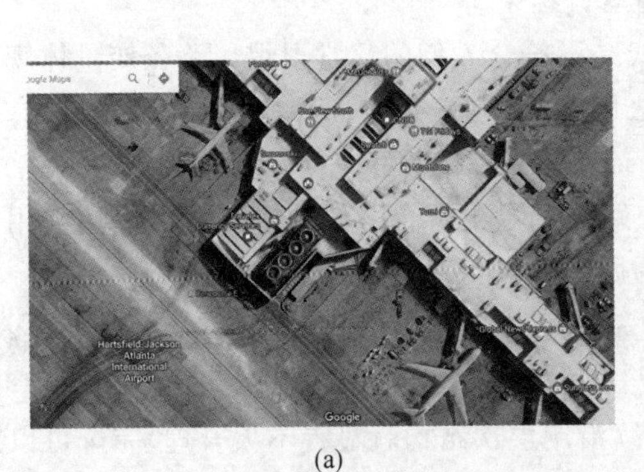

(a)

(b)

(c)

图 6.2 谷歌地图上美国亚特兰大机场的三维景象

未来,与这些资源有关的应用会越来越新奇、越来越强大,而更加复杂的资源需要更合理地规划、划分和命名。

(a)　(b)　(c)　(d)

图 6.3　谷歌地图上美国国家公园一些自然景观的三维景象

6.2　设计资源表述

在已经确定了要暴露的资源并为其设计好 URI 之后，现在要考虑当客户端请求资源时，服务器应返回的数据及采用的数据格式。

1. 表述格式的选择

设计服务端地图的表述首先需要决定表述采用的格式。

选项之一是纯文本格式，其每行显示一个地区的名称和 URI，如下所示。

北京：http://maps.example.com/China/Beijing。

巴黎：http://maps.example.com/France/Paris。

……

纯文本比较简单，但它需要专用的解析器。一般来说，结构化数据格式要比纯文本好，尤其当表述比较复杂时，可以用结构化的文本格式，它保留了纯文本的简单优点，同时增加了一些结构，如下所示。

```
[{url="http://maps.example.com/China/Beijing, description="Beijing,a city of
China"},
{url =" http://maps. example. com/France/Paris, description =" Paris a city of
France"},
...]
```

在诸多结构化数据中，JSON 是很多 Web 服务商业应用首选的表述格式，如腾讯地图的一资源请求就采用了 JSON 格式，例如，发出以下请求。

```
https://apis.map.qq.com/ws/place/v1/search? keyword=酒店 &boundary=nearby(39.
908491,116.374328,1000) &key=OB4BZ-D4W3U-B7VVO-4PJWW-6TKDJ-WPB77
```

其返回结果是 application/json 类型，如下所示。

```
{
    "status": 0,
    "message": "query ok",
    "count": 64,
    "request_id": "0271951110005215a3e589d76b190234c5ae1b8a7556",
    "data": [
        {
            "id": "5357576927502578648",
            "title": "北京泛太平洋酒店(婚宴)",
            "address": "北京市西城区华远街 2 号",
            "tel": "63767777",
            "category": "酒店宾馆:经济型酒店",
            "type": 0,
            "location": {
                "lat": 39.91124,
                "lng": 116.371665
            },
            "_distance": 381.36,
            "ad_info": {
                "adcode": 110102,
                "province": "北京市",
                "city": "北京市",
                "district": "西城区"
            }
        },
...
    ],
    "region": {
        "title": "中国"
    }
}
```

另一个选择是自定义 XML 格式，如下所示。

```
<? xml version="1.0" standalone='yes'? >
<maps>
<maphref="http://maps.example.com/China/Beijing" name="Beijing" />
<map href="http://maps.example.com/France/Paris" name="Paris" />
...
</maps>
```

使用上面这些表述结果并配合丰富的客户端页面表现可以将资源内容生动地呈现给用户，这也是大多数商用 Web 地图的做法。但是，纯文本和 JSON 的缺点在于，它们都不是通常所认为的“超媒体”格式，即没法直接在浏览器中解析，如图 6.4 所示，腾讯地图返回的 JSON 格式表述在浏览器中的显示结果仍然是文本，而 XML 格式的文档中虽然有自描述的结构信息，也没有用于展现的格式信息。

为此，可以选择一种折中方案，即 XHTML。XHTML 表现方式与 HTML 类似，不过语法上更加严格，另外它增加了扩展能力，标准的 XHTML 文档兼容 HTML，保留了浏览

图 6.4　JSON 格式表述在浏览器中的显示

器呈现格式所需的标记,所有浏览器都能够正确显示,同时,XHTML 每个标签都增加了一个 class 属性,使用该属性可以传递资源的更多信息,如下所示。

```
<ul class="Map">
<li><a href="/China">China</a></li>
<li><a href="/France">France</a></li>
...
</ul>
```

这种为 XHTML 标记增加语义的方式又被称为微格式,按照"微格式组织"的定义,微格式首先是为人类设计的,其次才是为机器设计的,是一套建立在现有的和广泛采用的标准之上的、简单而开放的数据格式。这样引入语义信息对浏览器等所有现存的 Web 技术冲击最小。如一个超链接标记如下所示。

```
<a href="http://maps.example.com" rel="homepage">Web Map Homepage</a>
```

其中,"rel="homepage""属性表示链接的目标页面是网站的首页。

微格式可以嵌入 HTML,因为它本身也有 HTML 的格式语义,如 div 标记定义了 HTML 文档中的一个分隔区块或一个区域部分。下面的一段文字通过 class 属性定义了明确的语义结构,从 adr、street-address、tel、email 等属性名来看,这里表达的是一个地址信息,这些内容可以被获得这个表述的程序解析使用。

```
<div class="vcard">
<div class="fn org">Wikimedia Foundation Inc.</div>
<div class="adr">
<div class="street-address">200 2nd Ave. South # 358</div>
<div>
<span class="locality">St. Petersburg</span>,
<span class="region">FL</span>
<span class="postal-code">33701-4313</span>
```

```
</div>
<div class="country-name">USA</div>
</div>
<div>Phone: <span class="tel">1-727-231-0101</span></div>
<div>Email: <span class="email">info@wikimedia.org</span></div>
<div>
<span class="tel">
<span class="type">Fax</span>:
<span class="value">1-727-258-0207</span>
</span>
</div>
</div>
```

图 6.5 微格式表述在浏览器中正常显示

将这段代码嵌入 HTML 中，在浏览器中，会显示一段有格式的资源信息(图 6.5)。

XHTML 微格式实际就是现有的 HTML 元素添加元数据和其他属性构成的，通过 XML 把结构语义嵌入 HTML 中，从而兼顾人机可读性。

2. 表述的实现

回到地图表述问题，如何给客户端用户呈现地图呢？正如第 4 章介绍过的最简单的地图应用那样，如果用户输入了一个地点的经度和纬度信息，相当于 GET 如下资源。

```
http://api.map.baidu.com/staticimage?%20center=116.403874,39.914888&width=
600&height=400&zoom=11
```

服务器会为该客户端返回以该点为中心的一部分地图(其实是一幅 PNG 格式的图像)，这显然跟正在使用的 Web 地图体验不太一样。其实即便客户端要覆盖全球的详细地图，也不必把整幅地图发给访问者，而只需要给出地图的一部分，并提供用于改变中心点的导航链接，让用户自行根据需求获取其余部分即可，现在的在线地图网站基本上都是这样做的。

当用户访问百度地图、高德地图或者腾讯地图时，其默认会呈现一张以用户所在地为中心的政区地图，这是目前商用 Web 地图的主流处理方式。当客户端请求地图上的某个地点时，服务将返回一个超媒体文档，并在其中给出一小块地图图像(动态生成的单个图块)的链接。

在实际应用中，这些表述不只引用了一个图块，客户端(Web 浏览器)将以用户位置为中心，获取所需的地图图块，把它们拼接成一幅地图。为了让地图应用运行起来，这些超媒体文档还需要包含指向相邻(如北面、东面等)图块的链接，客户端可以通过这些链接获取其他资源，然后再把获得的图块拼接为一幅更大的地图。所以，在某种意义上，这个表述没有传达关于地图的所有状态，但是用户可以通过跟随表述里的链接得到更多状态。

采用 XHTML 作为表述格式就是为了在表述当前资源状态(从中心点展开的一个或多个特定大小的图块)的同时，也能添加一些“邻近”资源链接的语义信息，如下所示。

```
<!DOCTYPE html PUBLIC "-//W3C//DTD XHTML 1.1//EN"
"http://www.w3.org/TR/xhtml11/DTD/xhtml11.dtd">
<html xmlns="http://www.w3.org/1999/xhtml" xml:lang="en">
<head>
<title>Road Map</title>
</head>
<body>
<div align="center">
<img src="/road/11/116.403874,39.914888&width=600&height=400"/>
</div>
<div align="center">
<a class="map_nav" href="/road/11//116.383874,39.914888">West</a>
<a class="map_nav" href="/road/11//116.383874,39.934888">NorthWest</a>
<a class="map_nav" href="/road/11//116.403874,39.934888">North</a>
<a class="map_nav" href="/road/11//116.423874,39.934888">NorthEast</a>
<a class="map_nav" href="/road/11//116.423874,39.914888">East</a>
<a class="map_nav" href="/road/11//116.423874,39.894888">SouthEast</a>
<a class="map_nav" href="/road/11//116.403874,39.894888">South</a>
<a class="map_nav" href="/road/11//116.383874,39.894888">SouthWest</a>
</div>
<div align="center">
<a class="zoom_in" href="/road/9/116.403874,39.914888">Zoom out</a>
<a class="map_nav" href="/road/11//116.403874,39.914888">Center</a>
<a class="zoom_out" href="/road/13//116.403874,39.914888">Zoom in</a>
</div>
</body>
</html>
```

这里首先展示了当前资源图像。

```
<img src="/road/11/116.403874,39.914888&width=600&height=400"/>
```

这是以某经度和纬度点为中心，长宽 600×400 的一幅比例尺为 11 的公路地图图像。另外这里还给出了向八个临近方位移动的资源链接，以及相邻比例尺 9 和 13 的缩放链接。这跟第 4 章例子是一样的思路：Web 服务以一定的结构返回资源的表述，表述里有许多链接和语义提示（如 zoom in 和 Northeast 等），客户端用户单击这些链接可以获得新的资源，而程序则可以解析表述中的链接，获取资源 URI 并组织到客户端程序的业务逻辑中。

注：上段中的比例尺 9、比例尺 11、比例尺 13 是指百度地图的地图级别编号，11 级对应每像素代表 128 米。

表述中还可以嵌入微结构，以包含更多的信息，如对搜索结果这个算法资源的表述。例如，搜索当前地图（北京）里面的 ATM 网点，随着表述返回给客户端的除了当前地图的图像，还有作为搜索结果的一些银行信息列表，这些信息表述将为一系列“键-值”对，由客户端程序解析使用，如下所示。

```
<!DOCTYPE html PUBLIC "-//W3C//DTD XHTML 1.1//EN"
"http://www.w3.org/TR/xhtml11/DTD/xhtml11.dtd">
<html xmlns="http://www.w3.org/1999/xhtml" xml:lang="en">
<head><title>ATM Bank</title></head>
```

```
<body>
<div align="center">
<img src="/road/11/116.403874,39.914888" width="600" height="400"/>
</div>
<ul class="places">
<dl class="place">
<dt>name</dt>
<dd>工行北京北新桥支行</dd>
<dt>address </dt>
<dd>北京市东城区雍和宫大街 52 号</dd>
<dt>location</dt>
<dd><a class="coordinates" href="/116.42346,40.06701">116.42346 E,39.949826N
</a></dd>
<dt>maps </dt>
        <dd>
<ul class="maps">
<li><a class="map" href="/road/116.42346,39.949826 ">Road</a></li>
<li><a class="map" href="/satellite/116.42346,39.949826">Satellite</a></li>
</ul>
</dd>
</dl>
<dl class="place">
<dt>name</dt>
<dd>建行北京南环路店</dd>
<dt>address </dt>
<dd>北京市昌平区南环路 10 号北京悦荟广场 B1</dd>
<dt>location</dt>
<dd><a class="coordinates" href="/116.24397,40.218274">116.24397E,40.218274N
</a></dd>
<dt>maps</dt>
        <dd>
<ul class="maps">
<li><a class="map" href="/road/116.24397,40.218274 ">Road</a></li>
<li><a class="map" href="/satellite/116.24397,40.218274">Satellite</a></li>
</ul>
</dd>
</dl>
</ul>
</body>
</html>
```

6.3 把资源互相链接起来

由于之前在表述中已经增加了很多链接，所以这些资源已经相互链接起来了。客户端可以从 Web 地图服务的“首页”开始，通过跟随链接进入某个地图，然后用导航链接与缩放链接浏览地图。用户在客户端可以搜索符合一定条件的地点，然后在搜索结果列表里单击一条搜索结果以获取有关该地点的信息，接着通过另一个链接查看该地点的地图，还可以进一步通过表单和路径规划服务获得到达该地点的路线(图 6.6)。

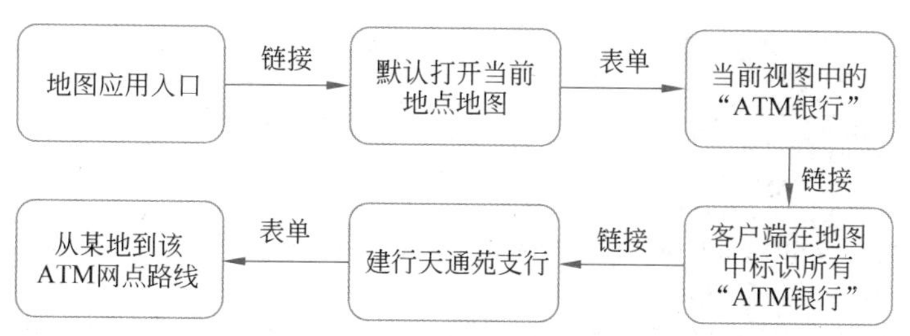

图 6.6 资源的相互链接

第5章 REST 成熟度模型中，最高级 HATEOAS 就是要善于利用超链接，在服务设计中也要融入 REST 原则中超链接的价值。例如，可以在当前表述中增加一个表单，使用户可以在当前页面搜索，如下所示。

```
<!DOCTYPE html PUBLIC "-//W3C//DTD XHTML 1.1//EN"
"http://www.w3.org/TR/xhtml11/DTD/xhtml11.dtd">
<html xmlns="http://www.w3.org/1999/xhtml" xml:lang="en">
<head><title>ATM Bank</title></head>
<body>
<div align="center">
<img src="/road/11/116.403874,39.914888" width="600" height="400"/>
</div>
<ul class="places">
<dl class="place">
<dt>name</dt>
<dd>工行北京北新桥支行</dd>
<dt>address </dt>
<dd>北京市东城区雍和宫大街 52 号</dd>
<dt>location</dt>
<dd><a class="coordinates" href="/116.42346,40.06701">116.42346 E,39.949826N
</a></dd>
<dt>maps </dt>
        <dd>
<ul class="maps">
<li><a class="map" href="/road/116.42346,39.949826 ">Road</a></li>
<li><a class="map" href="/satellite/116.42346,39.949826">Satellite</a></li>
</ul>
</dd>
</dl>
<dl class="place">
<dt>name</dt>
<dd>建行北京南环路店</dd>
<dt>address </dt>
<dd>北京市昌平区南环路 10 号北京悦荟广场 B1</dd>
<dt>location</dt>
<dd><a class="coordinates" href="/116.24397,40.218274">116.24397E,40.218274N
</a></dd>
<dt>maps</dt>
        <dd>
<ul class="maps">
<li><a class="map" href="/road/116.24397,40.218274 ">Road</a></li>
```

```
<li><a class="map" href="/satellite/116.24397,40.218274">Satellite</a></li>
</ul>
</dd>
</dl>
</ul>
<form id="searchPlace" method="get" action="">
<p>Show nearby supermarket:
<input name="show" repeat="template" />
<inputtype="submit"value="提交" />
</p>
</form>
</body>
</html>
```

使用Web浏览器的用户可以看到，这个表单由一组图形用户界面元素构成：一个文本框、一个按钮，以及一些文本内容。用户在文本框输入一些数据，然后单击按钮，访问下一个URI。而自动化的Web服务客户端则无须呈现该表单，它会在表述里找到searchPlace表单，然后参照表单定义构造URI。

6.4 规划服务交互的响应

至此，这里已经设计好服务要提供的数据、客户端将发送的HTTP请求、请求的数据、服务器应该返回的表述。要规划服务请求者与提供者之间的交互，除了反馈服务端表述，还应该返回语义准确的响应代码。

服务的设计者需要非常清晰的思路，要在设计时想清楚服务双方的交互中会发生哪些典型的事件，例如以下这些。

(1) 用户向URI发出GET请求，服务器返回正确的响应代码(如200 OK)、一些HTTP报头及一个报文主体(表述)。

(2) HEAD请求的过程也差不多，只是服务器不发送报文主体。

这里最重要的问题是：客户端的请求和服务器的响应分别应包含的HTTP报头。就Web服务而言，Content-Type是最重要的HTTP响应报头，它告诉客户端表述的媒体类型(media type of the representation)。对于地图(map)和搜索结果(search result)来说，它们表述的媒体类型是application/xhtml+xml，对于地图图像(map image)来说，它表述的媒体类型是image/png。

这里可以使用条件HTTP GET方法，以节省客户端和服务器的时间与带宽。它是通过两个响应报头(Last-Modified和ETag)和两个请求报头(If-Modified-Since和If-None-Match)实现的。

例如，有些地点资源可能会比较受欢迎，如"天安门广场""北京南站"等，客户端可能会多次重复请求这些资源。

但是这些数据也许并不经常变化，其地图数据是比较稳定的，卫星影像也最多几个月才更新一次。大部分时候，客户端对一个资源的第二次(及以后多次)HTTP请求完全可以重用上一次请求时获得的表述。这时就可以使用条件HTTP GET方法了，每当服务器返回一个表述时，服务器应该为 Last-Modified 报头设置一个时间值，表示数据最后更新的时间。

假如资源的数据刚好在该客户端的两次请求之间发生了变化，则服务器会返回响应代码 200(OK)，并在实体主体里提供最新的表述——这就跟一次正常的 HTTP 请求一样。但是，假如数据没有变化，服务器将返回响应代码 304(Not Modified)，并省去实体主体。这样，客户端就知道可以重用已缓存的表述了(因为数据没有改变)。

这就是采用条件 HTTP GET 方法的优点：如客户端要获取一幅详细地图，它需要发送多次 HTTP 请求，假如这些 HTTP 请求中的大部分都返回响应代码 304；那么客户端就可以重用之前下载过的图像与地点列表，客户端和服务器双方均节省了时间与带宽。

服务设计者还要预计可能出现的错误情况。假如遇到错误，服务会返回一个在 3xx、4xx、5xx 范围内的响应代码，并在 HTTP 报头里给出补充信息。若响应包含实体主体，那肯定是一个描述错误状态的文档，而不是所请求资源的表述。

就地图应用而言，可能的错误状态如下。

(1) 客户端可能会试图访问一个不存在的地图。

如客户端要请求的是"撒哈拉沙漠的公路地图"，可是服务端没有相关数据。在这种情况下，响应代码应该是 404(Not Found)，且无须在 HTTP 响应中提供实体主体。

(2) 客户端可能会使用一个数据库里没有的地名。

也许用户把名称拼错了，也许用户输入了一个地图服务不认识的地名，也许用户是在描述一个地点，而不是给出它的名称，也许用户在构造 URI 时随意输入了一些字符。地图服务可以跟上面一样，返回响应代码 404。

另外，也可以尝试其他更有益的方式。如一个地名得不到精确匹配的结果，那么可以用搜索引擎搜索它，看是否有相近的地名。假如有，就可以建议用户重定向到该地点，把响应代码设为 303(See Other)，并在 HTTP 响应报头 Location 里给出这个地点的 URI。客户端可以自己决定是否采纳这个建议，以及是否请求此 URI。假如没有搜到相近的地名，则将返回响应代码 404(Not Found)。

(3) 客户端可能会使用理论上不存在的经度和纬度，如"500，−181"(北纬 500°，西经 181°)。

因为用户请求的是一个不存在的地点，所以这里可以返回响应代码 404(Not Found)，但更确切的响应代码应该是 400(Bad Request)。

两者的区别在于，请求一个不存在的地名(如 ABCTown)并没有意图上的错误，它只是目前不存在而已。假如今后出现了某个名为 ABCTown 的市镇，那么它就是一个有效的地名了。用户并不知道地图服务里没有这样一个地点。

但是，经度和纬度"500，−181"的请求是明显错误的。这样一个地点根本不符合地理规则，稍有一点常识的客户端都能意识到这一错误。对于这种客户端发出的错误请求，响应代码 400 是恰当的。

(4) 在地图上搜索地点，但没有返回匹配的结果。

这时候，比较合理的响应是发送响应代码 200(OK)和一个表述，并在该表述里给出作为搜索范围的地点的链接，以及一个空的搜索结果列表。

(5) 服务器请求太多，无法处理当前请求。

对于这种情况，响应代码应该是 503(Service Unavailable)，或者拒绝处理该请求。

(6) 服务器可能会运行出错。

这可能是因为数据丢失或数据错误、软件错误、硬件故障等原因造成的。对于这种情况，响应代码应该是 500(Internal Server Error)。许多 Web 应用框架会在服务端出现异常时自动发送这一错误代码。

完成了这些设计工作，就可以参照以上步骤创建一组响应 GET 和 HEAD(HTTP 统一接口的一个只读子集)操作资源和表述；在完成服务接口的设计以后，就可以采用具体的编程语言与架构来实现这些资源了。

本章习题

1. 概述只读的面向资源服务的设计过程。
2. 面向资源的 URI 设计应该遵循哪些原则？
3. 为什么需要把资源链接起来？
4. 如何理解作为查询结果的集合资源？
5. 为什么需要规划服务交互的响应？

第7章

REST安全性和与用户有关的资源设计

7.1 REST安全性设计

设计和部署RESTful服务时，安全性是一个很重要的因素，总结起来有以下几个方面需要考虑。

1）保护数据

目前，RESTful服务是服务器向外界传输数据的主要方式，因此，保护通过RESTful方式提供的数据始终应该属于高优先级。

2）防止DoS攻击

考虑很多基础的RESTful服务都是开放的，如果有人执行DoS攻击，则可能导致灾难性的结果。如果不采取正确的安全措施，DoS攻击可以使RESTful服务进入非功能状态。

3）商业影响

越来越多的平台通过RESTful服务传输信息，一旦忽视安全性则影响巨大。

因此，安全性是RESTful服务的基石，为保证RESTful服务的安全，需要做到以下几点。

(1) 验证客户端身份合法性。

(2) 加密敏感数据，防止篡改。

(3) 身份认证之后进行访问控制。

其中，加密和防篡改的常见方法有以下两种。

(1) 部署SSL(安全套接字层)基础设施(即HTTPS)。

(2) 部分敏感数据加密(如预付费卡的卡号、密码)，并加入某种随机数作为加密盐。

身份认证之后的访问控制应由应用来实现，通常采用的是基于角色的访问控制(role-based access control，RBAC)，将权限与角色相关联，用户通过成为适当角色的成员而得到这些角色的权限，这就极大地简化了权限的管理。这样管理都是层级依赖的，权限被赋予角色，而角色又将权限赋予用户，这样的权限将被设计得很清楚，管理起来很方便。

认证(Authentication) 和授权(Authorization) 是两个概念，认证是通过验证凭据识别身份；而授权则发生在系统成功认证身份后，会授予用户访问资源的权限。

HTTP 提供了一套标准的身份验证框架，其提供 WWW-Authenticate 头字段用于实现登录验证，它是在 RFC 2617 标准中定义的。服务器可以用其针对客户端的请求发送质询(challenge)，客户端则根据质询提供身份验证凭证。质询与应答的工作流程如下所示。

(1) 服务器端向客户端返回 401(Unauthorized，未授权)状态码，并在 WWW-Authenticate 头字段中添加验证信息，其中至少包含有一种质询方式，例如以下方式。

```
WWW-Authenticate: Basic realm="WallyWorld"
```

(2) 客户端可以在请求中添加 Authorization 字段进行验证，其 Value 为身份验证的凭证信息。当 Web 服务客户端发出 HTTP 请求时，它将在报头 Authorization 字段里附上一些证书(credentials)，例如以下形式。

```
Authorization: Basic QWxhZGRpbjpvcGVuIHNlc2FtZQ==
```

(3) 服务器在收到该请求后，会检查这些证书确定用户是否代表某一特定账户(认证)，并检查该用户是否被允许做他所请求的操作(授权)。若这两个条件都能被满足，那么服务将处理该请求，若没有有效的证书，或者该证书未能通过授权，那么服务器将继续发送响应代码 401，并在 WWW-Authenticate 响应报头指出如何发送有效的证书。

在 RESTful 服务中实现用户身份验证和授权的方法有很多，涉及的概念主要有以下几点。

1. Basic 认证

在 HTTP 标准验证方案中，比较常见的是 Basic 和 Digest，其中，Basic 认证是最古老也是最简单的标准，其认证模式是：用户名 ＋ 密码 ＋ Base64(对用户名和密码执行散列算法)，用户输入正确的用户名和密码，系统验证登录条件。在未通过认证或认证失败的情况下，服务端会返回 401(Unauthorized，未授权)状态码给客户端，并在响应报文中添加 WWW-Authenticate 报头；如客户端输入正确的用户名和密码，认证成功后，浏览器会将凭据信息缓存起来，以后再进入时，用户无须重复手动输入用户名和密码。

查看用户登录的 HTTP 请求时可以看到请求报文中添加了 Authorization 报头，格式为“Authorization：<type><credentials>”，其中，类型 type 为 Basic 凭证，credentials 类似“MTIzOjEyMw＝＝”字符串，是由“用户名：密码”格式的字符串经过 Base64 编码得到的。

Base64 编码是从二进制值计算某些特定字符的编码，这些特定字符一共 64 个，所以被称作 Base64，严格来说 Base64 不能算是一种加密，只能说是编码转换，可以被逆向解码，等同于明文，因此 Basic 传输认证信息是不安全的。由于 Base64 不属于加密范畴，客户端通过 Base64 编码格式传输用户名和密码到服务端进行认证时通常需要配合 HTTPS 协议保证信息传输的安全。

2. 摘要(Digest)认证

所谓摘要是对信息主体的精炼和概括，主要用于将无限的输入值转为有限的输出值，如著名的 MD5 算法就是将任意长度的字节序列转换为一个 128 位的摘要，其基本运算是散列(hash)算法。简单来说，MD5(原始数据) ＝ 摘要。良好的算法会确保同样一段数据通过 hash 函数计算后总是得到相同的摘要，不同的数据通过 hash 函数计算后总是应该得到不同的摘要。

摘要认证在传输中用摘要代替密码，遵循的基本原则是“绝对不通过网络发送明文密码”，另外这个摘要信息是不可逆的，即无法通过摘要信息反推出密码信息。而合法的客户端和服务器本身都知道这个密码，这样服务器仅需要读取客户端的摘要，将之用于比对自身保存的密码执行同样摘要计算的结果，即可完成验证过程。

摘要算法是一种单向函数，在客户端向服务器发送摘要的过程中，其可以确保即使中途被恶意用户获取，也不会被轻易地从摘要中解码出原始密码。但是，摘要被截获也可能被当作密码使用，因为服务器端最终比对的也是原始密码的摘要。为了防止这种形式的密码攻击，可以使用随机数进一步增强攻击难度，服务器可以向客户端发送一个被称为随机数的特殊令牌nonce，这个数随机变化（可能是每毫秒，或者每次认证都发生变化，具体由服务器控制），客户端在计算摘要之前要先将这个随机数附加到密码上，类似于MD5（原始数据＋随机数）＝摘要。这样，每次计算的摘要随着随机数的变化而变化，生成的密码摘要只对特定的随机数有效，没有密码的攻击者就无法计算出正确的摘要，这样就可以防范此类攻击。

摘要认证的实现步骤如下。

第一次客户端请求（GET/POST）时，如果需要认证，这时服务器会产生一个随机数nonce，服务器将这个随机数放在WWW-Authenticate响应头，与服务器支持的认证算法列表、认证的域realm等一起发送给客户端，如下所示。

```
HTTP /1.1 401 Unauthorized
WWW-Authenticate:Digest
realm="test realm"
qop=auth
nonce="66C4EF58DA7CB956BD04233FBB64E0A4"
opaque="5ccc069c403ebaf9f0171e9517f40e41"
algorithm=MD5
```

其中，各行意义如下。

第1行：401响应，表示需要进行认证。

第2行：WWW-Authenticate，用来定义使用何种方式认证（Basic、Digest、Bearer等）。

第3行：realm，表示Web服务器中受保护文档的安全域（如公司财务信息域和公司员工信息域），用来指示需要哪个域的用户名和密码。

第4行：qop，保护质量，包含auth（默认的）和auth-int（增加了报文完整性检测）两种策略。

第5行：nonce，服务端向客户端发送质询时附带的一个随机数。

第6行：opaque，随机字符串，它只是透传，即客户端还会原样返回过来。

第7行：algorithm，用来指示产生摘要的算法，如果该域没有指定，默认将是MD5算法。

系统弹出让用户输入用户名和密码的认证窗口，客户端输入用户名和密码，并用算法计算出密码和其他数据的摘要（response），将摘要放到Authorization的请求头中发送给服务器，如下所示。

```
GET/Register HTTP/1.1
Authorization: Digest
username="Mcdao",
```

```
realm="realm",
nonce="dcd98b7102dd2f0e8b11d0f600bfb0c0",
uri="/Register",
qop=auth,
nc=00000001,
cnonce="0a4f113b",
response="6629fae49393a05397450978507c4ef1",
opaque="5ccc069c403ebaf9f0171e9517f40e41"
```

其中,各行意义如下。

(1) nc,nonce 计数器,是一个十六进制的数值,表示同一 nonce 下客户端发送请求的数量。例如,在响应的第一个请求中,客户端将发送"nc=00000001",可用于检测重复的请求。

(2) cnonce,客户端随机数,由客户端提供,客户端和服务器双方都可以查验对方的身份,对消息的完整性提供一些保护。

(3) response,这是由客户端软件计算出的一个摘要字符串,以证明用户是合法用户。

服务器从请求信息中提取出摘要,与自身保存的用户名、密码计算所得的摘要进行比对,如果验证通过,则返回 200 OK。

3. OAuth 2.0

在默认情况下,Basic 认证和摘要认证都是单次认证,每次用户尝试访问任何一个服务时,系统都应该再次验证用户的操作,这意味着每次都需要对身份验证进行额外的调用。假设有四个这样的服务,那么每个用户将有四次额外的调用。假设每秒有 3000 个请求,请求乘以 4,结果是每秒要向服务器发出 12 000 次调用。显而易见,这种认证方式下服务器的认证负载很大,而且这些额外调用并没有带来业务价值。

OAuth 2.0 是一种安全的授权框架,其认证模式是:用户名 + 密码 + 访问令牌 + 刷新令牌。其核心思想是:用户使用用户名和密码登录系统后,客户端(用户访问系统的设备)会收到一对令牌,包括访问权限令牌和刷新令牌。访问令牌用于访问系统中的所有服务。到期后,系统使用刷新令牌生成一对新的令牌。所以,如果用户每天都登录系统,令牌也会每天更新,不需要用户每次都登录系统。刷新令牌也有它的过期时间(虽然比访问令牌长得多),如果一个用户一年没有登录系统,那么很可能会被要求再次输入用户名和密码。

OAuth 2.0 协议提供了一套详细的授权机制,通过引入一个授权层将第三方应用程序与资源拥有者分离,资源拥有者同意以后,资源服务器就可以向客户端颁发令牌,而客户端通过令牌去请求数据。OAuth 2.0 协议详细描述了系统中不同角色、用户、服务前端应用以及客户端(如网站或移动 App)之间实现相互认证的方式。

以第 1 章介绍的 IFTTT 服务网站为例,其提供了符合 OAuth 2.0 认证的流程,包括对更新令牌的支持。例如,Husqvarna 公司以其自动割草机(Automower)而闻名,该企业开发的 Automower Connect 应用程序中添加了对 IFTTT 的支持,能够将自动割草机与其他智能产品和服务连接起来,用户可以通过 IFTTT 将应用程序连接到气象应用程序,以便在天气良好时自动修剪草坪;也可以连接网络日志服务,如果用户的日程中设定了浇水、花园聚会等特定关键字,自动割草机将规避这些时间段。在这个场景中,自动割草机操作服务、天气预报服务、网络日志服务等多个服务之间需要协同工作,它们需要认证支持。

为了便于理清认证流程中的各个角色,OAuth 2.0 协议中定义了以下四个角色。

1) resource owner(资源拥有者)

能够对受保护资源授予访问权的实体。当资源拥有者是一个人时,它被称为终端用户。

2) resource server(资源服务器)

托管受保护资源的服务器,能够接受并使用访问令牌响应受保护资源的请求。

3) client(客户端)

取得资源拥有者授权,代表资源拥有者请求受保护资源的应用程序。术语“客户端”并不意味着任何特定的实现特征,不管应用程序运行在服务器、客户机还是其他设备上,请求资源的应用都叫客户端。

4) authorization server(授权服务器)

在成功地验证了资源拥有者并获得授权后,向客户端发出访问令牌的服务器。

授权登录的 OAuth 2.0 协议流程如图 7.1 所示。

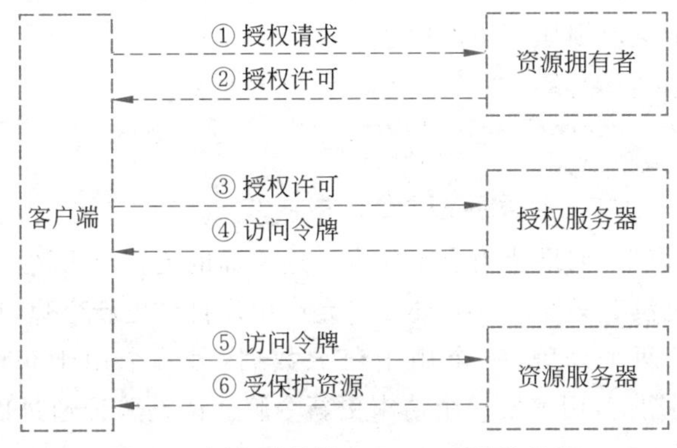

图 7.1 授权登录的 OAuth 2.0 协议流程

该流程描述了四个角色之间的互动,包括以下步骤。

① 客户端向资源拥有者请求授权。授权请求可以直接向资源拥有者提出,或者最好是通过授权服务器作为中间人间接地提出。

② 客户端收到一个授权许可,它是一个代表资源拥有者的证书。授权许可是一个代表资源拥有者的凭证。使用本规范中定义的授权类型表达或使用扩展授权类型表达。授权授予类型取决于所使用的方法和支持的类型。

③ 客户端通过与授权服务器进行身份验证并出示授权书来请求访问令牌。

④ 授权服务器对客户进行认证,并验证授权许可。如果有效则颁发访问令牌。

⑤ 客户端向资源服务器请求受保护的资源,并通过访问令牌认证。

⑥ 资源服务器验证访问令牌,如果有效则提供受保护的资源。

OAuth 2.0 还规定了四种获得令牌授权方式,如下所示。

(1) 授权码(authorization-code)。

(2) 隐藏式(implicit)。

(3) 密码式(password)。

(4) 客户端凭证(client credentials)。

具体细节可以参阅 RFC 6749 规范 *The OAuth 2.0 Authorization Framework*。不管采用哪一种授权方式,第三方应用申请令牌之前都必须先到系统备案,说明自己的身份,然后会拿到两个身份识别码:客户端 ID(client ID)和客户端密钥(client secret)。这是为了防止令牌被滥用,没有备案过的第三方应用是不会拿到令牌的。

合法的认证将收到一个符合 OAuth 2.0 规范的访问令牌反馈,如下所示。

```
HTTP/1.1 200 OK
Content-Type: application/json;charset=UTF-8
Cache-Control: no-store
Pragma: no-cache
{
"access_token":"mF_9.B5f-4.1JqM",
"token_type":"Bearer",
"expires_in":3600,
"refresh_token":"tGzv3JOkF0XG5Qx2TlKWIA"
}
```

这里的 expires_in 规定了令牌的有效期,如果用户试图用一个过期令牌访问一个受保护资源,则资源服务端会反馈如下错误信息。

```
HTTP/1.1 401 Unauthorized
WWW-Authenticate: Bearer realm="example",
error="invalid_token",
error_description="The access token expired"
```

令牌的有效期结束后,如果让用户重新走一遍上面的流程再申请一个新的令牌,那么很可能体验不好,而且也没有必要。OAuth 2.0 允许用户自动更新令牌,具体方法是在网站颁发令牌时一次性颁发两个令牌,一个用于获取数据,另一个用于获取新的令牌(refresh token 字段)。令牌到期前,用户发一个请求更新令牌。网站验证通过以后就会颁发新的令牌,流程图如图 7.2 所示。

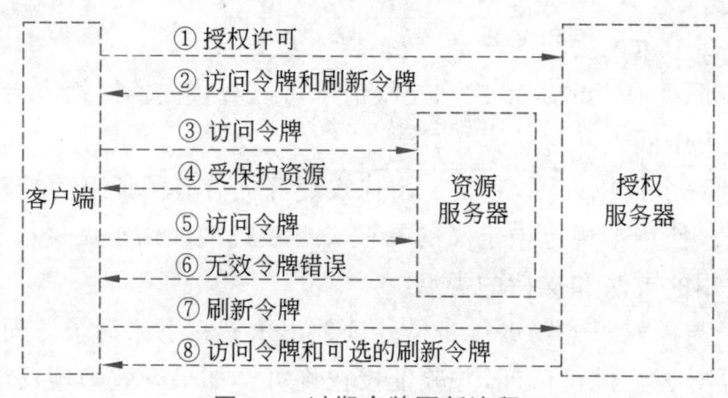

图 7.2 过期令牌更新流程

4. Bearer Token

OAuth 2.0 使客户端能够通过获得访问令牌(access token)来访问受保护的资源,访问令牌在 RFC 6749 中被定义为“代表发给客户的访问授权的字符串”,而不是直接使用资源拥有者的凭证。那这个令牌应该如何实现和使用呢?

令牌的类型可分为两种,如下所示。

(1) Bearer,包含一个简单的令牌字符串,如下所示。

```
GET /resource/1 HTTP/1.1
Host: example.com
Authorization: Bearer mF_9.B5f-4.1JqM
```

（2）MAC，由消息授权码（message authentication code）和令牌组成，如下所示。

```
GET /resource/1 HTTP/1.1
Host: example.com
Authorization: MAC id="h480djs93hd8",
                nonce="274312:dj83hs9s",
                mac="kDZvddkndxvhGRXZhvuDjEhGeE="
```

在 OAuth 2.0 规范中，RFC 6750 规范 *The OAuth 2.0 Authorization Framework: Bearer Token Usage* 描述了如何在 HTTP 请求中使用承载令牌（即 bearer token）来访问 OAuth 2.0 保护的资源。

bearer token 是一种安全令牌，其特性是拥有该令牌的任何一方（不记名）可以任何其他拥有该令牌的一方的方式使用该令牌。使用 bearer token 不需要持有者证明拥有密钥材料（即令牌的所有权）。为了防止不当使用，需要在存储和传输过程中妥善保护 bearer token 以免泄露。

在请求资源时向资源服务器发送 bearer token 有三种方式。

（1）授权请求头域。

在授权请求头域时发送访问令牌，客户端使用 Bearer 认证方案来传输访问令牌，如下所示。

```
GET /resource HTTP/1.1
Host: server.example.com
Authorization: Bearer mF_9.B5f-4.1JqM
```

（2）表单编码的主体参数。

在 HTTP 请求实体正文中发送访问令牌时，客户端使用 access_token 参数将访问令牌添加到请求正文中。

例如，客户端使用传输层安全发出以下 HTTP 请求。

```
POST /resource HTTP/1.1
Host: server.example.com
Content-Type: application/x-www-form-urlencoded
access_token=mF_9.B5f-4.1JqM
```

（3）URI 查询参数。

在 HTTP 请求 URI 发送访问令牌时，客户端使用 access_token 参数将访问令牌添加到请求 URI 的查询组件中。

例如，客户端使用传输层安全发出以下 HTTP 请求。

```
GET /resource? access_token=mF_9.B5f-4.1JqM HTTP/1.1
Host: server.example.com
```

5. JWT

前面 OAuth 2.0 是一种安全的授权框架，其提供了一套详细的授权机制；bearer token 规定了令牌使用方式，而 JWT 则规定了令牌的具体定义方式。

JWT 全称为 JSON Web 令牌（JSON Web token），是一个开放的标准，规定了一种 JSON 格式的 token 实现方式，详细定义见 RFC 7519。JWT 令牌由三部分构成：头、载荷和签名。

(1) 头：包含加密算法、令牌类型等信息。

(2) 载荷：包含用户信息、签发时间和过期时间等信息。

(3) 签名：根据头、载荷及密钥加密得到的散列字符串，默认使用 HS256(hmac sha1 256)。

JWT 主要由三部分组成(图 7.3)如下所示。

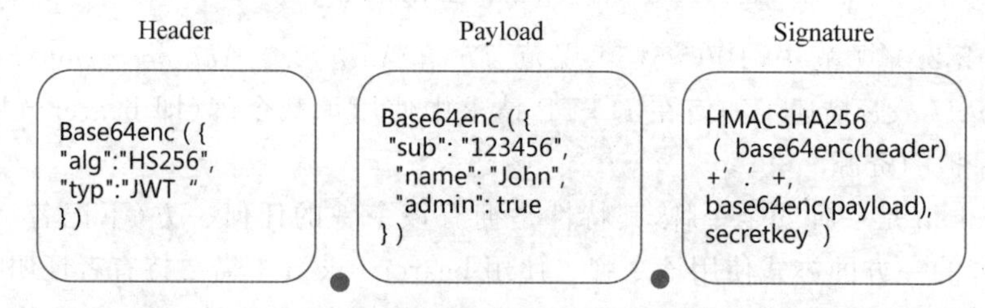

图 7.3 JWT 主要由三部分组成

其中，Header(头部)，标记使用的算法和类型。

```
{"alg":"HS256", "typ":"JWT"}
```

alg 是所使用的散列算法，如 HMAC SHA256 或 RSA256，typ 是 token 的类型，在这里就是 JWT。这部分使用 Base64URL 编码成第一部分。

Payload(载荷)是 JWT 主要的信息存储部分，其包含了多种声明(claims)，常用的信息有 iss(签发者)、exp(过期时间)、sub(主题)、aud(接收方)、name(全名)、iat(签发时间)等，也可以定义私有字段，例如：

```
{
  "sub": "1234567890",
  "name": "John Doe",
  "admin": true
}
```

这部分同样使用 Base64URL 编码成第二部分。

Signature 签名使用编码后(Base64 编码)的 Header 和 Payload 再加上保存在服务器中的一个公钥，然后使用 Header 中指定的签名算法(默认情况下为 HMAC SHA256)签名，作用是保证 JWT 没有被篡改过。

JWT 生成“Base64.ENcode(header).Base64.ENcode(PayLoad).”签名值，示例如下。

```
eyJhbGciOiJIUzI1NiIsInR5cCI6IkpXVCJ9.
eyJzdWIiOiIxMjM0NTY3ODkwIiwibmFtZSI6IkpvaG4gRG9lIiwiYWRtaW4iOnRydWV9.
TJVA95OrM7E2cBab30RMHrHDcEfxjoYZgeFONFh7HgQ
```

注意：secret 是保存在服务器端的，JWT 的签发生成也是在服务器端的，secret 被用来进行 JWT 的签发和 JWT 的验证，所以，它就是服务端的私钥，在任何场景下都不应该泄露出去。一旦客户端得知这个 secret，那就意味着客户端可以自我签发 JWT。

JWT 的基本思路是：客户端提供用户名和密码给认证服务器，服务器验证用户提交信息的合法性，认证通过以后生成一个 JSON 对象(即 token)发回客户端。客户端收到服务器返回的 JWT 可以将之储存在 cookie 中，也可以将之储存在本地。此后，客户端每次与服务器通信都要带上这个 JWT。

客户端可以把 JWT 放在 cookie 里自动发送，但是这样不能跨域，所以一般的做法是将之放在 HTTP 请求头信息 Authorization 字段里，如下所示。

```
Authorization: Bearer <token>
```

另一种做法是在跨域时将 JWT 放在 POST 请求的数据体中。

JWT 的使用流程如图 7.4 所示。

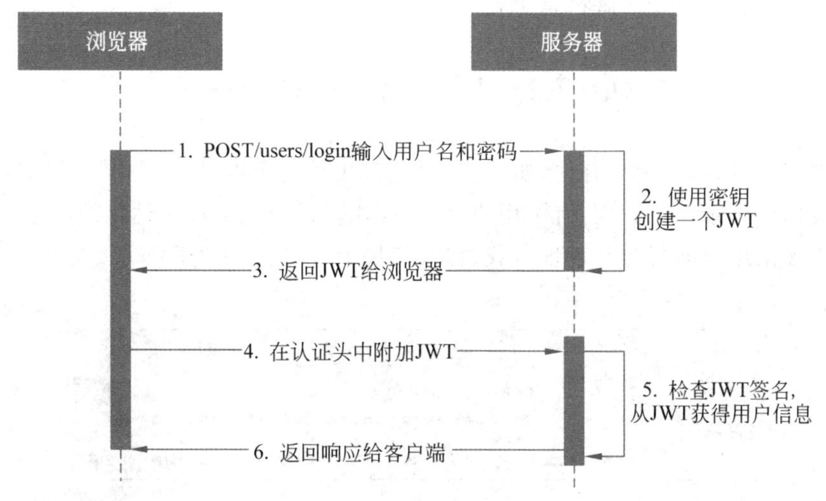

图 7.4　JWT 的使用流程

JWT 的优点如下所示。

(1) 因为 JSON 是一种通用格式，所以 JWT 是可以跨语言应用的，Java、JavaScript、NodeJS、PHP 等很多语言都可以使用。

(2) JWT 不仅可以用于认证，也可以用于交换信息。使用 JWT 可以有效降低服务器查询数据库的次数。

(3) 因为有了 payload 部分，所以 JWT 可以在自身存储一些其他业务逻辑所必要的非敏感信息。服务端可以通过内嵌的声明信息很容易地获取用户的会话信息，而不需要去访问用户或会话数据库。在微服务架构下，用户服务是一个单独的服务，但是其他服务大部分情况下也会需要某些用户信息，这样 JWT 就非常适合用于微服务。

(4) 便于传输，JWT 的构成非常简单，占用带宽很小，所以它是非常便于传输的。

(5) JWT 特别适用于分布式站点的单点登录(Single Sign On，SSO)场景，同时，由于 JWT 是自我包含的，包含了必要的所有信息，不需要在服务端保存会话信息，易于应用的扩展。

所以，JWT 的主要优势在于用无状态、可扩展的方式处理应用中的用户会话。在分布式面向服务的框架中，这一点非常有用。因此，JWT 的应用场景主要是无状态的分布式 API，由于其具备良好的可伸缩性，可以和微服务一起工作，这个标准得到了广泛的应用。但是，如果系统需要使用黑名单实现长期有效的令牌刷新机制，那么这种无状态的优势就不明显了。

6. OAuth 2.0 +JSON Web 令牌(JWT)

OAuth 2.0 是一个行业标准的授权协议，其包含一系列流程和标准，只要授权方和被授权方遵守这个协议提供服务，那双方就实现了 OAuth 模式。

OAuth 2.0 体系中的 token 分为两类：透明令牌、不透明令牌。不透明令牌本身不存储任何信息，如一串 UUID，资源服务拿到这个令牌必须调用认证授权服务的接口进行校验，高并发的情况下延迟很高，性能很低。透明令牌本身就存储了部分用户信息如 JWT，资源服务可以调用自身的服务对该令牌进行校验解析，不必调用认证服务的接口去校验令牌。

所以把二者结合起来，在使用 OAuth 2.0 流程时可以授权一个 JWT 形式的令牌，返回给用户的访问令牌和更新令牌都是 JWT 格式的。

7.2 用户也是一种资源

很多 Web 应用都与用户有关，如图 7.5 所示，几乎每个网站都有用户登录功能。网站为什么需要用户登录？一方面，有了用户信息，应用可以提供更加个性化的服务；另一方面，应用也可以根据用户的行为和表现自我改进，拓展业务，所以说“用户需要应用，应用更需要用户”。

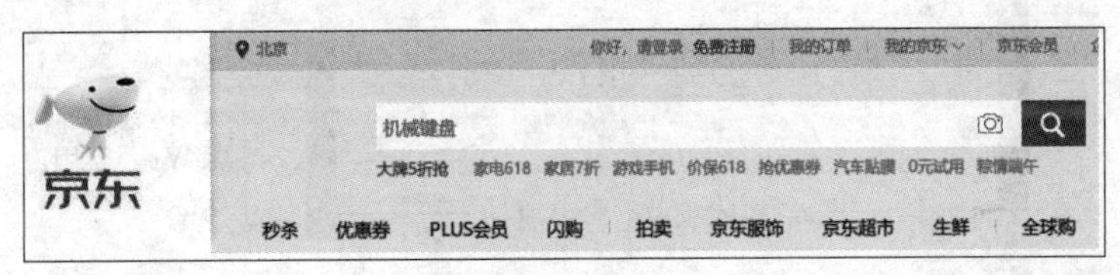

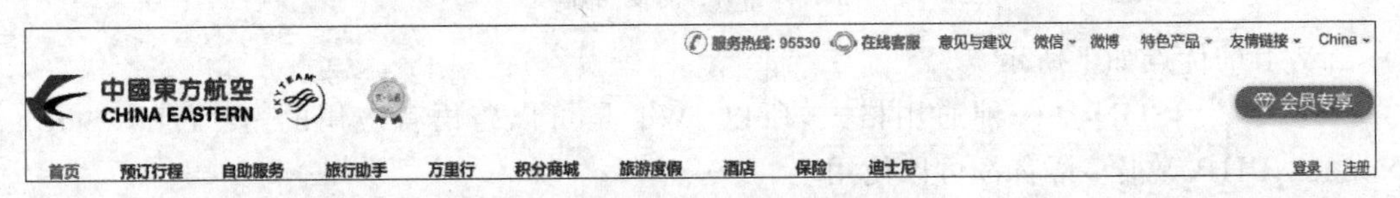

图 7.5　网站为什么需要用户登录?

当有人发来一个 HTTP 请求时，网站得判断这个请求是哪个用户发出的，网站可以基于用户登录数据开展个性化服务。现在流行的用户画像分析就是将应用获取的用户数据整合起来，在标签模型上构建大数据画像类的交互式分析应用，其通过整合用户收藏、成交、点击、注册、定位及衍生加工的标签等多种数据，使分析人员可以全方位地分析用户业务中对象的各种属性与用户行为之间的关联，以更加有效地设计交叉销售、营销内容、人群定向等运营策略。

在设计服务系统时，一旦涉及用户数据，一般的思路是要创建用户账户这种资源。

7.3 设计用户资源

1. 规划与设计用户资源

在设计可读写的地图服务时，需要一种标识特定用户账户的方法(用户名)以及一种客户端表达证书的方式(密码)。所以，简单起见，用户资源关联的只有两则信息。

(1) 用户账户名称。

(2) 该账户的密码。

设计用户资源虽然简单，但是有了这个资源就可以开发出许多新的功能，并可以通过关联其他资源极大地丰富服务设计。

用户资源必须有唯一的 URI，因为这个资源只能通过用户名区分，所以命名这部分资源也很简单，通过下列 URI 就可以表达所有用户账户。

```
https://maps.Example.com/users/{user-name}
```

那么要把密码放哪儿呢？密码是要隐藏起来的，客户端将把密码作为资源表述的一部分放在实体主体里发送给服务器，如果在服务端需要保留对密码的验证手段，那么也要妥善保管。

2. 暴露资源可执行接口

这是一个新步骤。因为按照定义，只读资源是只暴露 GET、HEAD、OPTIONS 这些 HTTP 方法的。而现在设计的资源可以在运行时被创建和修改，所以还需要考虑暴露 PUT、POST 和 DELETE 这些方法。

即便如此，由于 HTTP 统一接口是不变的，所以这一步还是比较简单的。假如这些 HTTP 方法不够用，那么需要回到上一步，试着从数据集里划分出更多的资源。

如果必须增加新的操作，例如，增加新的资源，那么可以考虑引入 RPC 风格——即通过一个特定的资源来支持重载的 POST (overloaded POST)。

3. 设计客户端的资源表述

客户端可以采用表单编码(form-encoded)格式作为创建或编辑用户账户时的表述格式。用户名和密码是跟用户账户关联的两个状态。

用户名在 URI 中而且是不能被修改的，所以用户账户的表述中只包含密码，如下所示。

```
password={the-password}
```

修改账户密码的过程与创建用户的过程一样，客户端向该账户的 URI 发送一个 PUT 请求，并附上该账户的新表述(也就是新密码)。当然，修改密码必须要得到授权，客户端必须提供 Authorization 报头，其必须符合 HTTP 认证要求，以让服务确信其具有修改该账户的权限，如下所示。

```
PUT/users/Mcdao HTTP 1.1
Host:maps.example.com
Content-Type: application/x-www-form-urlencoded
grant_type=authorization_code&code=67a8ad40341224c1
...
```

发送 DELETE 请求时不需要附上表述，不过删除用户账户也需要有正确的 Authorization 报头。

沿用前文 XHML 格式的表述设计，假设用户 Mcdao 登录成功，服务端返回其个人信息页的表述形式可能如下所示。

```
<!DOCTYPE html PUBLIC "-//W3C//DTD XHTML 1.1//EN"
"http://www.w3.org/TR/xhtml11/DTD/xhtml11.dtd">
<html xmlns="http://www.w3.org/1999/xhtml" xml:lang="en">
  <head>
  <title>User homepage for Mcdao</title>
  </head>
  <body>
    <p class="authenticated">
      You are currently logged in as
```

```
        <a class="user" href="/users/Mcdao">Mcdao</a>.
      </p>
      <p>User homepage for
        <a class="user" href="/users/Mcdao">Mcdao</a></p>
        <form id="modifyUser" method="put" action="">
          <p>Change your password:
            <input class="password" name="password" /><br />
            <inputtype="submit" />
          </p>
        </form>
      </p>
    </body>
  </html>
```

这里有两处关键信息：一个是显示了用户成功认证的认证信息<p class="authenticated">；另一个是附加了一个修改密码的表单。因为用户是合法的，所以其主页上附加了修改密码的表单，大多数网站也是这么做的。

如果用户对他人的账户发出GET请求，得到的表述会有所不同，如下所示。

```
<!DOCTYPE html PUBLIC "-//W3C//DTD XHTML 1.1//EN"
"http://www.w3.org/TR/xhtml11/DTD/xhtml11.dtd">
<html xmlns="http://www.w3.org/1999/xhtml" xml:lang="en">
  <head>
  <title>User homepage for Jerry</title>
  </head>
  <body>
    <p class="authenticated">
      You are currently logged in as
      <a class="user" href="/users/Mcdao">Mcdao</a>.
    </p>
    <p>User homepage for
      <a class="user" href="/users/Jerry">Jerry</a></p>
    </p>
  </body>
</html>
```

在上述代码中，用户成功认证的认证信息<p class="authenticated">还在；但附加的修改密码的表单没有了，显然，系统不允许用户修改别人账户的密码。

4. 关联与用户有关的资源

第6章的案例定义了几种资源：地图列表、地图、地点及地点列表(搜索结果)等。虽然这些资源跟用户账户不直接相关，不过还是可以为它们增添几个扩展功能，如下所示。

(1) 为每个资源增加“认证信息”。如果用户在发送请求时附上了有效的证书，那么返回的表述里就会显示这个信息。“认证信息”是一则超媒体，它告诉客户端如何获取账户信息。现在，每个资源都与请求它的用户的账户链接起来了。

(2) 告诉未认证的用户如何创建用户账户。放置这则超媒体的最佳位置是地图入口的表述，毕竟这里是地图服务的“主页”。它已经包含了指向本服务其他主要部分的链接，所以应该在此安放一个创建用户账户的链接。

(3) 增加一些新的与用户有关的地图资源，这个将在第8章再介绍。

5. 规划服务交互的响应

(1) GET 和 DELETE 请求是完全按照统一接口的原则工作的。若 GET 请求被成功处理,就返回响应代码 200 OK,并在响应实体主体中包含一个表述。若 DELETE 请求被成功处理,则其同样也会返回响应代码 200 OK,服务器可以对 DELETE 请求返回一个包含实体主体的响应,不过该实体主体里多半只是一则状态信息,因为能提供表述的资源已经不复存在了。

(2) PUT 请求是唯一比较复杂的请求,因为它是唯一包含表述的请求。现在考虑当有客户端向/user/Mcdao 发送 PUT 请求时将发生什么。跟处理其他 HTTP 请求一样,服务器将读取该请求,然后在幕后操作,最后返回一个响应。此时需要决定为返回的响应设置什么响应代码、应提供哪些 HTTP 报头以及实体主体。另外,还需要决定请求将如何影响资源状态,也即产生什么样的实际影响。

假如 PUT 请求一切顺利,其结果是容易预见的,如下所示。

① 若不存在名为 Mcdao 的用户,则服务将用指定的密码创建一个名为 Mcdao 的新用户,其响应代码是 201 Created,Location 报头里将包含新创建用户的 URI。

② 若用户已经存在,那么服务器将根据客户端提交的新表述修改资源的状态——也就是说,将修改账户的密码。此时,可以把响应代码设为 200 OK,并在响应实体主体里包含用户账户的表述;或者,由于密码的修改不会影响账户的表述,所以其也可以把响应代码设为 205 Reset Content,并省略响应实体主体。

(3) 一个创建、修改或删除资源的请求要比只能获取的请求引发更多可能的错误。对于"用户账户"这个资源,可能有以下一些错误。

① 最常见的问题是服务器无法理解客户端的表述,服务器期望接收的是表单编码的表述,而客户端可能会发送一个 XML 文档。在这种情况下,响应代码应该是 415 (Unsupported Media Type)。

② 客户端可能根本没有附上表述,或者,也许客户端提供的表述格式没有错,但是其中的数据有问题或数据没有意义。在这种情况下,响应代码应该是 400 (Bad Request)。

③ 表述有意义,但它会把资源置为一种不一致或不可能的状态。例如,表述是"password=",而服务不允许把密码置为空。具体返回什么响应代码要看是什么错误。如果密码为空,则可以把响应代码设为 400 (Bad Request);如果是其他情况,则可以把响应代码设为 409 (Conflict)。

④ 客户端可能提供了不正确的证书,例如,用一个账户的授权证书访问另一个账户(如果客户端提供的是 A 用户的证书,那么它只能修改或删除 A 用户)。对于这种情况,响应代码应该是 401 (Unauthorized)。此时需要设置适当的 www-Authenticate 响应报头以告诉客户端如何按照 HTTP 认证的规则格式化 Authorization 报头。

⑤ 若客户端试图创建一个已存在的用户,则可以把响应代码设为 409 (Conflict)。这个响应码很恰当,因为假定执行了该 PUT 请求,则资源将处于不一致的状态,导致存在两个具有相同用户名的资源。对于该请求的另一种态度是,认为该 PUT 请求是要修改现有用户的密码,但却未能提供任何认证信息,于是应向它发送响应代码 401 (Unauthorized)。

⑥ 如第 6 章所述,服务器可能会出现未知的错误,这种情况下的响应代码应该是 500 (Internet Server Error)或 503 (Service Unavailable)。

本章习题

1. 为什么服务安全性很重要?
2. RESTful服务的安全性主要包括哪三方面?
3. 简述HTTP标准身份验证的过程。
4. 简述Basic认证与Digest认证的区别。
5. 简述OAuth 2.0发放令牌和更新令牌的过程。
6. 简述JWT令牌的组成。
7. 为什么说用户也是一种资源?
8. 暴露资源可执行接口主要有哪些考虑?

第8章 设计可读写的资源服务

很多服务允许用户向数据集中增加某种自定义数据，例如，用户可以在地图上添加地点标注(图 8.1)。另外，游客到了一个风景名胜后可能会有些感想要抒发，所以需要系统允许他们在地图应用的地点上添加评论。

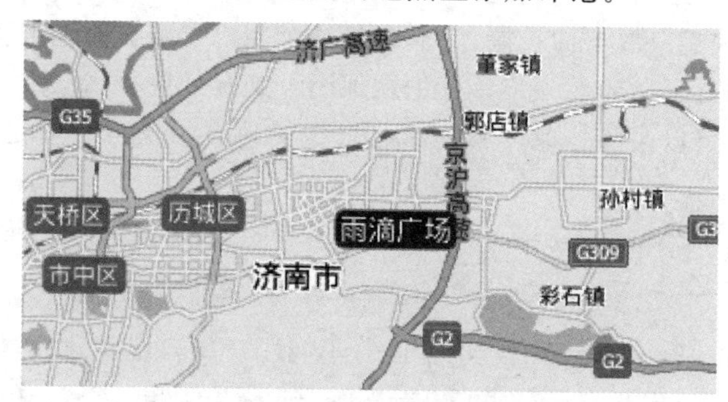

图 8.1　在地图中添加用户自定义标记

这些资源请求如何实现？如何设计发给服务端的资源表述？这就涉及可读写资源服务的问题。

本章内容要设计的是用户在地图服务中创建自定义地点并将之与服务方提供的地点一同显示在地图上、用户针对地点的评论等功能，这两个资源服务都是可读写的，但对它们的设计有所不同。

8.1　资源分析与设计

如同系统内建地点一样，每个自定义地点和每一条对地点的评论都应该允许用户查看、增加、修改和删除，所以需要把它们设计为一个资源。

设计资源时需要考虑服务应用的场景。

(1) 用户可能只是为了便于自己查找而标记一些地点，并不想将之公之于众，所以这些资源属于用户的私有资源。

(2) 用户愿意与别人分享一些标记的地点，以便于别人查找，这些应该被设计为公有资源，但由于其是用户标记的，所以地图服务系统无法保证其正确性，要区别对待。

(3) 用户愿意分享对一些公开地点(包括系统内建的或者用户定义的公开资源)的评论，以分享自己的心得或体验，例如，对一个旅游景点或者服务场所的评价。

(4) 用户可以对自己定义的地点、自己发布的评论做修改和删除。

还要考虑如何合理地使用这些资源,例如以下几点。

(1) 搜索时如果只显示系统内建的地点,则失去用户公开的自定义地点意义。

(2) 搜索时既显示系统内建地点又显示用户公开的自定义地点,但应该有所区别,因为系统不保证用户自定义地点的正确性。

(3) 显示所有在系统内建地点上的评论。

(4) 显示用户在公开的自定义地点上的评论。

由此可见,用户自定义地点是需要与系统内建地点区别对待的。而且,这些地点资源显然是从属资源,但它从属于谁呢?既然是用户自定义,这些地点想当然地应该从属于用户账户,但同时它们又应该与具体的地球上的点(有准确的经度和纬度)或者系统内建的更大范围的地点(如一个城市、国家)相关联。如何根据这些关系为自定义地点设计其URI呢?

首先,前文已经引入了一个受密码保护的用户账户资源代表每一位具体的用户,只需要在这些"用户账户"资源下面扩展,令其包括这个用户自定义的地点列表等资源即可。

然后,每个自定义地点一定是标记在地图上确定的位置,就像本章开始那个显示在地图上的图钉那样,可以像内建地点那样命名自定义地点,每个地点(place)都有与之对应的经度和纬度点(point)。

把两者结合起来,就得到了用户自定义地点的URI表示,如下所示。

```
/users/{username}/{longitude},{latitude}/{place name}
```

其中,{username}是一个新元素,用于区分不同用户的自定义地点,如下所示。

(1) xiaowang定义自己的家位于/users/xiaowang/116.737,40.286/home。

(2) xiaoli定义自己的公司办公室位于/users/xiaoli/115.586,39.973/office。

上面两个自定义点可能都是私有地点,用户也可以公开地点,如北京冬奥会期间,用户标记北京国家游泳中心为冰立方:binglifang,如下所示。

```
/users/xiaoli/116.3849,39.98961/binglifang;
```

/china/beijing? show= binglifang这个URI的作用与之前一样,即搜索北京范围内名为binglifang的地点。服务除了搜索系统内建地点,还会搜索各个用户公开的自定义地点以及当前用户自己的私有自定义地点。至于服务如何实现则取决于系统在服务后端的设计,例如,所有内建地点及用户自定义地点数据实际都被组织在数据库中,但会采用不同的附加字段标记。

系统还允许用户在地图上添加评论,例如,为某个地图上的地点(如"雍和宫")添加评论。评论是附加在地点上的,实际应用中,用户也是先看到地点才看到地点的有关评论,所以评论资源是作为地点的从属资源而存在的,可能会有下面这样的URI设计。

(1) /users/user1/place1/user2/comment1。

(2) /place1/ user2/ comment1。

上述URI分别表示用户user2对user1定义的一个(公开)地点做评论以及对一个内建地点做评论。

8.2　暴露一个统一接口的子集

上述新增的两种资源的场景可能是这样的。

(1) 对于新增的地点，被创建的资源是服务器上的一个全新的地点，客户端需要提供或者指定其经度和纬度，输入数字或者在地图上拖曳光标以定位。

(2) 对于评论资源，例如，被创建的资源是“雍和宫(Mcdao 的评论)”。在创建这个资源时，客户端不需提供雍和宫在地图上的确切位置。“雍和宫”是一个被大家认可的名称，系统可以在地图上找到这个地名，即系统内建地点。如果需要，用户可以通过服务来查找该地点对应的经度和纬度；但一般情况下，用户不需要知道经度和纬度，因为内建地名与经度和纬度点是有对应关系的。

根据前面所学的知识可知，地图服务也将用 POST 来创建自定义地点。地点已经存在了(那个准确的经度和纬度)，甚至已经有内建地点与之关联了，用户只是想用一个自己的名字来标记该地点，如对“雍和宫”，用户自定义的地名是“乾隆出生地”，新资源的 URI 如下。

```
/users/Mcdao/116.41710,39.94914/QianlongBirthplace
```

该资源与系统内建地点 Yonghegong 并没有扩展关系，但它们指向的是同一个经度和纬度点，两者存在概念上的关系。

同样，“雍和宫(Mcdao 的评论)”是另一个已有资源(系统内建地点“雍和宫”)的从属资源，该资源有自己的一个 URI：China/Beijing/Yonghegong，添加评论后，服务端产生的评论资源 URI 如下。

```
/China/Beijing/Yonghegong/Mcdao/comments
```

用户也可以向自定义的“乾隆出生地”的 URI 发送 POST 请求，对它添加评论，服务端产生的评论资源 URI 如下。

```
/users/Mcdao/116.41710,39.94914/QianlongBirthplace/Mcdao/comments
```

这两条评论分别作用到两个地点上，这是因为用户在客户端地图页面能够看到这两个地点的标识，但两个地点实际上指向同一个经度和纬度点。

当然，用户添加评论的前提条件是用户已登录系统，即客户端已经在 Authorization 报头提供过用户名和密码并被服务端验证通过，所以用户名这个信息其实也就不再需要客户端重复提供了。

跟第 6 章案例一样，客户端可以用 GET 和 HEAD 来获取系统内建地点、自定义地点(无论公开还是私有)以及别人的公开自定义地点的表述。客户端可以用 DELETE 方法删除自己的自定义地点，用 PUT 方法修改自定义地点的状态。

8.3　设计来自客户端的表述

用户在客户端向地图上打图钉标记并创建自定义地点时，需要提供哪些信息呢？

(1) 经度，纬度，地名，类型，以及该地点是公开还是私有。

(2) 用户还可以添加自定义地点的描述。

这些都可以用"键-值"对来表达。系统可以让客户端像表述用户账户那样,用表单编码的字符串(form-encoded strings)表述自定义地点。

客户端请求的报文主体(表述)不必包含以上全部"键-值"对,有些是可以省去的。已经放在 URI 中作用域的信息就不必在客户端表述中重复提供了。

例如,当客户端向/116.41710,39.94914 发送 POST 请求时,由于经度、纬度已经被包含在 URI 里了,所以不必在表述中重复给出这些信息,但地名和地点类型是需要给出的。客户端可以为该自定义地点指定一个自定义类型(如"旅游胜地""去过的地方""商业设施"),也可以继承已有地点的类型(如"名胜古迹")。

再例如,如果在系统内建地点上创建一个新的自定义地点,那么这个新的地点将继承已有地点的经度和纬度。

客户端可以不提供描述,服务器会将其默认设为空,而地点的公开(public)或私有(private)属性是必须提供的。服务器也可以设定好默认值,如默认为公开(public)。

下面的例子显示了一个 HTTP POST 请求的示例,它可以创建一个新的自定义地点。表述和 URI 共同提供了创建自定义地点所需的全部信息:新资源(自定义地点)的名称和位置在 URI 中(作用域信息),类型和描述在表述中。由于该表述没有指定 public 的值,所以它将取默认值,即它是一个公开的自定义地点。

```
POST /Beijing/Yonghegong HTTP/1.1
Host: maps.example.com
Authorization: Basic dXNlcm5hbWU6cGFzc3dvcmQ=
name=QianlongBirthplace &type=historical-sites &description=We visited on 15/
5/2015
```

8.4 设计发给客户端的表述

自定义地点的表述与内建地点一样,也采用 XHTML 格式,唯一不同的是这里多出一个部分:当一个已通过认证的客户端请求一个自定义地点的表述时,服务器将在其表述中增加一些用于修改该自定义地点的超媒体,如下所示。

```
<form id="modifyPlace" method="PUT" action="">
<p>修改地点:</p>
<p>
Name: <input name="名称" value=" QianlongBirthplace" type="text" /><br />
Type: <input name="类型" value=" historical-sites" type="text" /><br />
Position:
<input name="经度" value="116.41710 " type="text" />
<input name="纬度" value="39.94914" type="text" />,
<br />
Description:
<textarea name="地点描述">We visited on 15/5/2015</textarea><br />
Public?
<input name="public" type="checkbox" value="on"/>
<input type="submit" />
</p>
</form>
```

8.5 将多种资源整合到一起

1. 与用户有关资源的整合

根据之前的设计，用户的自定义地点和评论等都是用户资源的附属资源，即/users/{username}下的资源。这样做的好处是，这些用户资源可以方便地整合在一起，如果有需要，用户可以取消注册，要清除信息，系统在删除用户账户时可以方便地操作用户数据的删除行为。

2. 用户自定义的资源与系统内建资源的整合

另一种整合是将用户自定义的资源与系统内建资源整合在一起，例如，用户创建自定义地点，有时是针对一个未标注地点的位置标注名称，但也可能是在现有地点上标注一个有个人语义的地点名称。这种情况下，在用户创建自定义地点资源时需要提供该地点的经度和纬度信息，把"自定义地点"资源与已定义的内建地点资源联系起来。

再就是要对现有资源的表述做相应的修改，使其既包含系统内建资源又包含用户创建的自定义资源。在第6章定义的服务中，假如有用户搜索名为"青岛"的地点(/? Show=青岛)，它将只能在系统内建地点数据库中搜索——这恐怕只能得到山东青岛市这一结果。而在本章新版本的服务中，结果可能不止一个，搜索结果中还包含其他用户在青岛这个地名下做的注释以及被其他用户命名为"青岛"的自定义地点(如某处湖泊中的一个小岛)。这样，新的搜索会以列表的形式给出搜索结果，列表中的每项都将链接到一个具体的资源，搜索结果里除了包含系统内建地点，还包含其他用户创建的公开自定义地点以及自己创建的自定义地点(无论公开还是私有的)。

3. 建立各种资源之间的链接

客户端用户如何在地图上创建自定义地点？既然很多自定义地点将作为已有地点的从属资源被创建，一个容易想到的做法是：在那些资源(如/Yonghegong 和/116.42346,40.06701)的表述中告诉客户端如何创建自定义地点。

这里仍然采用XHTML链接列表来表述搜索结果地点列表。这个表述中包含很多超链接，这些链接有的指向地图上一个点，有的指向一个系统内建地点，有的指向其他用户的自定义地点，有的指向自己的自定义地点。它还提供了一个表单，用于让通过认证的用户创建位于该点的自定义地点，如下所示。

```
<!DOCTYPE html PUBLIC "-//W3C//DTD XHTML 1.1//EN"
"http://www.w3.org/TR/xhtml11/DTD/xhtml11.dtd">
<html xmlns="http://www.w3.org/1999/xhtml" xml:lang="en">
<head>
<title>Yonghegong</title>
</head>
<body>
<p class="authenticated">
You are currently logged in as
<a class="user" href="/users/Mcdao">Mcdao</a>.
</p>
<p>
```

```
Welcome to
<a class="coordinates" href="/116.42346,40.06701">116.42346E,40.06701N</a>
on scenic <a class="place" href="">Beijing</a>.
</p>
<p>See this location on a map:</p>
<ul class="maps">
<li><a class="map" href="/road/11/116.42346,40.06701">Road</a></li>
<li><a class="map" href="/satellite/11/116.42346,40.06701">Satellite</a></li>
...
</ul>
<p>Places at this location:</p>
<ul class="places">
<li>
<a class="builtin" href="/Yonghegong">Yonghegong</a>
System data says:
<span class="description">TheFamous Temple of Qing Dynasty.</span>
</li>
<li>
<a class="custom" href="/users/user1/Yonghegong">Yonghegong </a>
<a class="user" href="/users/user1">user1</a>says:
<span class="description">Excellent scenery in the ancient city of Beijing.</span>
</li>
<li>
<a class="custom" href="/users/user2/YonghegongGiftShop">
Yonghegong Gift Shop
</a>
<a class="user" href="/users/user2">user2</a>says:
<span class="description">The postcards here are awesome!</span>
</li>
<li>
<a class="custom-private" href="/users/Mcdao/QianlongBirthplace">
QianlongBirthplace</a>
You said: <span class="description">We visited on5/15/2015</span>
</li>
</ul>
<form id="searchPlace" method="get" action="">
<p>
Show nearby places, features, or businesses:
<input name="show" repeat="template" /><input class="submit" />
</p>
</form>
<form id="createPlace" method="post" action="">
<p>Create a new place here:</p>
<p>
Name: <input name="name" value="" type="text" /><br />
Type: <input name="type" value="" type="text" /><br />
Description:
<textarea name="description"></textarea><br />
Public?
<input name="public" type="checkbox" value="on"/>
```

```
<input type="submit"value="提交"/>
</p>
</form>
</body>
</html>
```

采用 XHTML 既能够在浏览器中正常显示(图 8.2),供用户交互使用,其中嵌入的微结构又链接了大量的资源,便于客户端程序解析使用。另外,此处增加的表单链接则起到了推动应用状态转移的作用。

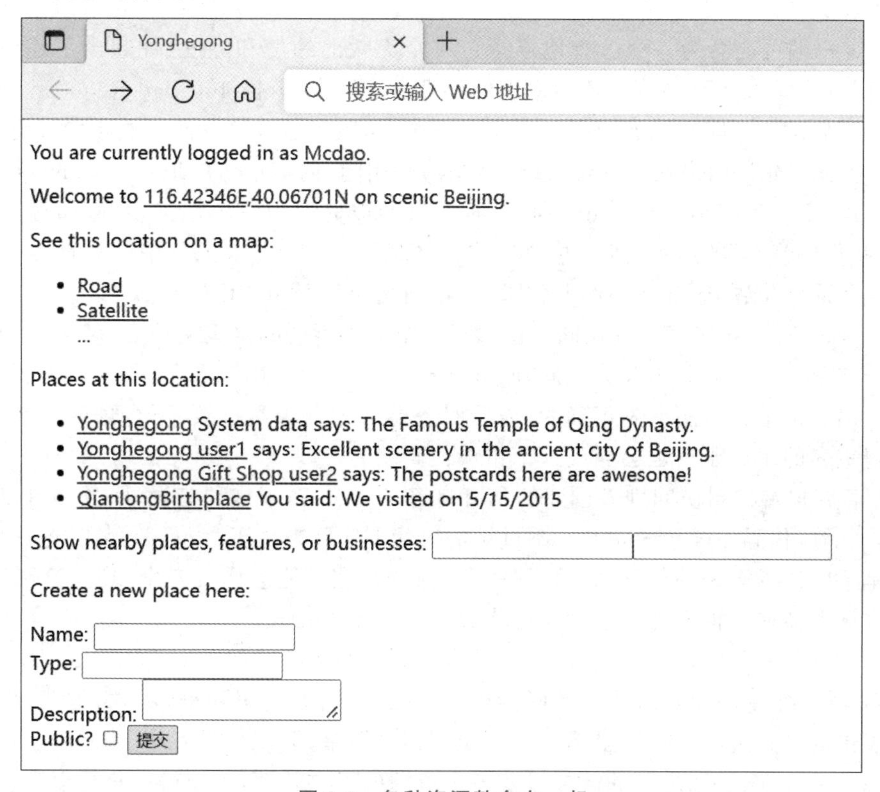

图 8.2　各种资源整合在一起

8.6　规划服务交互的响应

"自定义地点"这个新资源与其他已定义的资源的工作方式类似,它对 GET 请求的响应与系统内建地点一样,对 PUT 和 DELETE 请求的响应则与"用户账户"资源类似。这里只需要考虑一些特殊情况。

(1) 当客户端创建一个自定义地点时,响应代码是 201 Created,这跟创建用户账户是一样的。用户账户的 URI 是无法改变的(因为系统禁止用户修改用户名)。

(2) 系统设计的自定义地点 URI 格式中包含有自定义地点的两个属性:经度和纬度、名称,如/users/Mcdao/116.42346,40.06701/Yonghegong,假如这两个资源状态中的任何一个发生改变,URI 就将被改变。

(3) 用户可以修改其自定义的地点名称和位置(经度和纬度),但不论是修改名称还是位置，其 URI 都会发生改变。

(4) 假如客户端在修改一个自定义地点时没有修改其位置，那么响应代码是 200 OK。

(5) 假如用户修改了位置，那么响应代码将是 301 Moved Permanently，并且 Location 报头中将包含该地点的新 URI。客户端应自行用这个新 URI 更新自己的数据。

(6) 用户被删除后，用户自定义的资源也随之删除，指向这些资源的 URL 过去是有效的，但是现在再请求这些资源将得到响应代码 410 Gone 或 404 Not Found。

引入用户定义的资源也会带来一些新的错误情况，不过它们中的大部分与第 6 章已经分析过的错误情况类似。

(1) 客户端可能会为一个已有地点指定一个无效的纬度和经度(如超出了地图范围)，对于这种情况，响应代码跟第 6 章中案例的处理方式一样，返回 400 Bad Request。同样，如果客户端要修改用户账户的密码但没有提供新密码，服务器也将返回 400 响应代码。

(2) 服务不允许用户在同一位置(经度和纬度相同)创建重名的地点(如/users/Mcdao/116.42346,40.06701/Yonghegong 在同一时刻只能被标识为一个地点)。假如客户端有两个名为"我们的汽车"的地点，然后某个用户试图通过 PUT 请求把其中一个地点设为跟另一个地点相同的位置，服务将拒绝此请求，并返回响应代码 409 Conflict。

(3) 与此类似，假如客户端在同一位置有两个名称不同的自定义地点，然后此用户试图把这两个自定义地点的名称改为相同，服务同样会返回 409 响应代码。在上述两种情况中，客户端发出的请求在语法上是正确的，需要服务端处理资源不一致、不合理的问题。同样，如果创建重名的用户账户也会遇到这个错误代码。

(4) 若客户端试图访问别人创建的私有自定义地点，对于这种错误，服务端可以拒绝访问，并返回响应代码 403 Forbidden，不过该响应代码实际默认了"该资源存在"这一事实，而服务器是不应该透露这一信息的，暗示一个资源的存在可能会构成安全威胁。所以 HTTP 标准允许服务器在这种情况下返回响应代码 404 Not Found。

最后，回顾一下最近 3 章内容所设计的这个地图服务。就像人们使用 Web 地图的习惯一样，用户从一个地图客户端或者互联网地图网站开始，通过跟随链接不断地获取资源；通过提交表单的方式进行交互。虽然每个资源都相当简单，但整个服务却十分强大，这种强大源于资源的多样性、资源之间的链接以及各个资源的可寻址性，这使得用户可以到达任一资源状态，这就是 REST 的意义。

面向资源架构的服务设计过程可以归纳为以下六个步骤。

(1) 资源分析与设计。

(2) 规划暴露资源的操作。

(3) 设计服务端资源表述。

(4) 设计客户端资源表述。

(5) 建立资源之间的链接。

(6) 规划服务交互的响应。

地图应用案例通过一系列步骤把面向资源的架构(ROA)设计问题具体化了。跟其他架构一样，ROA 只是施加一些设计上的约束，而不为具体的设计做出所有决定。以 RESTful 风格的服务和面向资源架构的方式来设计一个地图服务可以有很多种不一样的实现方式，这完全依赖开发者对数据进行的具体划分、组织资源和为这些资源定义表述以及将它们与超媒体结合起来。

本章习题

1. 概述可读写的资源服务的设计过程。
2. 将多种资源整合到一起有什么好处？有哪些考虑？
3. 设计来自客户端的表述与发给客户端的表述有何区别？
4. 将资源设计为从属资源有什么好处？

第9章

设计更好的服务：咖啡店的启发

9.1 一个典型的服务系统——咖啡店

咖啡店的问题

“这是一家舒适的咖啡馆，温暖，干净，友好待客。我把我的旧雨衣挂在衣架上晾干，把旧绒帽挂在衣架上，然后要了一杯牛奶咖啡。侍者把它送来后，我便从大衣口袋里掏出笔记本和一支铅笔开始写作。”——海明威《不散的筵席》

传统的咖啡店是悠闲、浪漫的场所，葡萄牙波尔图的 Majestic Cafe(图 9.1)是 J.K.罗琳当时常来的咖啡店，说《哈利·波特》是她在 Majestic Cafe 萌发灵感而写出来的，一点也不为过。Majestic Cafe 于 1921 年 12 月 27 日开业，距今已经逾百年，其内部装饰是粉红色系的宫廷风格，显得雍容而华丽，高挂的吊灯也尽显优雅奢华。

图 9.1 波尔图的 Majestic Cafe 内景

咖啡店里典型的服务场景也是优雅的——顾客来到店里接受服务，在侍者引导下落座，翻看菜单点上一杯自己喜欢的咖啡。侍者穿梭服务，彬彬有礼，而咖啡师(barista)根据用户需求现场调制好一杯杯咖啡，再由侍者送到顾客面前。

这个咖啡服务场景的参与者包括以下几种。

(1) 服务请求者，也就是顾客。注意顾客们是随机到达的，而且需求各异。

(2) 服务提供者，主要是咖啡师，负责制作咖啡，这是一个技术活，因为咖啡有品类、火候、添加辅料上的区别，调制咖啡的时间也很有讲究。

咖啡服务场景里面的服务需求包括以下几种。

(1) 服务质量：顾客一般需要更少的等候时间,享受高品质的产品和服务。

(2) 店家诉求：多卖咖啡,增加收入,保持良好的口碑,维持品牌价值。

(3) 附加目标：弹性应对(闲时/忙时等待时间和品质保障)。

这些都可以类比为一个优良服务系统的量化指标：

(1) 单位时间的总体服务吞吐量。

(2) 单个服务平均等待时间。

(3) 单个服务平均服务时间。

(4) 单个咖啡师的平均服务能力。

正是这些指标上细微的差别,决定了咖啡商业模式的成败。

9.2　统一标准的咖啡需要统一标准的集成

1. 星巴克咖啡的创新

如何设计一个好的咖啡服务系统？显然,顾客订单越多,营业收入也就越多。与大部分餐饮企业一样,星巴克也主要致力于将订单处理能力最大化,为此,星巴克做了一个标准化工作,它统一了咖啡服务系统的流程。在星巴克咖啡店里,咖啡服务的流程一般是：顾客点单—前台服务员(有时兼任收银员)取出一只咖啡杯,标记顾客记号—顾客付款—前台服务员(收银员)把这个杯子放到队列里—咖啡师从杯子队列中取一个带标记的空杯子,根据顾客需求做好咖啡—前台服务员(收银员)叫号—顾客取走咖啡。

可以发现,这个流程采取了异步处理的办法,这一点很关键。星巴克里有个队列：顾客点单时,前台服务员(收银员)把做记号的杯子放到队列里,这里的队列指的是在咖啡机前排成一列的咖啡杯。正是这个队列将前台服务员(收银员)与咖啡师解耦,即便在咖啡师一时忙不过来时,前台服务员(收银员)仍然可以为顾客点单。他们可以在繁忙时段安排多个咖啡师,这即是竞争消费者模式(Competing Consumer)。

竞争消费者模式是使多个并发使用者能够在同一消息通道上处理接收的消息。这种模式使系统能够同时处理多条消息,以优化吞吐量,提高可伸缩性和可用性,并平衡工作负载。

这样,星巴克就形成了一个创新的、解耦的(decoupled)咖啡生产线。将咖啡店的例子类比到一般的服务系统,如下所示。

(1) 提供的服务(资源)——咖啡。

(2) 服务(资源)请求——点单。

(3) 服务(资源)表述——订单。

(4) 服务界面(接口)——收银台。

而驱动这个系统的驱动力就是不断到来的服务请求。

2. 事件、状态转移与工作流

工作流是对工作流程及其各操作步骤之间业务规则的抽象、概括描述。通常可以用状态机(state machines)描述构成工作流的状态以及将工作从一个状态转移到另一个状态的事件。

美国电影《大创业家》中描绘了这样一个场景(图 9.2)。麦当劳兄弟为了减少顾客的等待时间,精心设计了汉堡制作的流程,重新打造餐厅厨房的整体布局：兄弟两人带领餐厅员工在网球场上画了一个快餐店的平面模拟图,在上面反复试验,终于设计出了最佳的工作流程和厨房布局，开创了现代快餐业的经典模式。

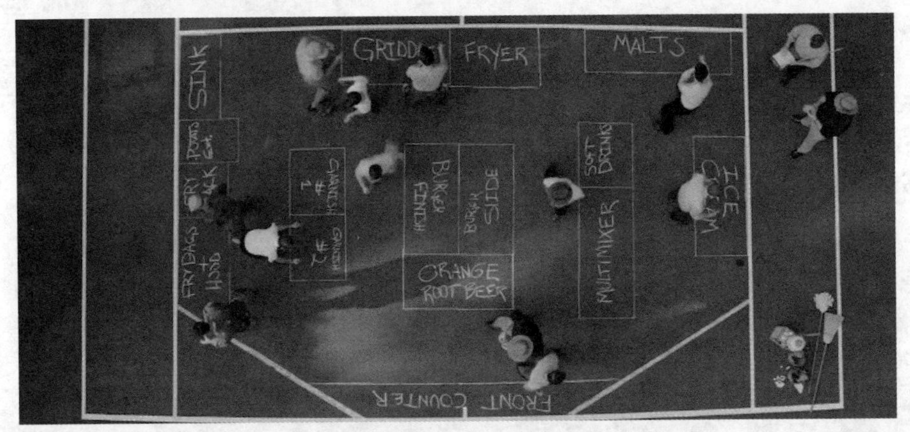

图 9.2 快餐店的工作流程模拟(来自电影《大创业家》)

与此类似，星巴克的咖啡例子里有两个角色，即顾客和咖啡店。同时，也有两个实体：咖啡和订单。另外，还有一个交互，它包括两个工作流，如下所示。

(1) 顾客点单，付款，然后等待饮品。在点单与付款之间，顾客通常可以修改菜单，例如，请求改用半脱脂牛奶。

(2) 咖啡师查看订单，选择订单，制作饮品，交付饮品，然后查看下一个订单，重复这个流程，直到下班。

3. 顾客视角的状态机

顾客来到咖啡店，点一杯咖啡，整个服务流程的顾客状态机如图 9.3 所示。

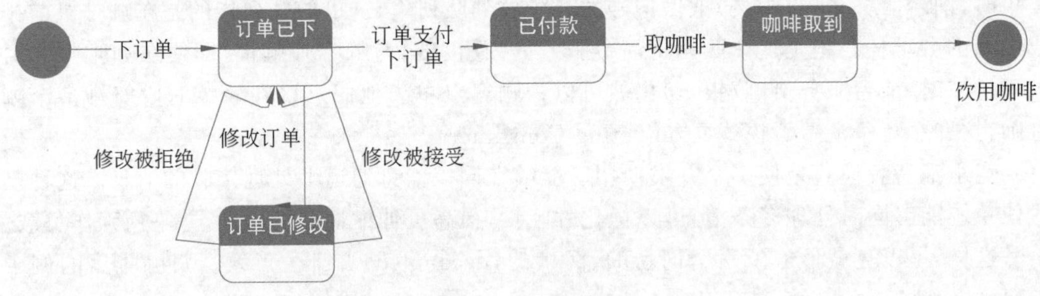

图 9.3 顾客状态机

咖啡店提供了多种饮品供顾客选择，顾客还可以按无数种不同的方式来定制自己的饮品，如果订单还没有被处理，顾客还可以修改订单。

先付款，星巴克才会给顾客制作咖啡，所以顾客还需要先为自己的饮品买单。

然后，等候咖啡交付，有关顾客的工作流就算完成了。

4. 咖啡师视角

咖啡师的状态机如图 9.4 所示。

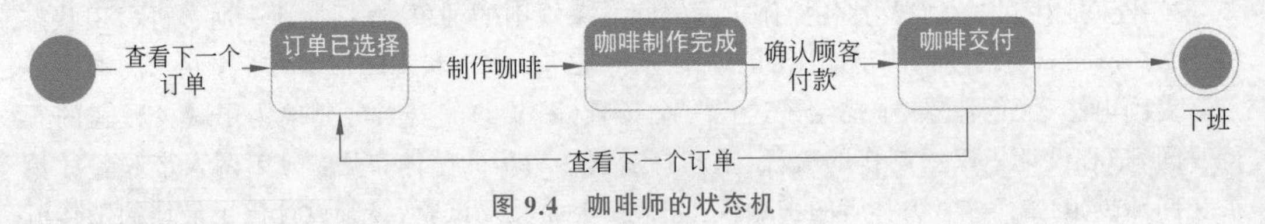

图 9.4 咖啡师的状态机

星巴克是一家相当繁忙的店，订单队列的更新很频繁，所以咖啡师要不断轮询这个咖啡订单队列才能保证掌握最新信息。

咖啡师会从尚未完成的订单表中选择一项，然后将这个订单的状态改为"制作中"，这样顾客就不能再对订单做修改了。

然后咖啡师就开始制作咖啡，制作完成后，咖啡师会检查用户是否已付款。在真实的星巴克店里情况会略有不同：一般来说，顾客是点单后立即付款的。这里的区别在于：实际上咖啡师的制作流程与顾客的付款流程是并行的，咖啡师最后检查顾客是否付款可以缩短顾客的等待时间；虽然有个别的订单可能最后付款失败，造成做好的咖啡被浪费掉，但与节省用户等待时间带来的用户体验的提升相比，付出这点成本是值得的。

一旦用户付款被验证通过，咖啡师就可以交付咖啡，并在待处理饮品队列中删除相应订单。

5. 服务边界

用户只跟服务员（兼收银员）打交道，其需求通过服务员表述给后台服务系统；咖啡师只跟后台服务系统打交道，获取状态（订单列表）并更新状态（制作或者交付）。

9.3　RESTful 服务设计方案

1. 调用服务驱动状态迁移

这里的资源就是咖啡订单，它的实体对应物就是咖啡。顾客和咖啡师在两个并行流程中不断转换状态，每个状态的转换都代表与服务资源的交互。每一次迁移就是通过 URI 对资源实施 HTTP 操作，从而改变状态。GET 和 HEAD 属于特例，因为它们不引起状态迁移，它们的作用是查看资源的当前状态。

2. 异步处理

如果在星巴克中使用同步处理策略，即两阶段提交，那买一杯咖啡的过程将变为如下形式：

(1) 准备阶段：前台接受顾客点单、打印小票，然后将现金和小票都放到台面上，等待咖啡做好。

(2) 执行阶段：订单交到后厨，咖啡师制作咖啡。咖啡做好后，现金、小票和咖啡同时易手，完成交易。

在一次订单事务完成之前，收银员和顾客都不能忙别的。

显然，如果使用这种提交方式，星巴克的业务量将急剧下降，因为相同时间内店面能服务的顾客数量将锐减。

因此，采用异步方式处理服务是一个重要的改进，它将收银员与咖啡师的工作分开，必要的话，如果业务繁忙，店面可以增配人手，配备多个咖啡师，提高系统应对顾客订单波动的能力。

3. 咖啡与顾客之间的关联问题

怎么知道这杯咖啡是某个顾客的？这就是一个订单标识问题。传统的星巴克店用了一个比较简单的办法，用记号笔在顾客的杯子上写上简写姓名。现在有更好的办法，顾客点完咖啡后，前台打印一个不干胶贴到杯子上，然后杯子就会替顾客排队。咖啡师取过一个杯子,根据上面描述的订单要求制作并灌装一杯特定的咖啡。

回顾本书一直在讨论的资源和资源标识符概念。这里资源就是订单,订单都有唯一标识,订单的对应物就是一杯特定的咖啡,这是一一对应的,所以资源也是唯一标识的。对资源的操作通过与特定资源(杯子记号)的结合,使具体咖啡订单的状态发生更改。

其实,现在流行的客户化定制生产模式都使用了同样的处理方式,要有一个唯一标识用以识别每一个具体的订单。

4. RESTful 服务与表述

状态机的每一次迁移都需要通过资源的 URL 对资源实施 HTTP 操作,传递操作的方式就是发送表述,它代表了顾客或者咖啡师的操作意图。

1) 点一杯咖啡

要把订单提交给咖啡订单服务,只要把订单的表述 POST 给下面一个咖啡订单提交服务 URL 即可,例如,http://cafe.example.com/orders,如图 9.5 所示。

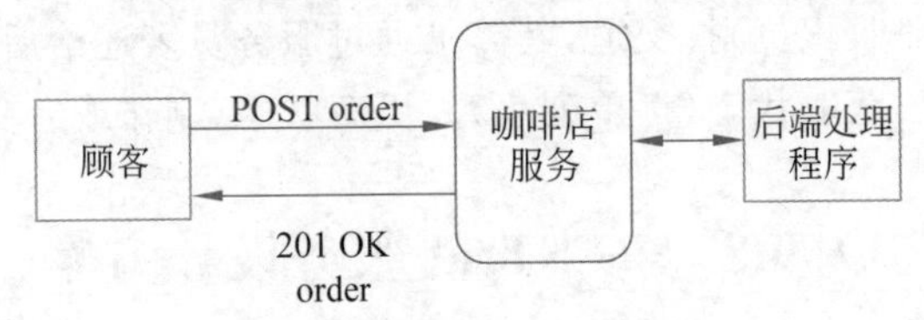

图 9.5　咖啡订单提交服务

咖啡订单的表述可以采用任何格式,由于 XML 具有很好的表达能力,所以用 XML 格式来表达有关实体。

```
POST/orders HTTP1.1
Host:cafe.example.com
Content-Type: application/xml
Content-Length:…

<order xmlns="http://cafe.example.com/orders/">
        <drink>latte</drink>
</order>
```

咖啡店订单服务创建一个订单资源,然后把这个新资源的位置放在 HTTP 报头,Location 和订单资源的表述也放在响应里,将之发给消费者。

```
201 Created
Location: http://cafe.example.com/orders/1234
Content-Type: application/xml
Content-Length:…

<order xmlns="http://cafe.example.com/orders/">
        <drink>latte</drink>
        <cost>20.00</cost>
        <next xmlns="http:// example.org/state-machine"
            rel="http://cafe.example.com/payment/"
            uri="http://cafe.example.com/payment/orders/1234"
            type="application/xml"/>
</order>
```

这个表述中还包含另一个资源的URI，就是在<next>标记中的XML属性值，它指向了payment(付款)——咖啡店希望顾客进一步与这个URI交互，以推进顾客工作流的流转。

2）修改订单(可选)

顾客可能还不知道咖啡店是否允许对提交的订单进行修改，但他可以通过HTTP行为OPTIONS来向订单资源查询它接受哪些操作。

请求如下。

```
OPTIONS/orders/1234 HTTP 1.1 Host: cafe.example.com
```

响应如下。

```
200 OK Allow: GET, PUT
```

现在顾客知道了，订单资源既是可读的(支持GET)，也是可更新的(支持PUT)。

用PUT方法提交更新后的资源表述，实际上就相当于修改现有资源。在这个例子中，PUT请求的新描述包含一个内容XML文件，其中包含顾客想要做的更新，即外加一杯浓咖啡。

```
PUT /orders/1234 HTTP1.1
Host:cafe.example.com
Content-Type: application/xml
Content-Length:…

<order xmlns="http://cafe.example.com/orders/">
        <additions>shot</additions>
</order>
```

成功更新后的资源状态如下所示。

```
200 OK
Location: http://cafe.example.com/orders/1234
Content-Type: application/xml
Content-Length:…

<order xmlns="http://cafe.example.com/orders/">
        <drink>latte</drink>
        <additions>shot</additions>
        <cost>25.00</cost>
        <next xmlns="http:// example.org/state-machine"
            rel="http://cafe.example.com/payment/"
            uri="http://cafe.example.com/payment/orders/1234"
            type="application/xml"/>
</order>
```

顾客还可以给PUT请求加上If-Unmodified-Since或If-Match报头，以表达对服务的期望条件，前者表示采用时间戳，后者表示采用原订单的ETag。

若订单状态自从创建以来还没有改变过，则更新将得到处理；若订单状态已发生改变，顾客会得到内容为412 Precondition Failed的响应。

3）付款

本例在订单资源的表述中也嵌入了有关另一个资源的链接，如下所示。

```
<next xmlns="http:// example.org/state-machine"
        rel="http://cafe.example.com/payment/"
        uri="http://cafe.example.com/payment/orders/1234"
        type="application/xml"/>
```

<next>标记中的 URI 指向的是一个付款资源。根据 type 属性可知，预期的资源表述也是 XML 格式的。顾客可以向这个付款资源发送 OPTIONS 请求，看看它支持哪些 HTTP 操作。

请求如下。

```
OPTIONS/payment/orders/1234 HTTP 1.1
Host:cafe.example.com
```

响应如下。

```
Allow: GET, PUT
```

这个响应表明顾客可以读取(GET)付款信息或更新(PUT)付款信息。知道费用后，顾客可以付款并将付款放入付款链接所标识的资源中。由于付款是需要授权的，因此服务提供者将通过身份验证来保护顾客对资源的访问请求。这里采用第 7 章提到过的摘要认证。

请求如下。

```
PUT /payment/orders/1234 HTTP 1.1
Host:cafe.example.com
Content-Type: application/xml
Content-Length: ...
Authorization: Digest
username="Mcdao"
realm="cafe.example.com"
nonce="..."
uri="payment/orders/1234"
qop=auth
nc=00000001
cnonce="..."
reponse="..."
opaque="..."
<payment xmlns="http:// cafe.example.com/">
   <cardNo>43911234</cardNo>
   <expires>07/07</expires>
   <name>Mcdao</name>
   <amount>2500</amount>
</payment>
```

响应如下。

```
201 Created
Location: https://cafe.example.com/payment/orders/1234
Content-Type: application/xml
Content-Length: ...
<payment xmlns="http:// cafe.example.com/">
```

```
    <cardNo>43911234</cardNo>
    <expires>07/07</expires>
    <name>Mcdao</name>
    <amount>2500</amount>
</payment>
```

一旦经认证的 PUT 方法返回内容为 201 Created 的响应，就表示顾客已经成功付款，下一步就等着享用咖啡了。

4）咖啡师查看订单

付过款的订单会进入后台系统，咖啡师可以向该订单 URI 发送 GET 请求来访问它，获取尚未完成的订单。这个 URI 是 http://cafe.example.com/orders。

访问成功，他会收到下面的响应信息。

```
200 OK
Expires: Thu, 13 Jan 2022 17:37:30 GMT
Content-Type: application/xml
Content-Length:…
<feed xmlns="http://cafe.example.org">
        <title>coffees to make</title >
        <entry>
            <link type="application/xml"
                uri="http://cafe.example.com/payment/orders/1234/">
            <id>http://cafe.example.com/payment/orders/1234</id>
</entry>
</feed>
```

5）咖啡师开始制作咖啡

在咖啡师选中顾客的订单并开始制作时，应当先修改订单状态，以达到禁止顾客更新订单的目的。从顾客的角度来看，这相当于无法再对订单执行 PUT 操作了。

如果咖啡师要锁定订单资源、禁止它再被修改，可以通过编辑 URI 来改变订单资源的状态。具体地讲，咖啡师可以用 PUT 请求把经修改的资源状态提交给这个编辑 URI，如下所示。

```
PUT/orders/1234 HTTP 1.1
Host: cafe.example.com
Content-Type: application/xml
Content-Length: ...
<entry>
…
      <content type="application/xml">
          <order xmlns="http://cafe.example.com/orders/">
            <drink>latte</drink>
            <additions>shot</additions>
               <cost>25.00</cost>
               <status>preparing</ status >
          </order>
          …
    </content>
</entry>
```

一旦服务器处理完上面的 PUT 请求，它将拒绝任何对/orders/1234 资源除 GET 请求以外的操作。

6）咖啡师检查用户是否付款

咖啡师只要向付款资源（该资源的 URI 在订单表述中已给出）发送 GET 请求即可。服务器同样需要使用请求认证来保护敏感资源。如果对付款资源的访问是非法的，顾客会得到如下响应。

请求如下。

```
GET /payment/orders/1234 HTTP 1.1
Host:cafe.example.com
```

响应如下。

```
401 Unauthorized
WWW-Authenticate: Digest
realm="cafe.example.com",
qop="auth",
nonce="ab656...",
opaque="b6a9..."
```

而对合法的访问，顾客将会得到如下响应。

请求如下。

```
GET /payment/orders/1234 HTTP 1.1
Host:cafe.example.com
Authorization: Digest
username="barista joe"
realm="cafe.example.com"
nonce="..."
uri="payment/orders/1234"
qop=auth
nc=00000001
cnonce="..."
reponse="..."
opaque="..."
```

响应如下。

```
200 OK
Content-Type: application/xml
Content-Length: ...
<payment xmlns="http://cafe.example.com/">
    <cardNo>43911234</cardNo>
    <expires>07/07</expires>
    <name>Mcdao</name>
    <amount>25.00</amount>
</payment>
```

7）交付咖啡

咖啡师只要对引用相关条目的资源做删除操作即可将订单从列表中删除。

请求如下。

```
DELETE/orders/1234 HTTP 1.1
Host:cafe.example.com
```

响应如下。

```
200 OK
```

8）善于使用超链接

这个咖啡店服务的例子是基于自描述状态机构建起来的，所以开发者可以方便地根据业务需要改造业务的工作流。

例如，咖啡店也许会提供一种免费的网上促销活动，那么只需要对表述做一点更新，使其包含指向该网上促销资源的链接即可。由于 URI 的特性，链接甚至可以指向第三方的外部资源，如与这家咖啡店有业务推广关系的附近加油站的加油优惠，这与指向咖啡店服务内部的资源一样简单，代码如下。

```
...
<next xmlns="http:// example.org/state-machine"
      rel="http://another.example.com/free-offer"
      uri="http://another.example.com/free-offer/orders/1234"
      type="application/xml"/>
...
```

9.4　咖啡店案例的启发

总结一下，咖啡店案例体现了面向资源设计的思维方式。

GET 到一杯咖啡，系统可以灵活扩展的关键是解耦，顾客不需要与咖啡师见面，任何咖啡师都可以服务任何顾客；提高效率的关键是无状态，通过咖啡师缓存提升业务的可伸缩性；系统运转的关键是表述性状态转移，通过咖啡订单将顾客需求传递到完成咖啡的各个状态；最后，在系统中善用链接，如拓展业务的广告链接等。

1. 咖啡师忙不过来了——通过缓存提升业务的可伸缩性

作为经营者，咖啡店主其实很不喜欢业务波动，不希望给服务增添负担或者徒然增加业务流量。为防止服务因过载而崩溃，系统可以使用一个逆向代理（reverse proxy）来缓存并提供那些频繁访问的资源表述（图 9.6）。

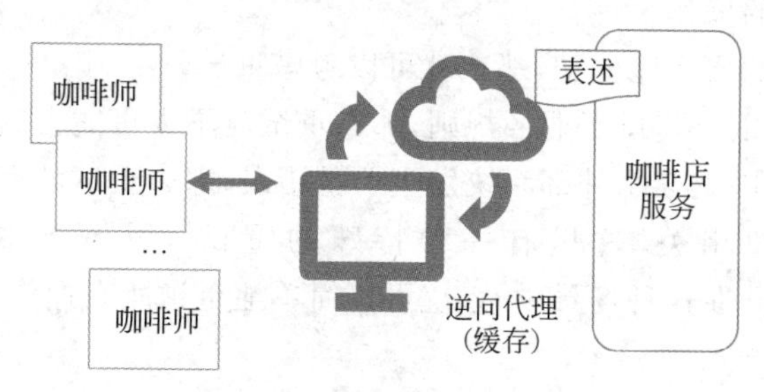

图 9.6　通过缓存提升可伸缩性

这里在架构中增设了 Web 缓存（逆向代理），再加上缓存元数据，这样客户端获取资源时就不会给服务器增添很大负担了。

缓存的另一个作用是屏蔽服务器的间歇性故障，并通过提高资源可用率来实现灾难恢复。也就是说，即便咖啡店服务出现了故障，咖啡师仍然可以继续工作，因为订单信息是被代理缓存起来的。而且，假如咖啡师漏了某个订单（接受了该订单却忘记制作了），恢复也很容易，因为订单具有很高的可用率，为什么？因为订单是无状态的。

在真实的基于 Web 的场景中，各角色均可以从多层缓存中受益。要在大规模环境中提升可伸缩性，利用现有 Web 缓存的优点是至关重要的。

2. 无状态性

有状态指的是在多个异步操作的序列间维持事务资源的一定状态，但这就阻碍了消息的自由传递，因为消息只能向特定服务器传递，而系统无法横向扩展也就等于损害了业务的可伸缩性。

咖啡店顾客与员工之间的交互就是一个很好的例子，它展示了一种简单的会话模式：双方交互过程只包含一个短暂的同步阶段（选择咖啡种类及付账），但却有一个时间较长的异步阶段（咖啡师制作咖啡和顾客等待收到咖啡）。这种类型的会话在各种购买场景中十分常见。例如，顾客在电商平台上订购商品，短暂的同步交互仅是产生了一个订单号，而后续的所有步骤（信用卡扣款、打包、送货）都是异步完成的。当这些后续步骤完成后，顾客一般会即时收到一个短信、App 消息或 E-mail 通知（也是异步）。

3. 异常处理

处理异步消息系统中的异常是很困难的。上面这个咖啡店的案例中其实也有些值得学习的地方，可以通过观察咖啡店处理异常的方式体会一下。

1）如果付款失败，咖啡师（收银员）会怎么做？

（1）如果咖啡已经做好了但顾客未付款，那么他们会倒掉咖啡，取消这个订单。

（2）如果还没有开始做，那么他们会将杯子从“队列”中拿走，删除这个订单。

（3）如果咖啡做错了，或者顾客对咖啡不满意，那么他们会重新做一杯。

（4）如果咖啡机坏了，做不了咖啡，那么他们会退款。

这些场景分别描述了几种常见的错误处理策略，一个共同之处就是如果损失不大就不去追究原因，而是要快速处理，这其实体现了“效益优先”的原则，保证了咖啡店经营的效益，因为建立一种纠错方案所花费的代价可能要比就此罢休更加高昂。

2）重试

当一大组操作（如一次事务）中的某些操作失败时，系统基本有两种选择：回退已完成的操作或者重试失败的操作。

如果重试有较大的概率能成功，那么就可以考虑重试。

- 如果失败的原因是违反了业务规则，那么重试就不太可能会成功。
- 如果失败的原因是某个外部系统发生严重错误，那么重试就有可能会成功。

这其实与幂等性相关，这里有一种特殊的重试：幂等接收器重试（retry with Idempotent receiver）。在这种场景中，系统可以简单地重试所有操作，因为接收器成功之后便会忽略重复的消息。

3）补偿

补偿是回退所有已完成的操作，让系统回到一致的状态。例如，网上购物中某个环节出错了，电商平台通常会采取补救措施（向信用卡退款）或者重试（重新发送丢失的货物）策略；在金融交易中，这些“补偿”能在交易失败时对已扣款进行退款处理。

4. 善用状态码

在前面的操作中，状态码是具有丰富语义的确认信息。让服务返回有意义的状态代码，并且令客户端懂得如何处理状态代码，这样一来，便能给 HTTP 的简单请求响应机制增加一层协调协议，从而提高分布式系统的健壮性和可靠性。

用面向资源设计的思维方式“GET 到一杯咖啡”。最后，总结一下本案例蕴含的 RESTful 设计思想。

(1) 提升效率的关键是解耦，用户不与咖啡师见面，任何咖啡师可以服务任何顾客，这也是软件服务化的出发点。

(2) 系统灵活的关键是无状态，本案例通过咖啡师缓存提升了系统的可伸缩性，通过横向扩展服务实例实现了系统的弹性。

(3) 运转的关键是表述性状态转移，通过咖啡订单表述传递顾客需求到完成咖啡的各个状态。

(4) 善用链接，这就是“链接”成为引擎(HATEOAS)的意义。

本章习题

1. 评价一个服务系统的可量化指标有哪些？
2. 怎样体现服务请求端与提供端的解耦？
3. 将服务流程设计为异步处理有什么好处？
4. 简述竞争消费者模式。
5. 观察身边类似咖啡店这样的服务系统并试举例子说明其业务流程。
6. 本章展示的例子蕴含了哪些 RESTful 服务设计的思想？

第10章 RESTful 服务开发(Jersey)

近年来,用于 RESTful 服务的开发框架不断涌现,Jersey 框架是其中具有代表性的一个。Jersey 框架支持 Java JAX-RS 规范,提供了继承自 JAX-RS 的 API 参考实现。作为一个开源的、产品级别的 Java 框架,Jersey 框架提供了更多的特性和功能以进一步简化 RESTful 服务端和客户端的开发。本章将主要介绍基于 Jersey 框架实现 Web 服务的过程。

10.1 RESTful 服务开发的范畴

要想理解 RESTful 服务的开发,可以先来分析一个 RESTful 服务的调用过程。现在很多网站都使用服务实现业务交互,当用户在 Web 页面上单击一个资源链接时(图 10.1),会经历一系列交互过程,这一交互过程多是通过服务实现的。

图 10.1 在 Web 页面上单击一个资源链接

在这种单击操作发生时,客户端和服务器端实际上发生了一系列的服务交互,引导数据进入下一个状态,如图 10.2 所示。

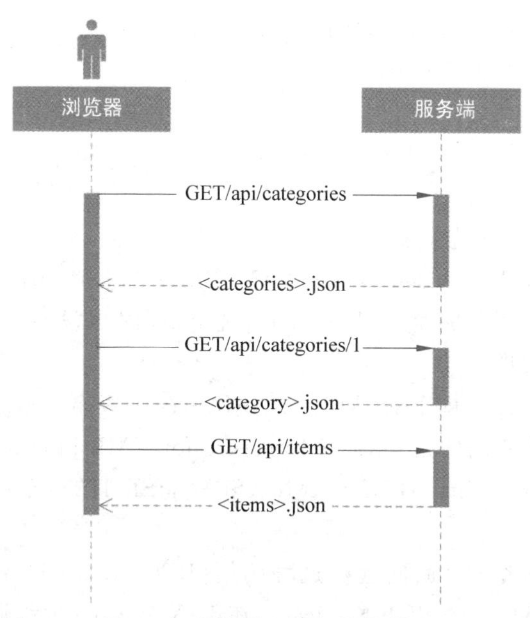

图 10.2 浏览器和服务端的交互

可以看到,连接客户端和服务端的是 RESTful 服务接口,这些接口之间将完成标准的 HTTP 请求响应式的交互,而客户端程序和服务端程序的内部实际上还是完成之前的业务逻辑(图 10.3)。

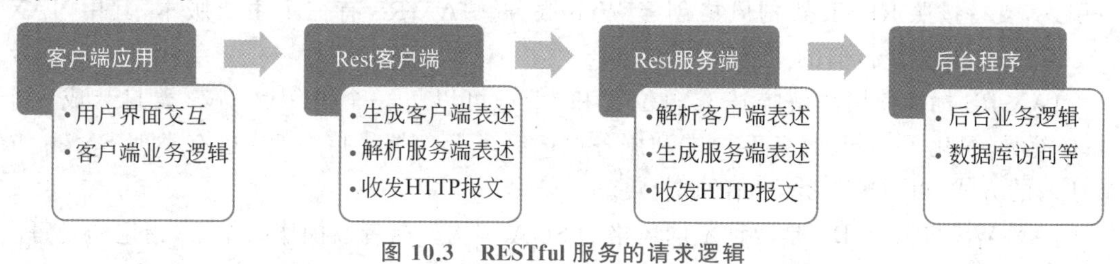

图 10.3 RESTful 服务的请求逻辑

针对来自 RESTful 服务接口的请求,服务端需要做如下两件事。

(1) 响应客户端通过 HTTP 端口传来的访问请求,并解析客户端的表述。

(2) 生成对客户端的响应,包括恰当的响应码和客户端所期望的表述。

服务器端原来做什么就还做什么,如从数据库、文件或者其他渠道获取数据和信息等。这一环节是真正的业务逻辑,与服务接口无关,与用什么语言开发也无关,其对客户端调用而言是透明的。

而客户端需要做的主要也是两件事,如下所示。

(1) 建立 HTTP 客户端,发送 HTTP 请求。

(2) 根据得到的响应码做相应的处理,对得到的表述文件进行解析,根据客户端程序的业务逻辑使用这些资源内容。

这里,获取的资源完全由客户端根据自身业务逻辑决定如何使用,与服务器端的实现无关。

由此可见,开发 RESTful 服务时需要构建客户端与服务端之间的交互逻辑,并采用标准的方式实现。JAX-RS 规定了如何去构建这种交互逻辑的规范,而 Jersey 等框架则是对

JAX-RS的一种实现，这些规范和框架的出现大大简化了RESTful服务的开发工作，使应用开发人员可以更加专注于业务逻辑的实现。

10.2 JAX-RS与Jersey

1. Java Web Services规范简史

Sun公司最早的Web services实现是JAX-RPC 1.1(JSR 101)，它采用的技术是基于Java的远程过程调用，并不完全支持Schema规范，同时也没有对绑定(binding)和解析(parsing)定义标准的实现。

JAX-WS 2.0 (JSR 224)即Java API for XML-based Web services，是一个完全基于标准的实现，在绑定层，其使用的是Java architecture for XML binding (JAXB,JSR 222)；在解析层，其使用的是Streaming API for XML (StAX,JSR 173)，同时它还完全支持Schema规范。

JAX-WS允许开发者选择面向远程过程调用(RPC-oriented)或者面向消息(message-oriented)的方式来实现自己的Web services。在JAX-WS中，远程调用可以转换为一个基于XML的协议(如SOAP)，在使用JAX-WS的过程中，开发者不需要编写任何生成和处理SOAP消息的代码，JAX-WS运行时会将这些API的调用转换成为对应的SOAP消息。

2014年，JAX-RS标准提出，即Java API for RESTful Web服务，从Java EE 6开始将其引入，支持按照REST架构风格创建Web服务。JAX-RS有三个主要版本，其中，JAX-RS2.1 (JSR 370)是目前的主流版本。

JAX-RS标准使用注解描述资源位置和参数，可以将一个POJO Java类封装成一个Web资源，简化了Web服务客户端和服务端的开发及部署。JAX-RS也有类似Spring依赖注入的方式，可以减少类之间的耦合度。

JAX-WS与JAX-RS是两种不同风格的SOA架构。前者以操作为中心，指定的是每次执行的函数；后者以对象为中心，每次执行的时候指的是资源。

2. JAX-RS标准简介

使用JAX-RS，Web资源将被实现为资源类，请求由标准的资源方法处理；JAX-RS提出了WADL(Web application description language)描述REST接口，WADL就像是WSDL的REST版。

资源类使用JAX-RS注解实现相应的Web资源，它具有至少一个用@Path注解标注资源类或者方法的相对路径。JAX-RS为常见的HTTP方法定义了一组请求方法指示器：@GET、@POST、@PUT、@DELETE、@PATCH、@HEAD和@OPTIONS。用户也可以自定义请求方法指示器。

JAX-RS和所有Java EE技术一样，只提供了技术标准，允许各个厂家有自己的实现版本，目前实现版本有RESTEasy(JBoss)、Jersey(Sun公司提供的参考实现)、Apache CXF、RESTlet(最早的REST框架，先于JAX-RS出现)、Apache Wink等。

3. Jersey框架

Jersey是JAX-RS的一个参考实现，是一种在Java中开发RESTful Web Services的框架，其提供了对JAX-RS API的支持。Jersey 1.x使用的是Sun公司的com.sun.jersey包，

现在 Jersey 是 GlassFish 的子项目,Jersey 2.x 使用的是 org.glassfish.jersey 包。有关 Jersey 2.34 框架的使用文档可以参阅 Jersey 官网。

Jersey 提供了更多的特性和工具,可以进一步简化 RESTful 服务和 Client 开发。RESTful 架构风格提倡用 URL 标记资源,采用 Jersey 提供的 application.wadl 描述资源 URL 的说明。

Jersey 提供了一种子资源的概念,首先创建一个主资源类,代码如下。

```
@Path("parent")
public class Parent {
    @GET
    @Produces(MediaType.TEXT_PLAIN)
    public StringgetIt() {
        return "This is parent resource.";
}
```

然后可以定义子资源,代码如下。

```
@Path("child")
    public ChildgetChild (){
        return new Child ();
}
public class Child {
    @GET
    @Produces(MediaType.TEXT_PLAIN)
    public String getIt() {
        return "This is child resource.";
    }
}
```

第一个资源 parent 是主资源,在请求/parent 资源时,会执行 getParent()方法。但是第二个资源 child 是子资源,这个方法返回的是一个 Child 对象,那么在请求/parent/child 资源时,URL 就会被交给子资源 Child 进行处理。

当执行请求 GET /parent 时,返回“This is parent resource.”。

当执行请求 GET /parent/child 时,返回“This is child resource.”。

4. Jersey 常用注解解释

Jersey 与常规的 Java 编程使用的 Struts 框架类似,它主要用于处理业务逻辑层。

Java 注解实际上只是对包、类、方法、成员变量等 Java 编程元素进行标注。其本身没有业务逻辑,要注解相应的业务逻辑功能必须由另外的处理类来实现。其基本原理就是通过 Java 反射机制获取这些 Java 程序的包、类、方法、成员变量的注解,然后加以判断并实现相应的业务功能逻辑。

Jersey 常用注解有以下几种。

1) 路径@Path

路径注解定义了资源的访问路径,注解的值是一个相对的 URL 路径。客户端通过这个路径访问资源。例如,@Path("user")。

JAX-RS 允许开发者在路径中嵌入各种变量。路径模板在路径中嵌入了以花括号“{}”包含的变量,这个变量在运行时(资源被请求时)将被替换成实际的值。例如,@Path("/

users/{username}")。

```
@Path("/users/{username}")
public class UserResource{
    @GET
    @Produces("text/xml")
    public String getUser(@PathParam("username") String username){
    ...
    }
}
```

开发者还可以对模板参数的格式做约束，例如，可使用下面的正则表达式限制模板参数，只允许大小写字母以及数字。

```
@Path("users/{username: [a-zA-z_0-9]*}")
```

2）资源方法 @GET、@PUT、@POST、@DELETE、…

HTTP 标准的方法用注解@GET、@PUT、@POST、@DELETE、@HEAD 标注，这些注解又称为资源方法指示器（resource method designator），它们与 HTTP 规范中定义的方法一致，决定了资源的行为。

3）指定返回 MIME 格式@Produces

@Produces 注解可以用于注解类或者方法，指定返回给客户端的 MIME 媒体类型，即服务器端产生的响应实体的媒体类型。方法的@Produces 注解将会覆盖类的注释。资源按照指定数据格式返回，可以是 XML、JSON 等媒体类型，可取的值如下所示。

```
@Produces(MediaType.TEXT_PLAIN)
@Produces(MediaType.APPLICATION_JSON)
@Produces(MediaType.APPLICATION_XML)
```

如果一个资源类支持不止一种响应类型，那么@Produces 注解可以指定多个值，如下所示。

```
@Path("/aResource")
@Produces("application/xml ")
public classgetaResource {
    @GET
    public String doGetAsXml() {
    }
    @GET
    @Produces("application/json")
    public String doGetAsJson() {
    }
}
```

doGetAsXmL()方法指定的响应类型为 application/xml，其由类的@Produces 注解指定。

doGetAsJson()方法指定的响应类型为 application/json，其由方法的@Produces 注解覆盖了类的@Produces 注解。

服务端可以指定优先回复某一种类型，如下面代码中 qs=0.9 就指定了 XML 格式的优先级更高。

```
@GET
@Produces({"application/xml; qs=0.9", "application/json"})
public String doGetAsXmlOrJson() {
    ...
}
```

客户端通过设定HTTP报头中的Accept项目也可以指定返回类型。例如，当“Accept: application/json”时，由doGetAsJson()处理；当“Accept: application/xml; q=0.9, application/json”时，客户端对于XML、JSON类型的格式都可以接受，而q=0.9代表客户端更期望XML类型，此时doGetAsXml()被优先调用。

4) 指定接受MIME格式@Consumes

@Consumes注解用于指定服务端可以接受的MIME媒体类型。只有符合这个参数设置的请求才能访问到这个资源。如“@Consumes("application/x-www-form-urlencoded")”。

@Produces与@Consumes相反，用来指定可以接受客户端发送过来的MIME类型，其可以是XML、JSON等类型，一般用于@PUT、@POST等操作。另外，其同样可以用于类或者方法，也可以指定多个MIME类型在服务器端，代码如下。

```
@POST
@Consumes("text/plain")
public void postClichedMessage(String message) {
// Store the message}
```

需要注意的是上述方法将返回void，表示没有内容，此时可以向客户端返回204 No Content代码。

5) 参数注解@ * Param

参数注解用于从请求中提取参数，例如，@PathParam用于提取路径中的参数。其将被写在方法的参数中，获得请求URL中的参数，如下所示。

```
@GET
@Path("{username}")
@Produces(MediaType.APPLICATION_JSON)
public User getUser(@PathParam("username") String userName) {
  ...
}
```

除了@PathParam之外，参数注解还包括以下几种。

(1) URI路径请求参数@QueryParam。

该注解用于获取请求中的查询参数，这些参数在URI中跟随在“?”符号之后，如下所示。

```
@GET
@Path("/user")
@Produces("text/plain")
public User getUser(@QueryParam("name") String name, @QueryParam("age") int
age) {
  ...
}
```

(2) 设置@QueryParam参数的默认值@DefaultValue。

该注解可以指定参数的默认值，在函数获取参数时如果参数有一个默认值，那么就可以使用该注解，它的使用方法如下。

```
@GET
@Path("/user")
@Produces("text/plain")
public User getUser(
@QueryParam("name") String name,
@DefaultValue("26") @QueryParam("age") int age) {
  ...
}
```

如果请求的参数中包含 age 且可以转换为 int 类型，则其可以将该参数值赋予 age；如果不包含 age，则 age 取默认值 26；如果其包含 age 但不能转化为 int 类型，则服务端将回复 404 错误代码到客户端。

(3) 矩阵参数@MatrixParam。

@QueryParam 使用这样的 URL：http://some.where/thing? paramA=1¶mB=6542，而下列格式的 URL 更像是一个资源的地址，没有"?"、"&"这些特殊符号。

```
http://some.where/thing;paramA=1;paramB=6542
```

要从这样的 URL 片段中提取参数，需要矩阵参数注解符@MatrixParam，若需要提取 URL 路径中的一组"键-值"对"name = value"，则可以在 URL 中嵌入任意多个 name 和 value 的"键-值"对，如下所示。

```
GET/library/book/Mcdao;bookname=RESTful Web service; publisher=THUPress
```

Matrix 参数与本书第 6 章提到的 Matrix URI 有关，其基本思想是这些参数代表了一个资源，其具体用法如下。

```
@Path("/books")
public class BookService {
@GET
@Path("{author}")
public Response getBooks(@PathParam("author ") String author,
        @MatrixParam("bookname") String bookname,
        @MatrixParam("publisher") String publisher) {
    return Response
        .status(200)
        .entity("getBooks is called, author : " +author
            +", bookname : " +bookname +", publisher : " +publisher)
    .build();
}
```

需要说明的是，只有 JAX-RS 等少数框架支持矩阵参数。

(4) 从请求的头部提取 header 可以使用@HeaderParam 注解。

(5) 提取 cookie 可以使用@CookieParam 注解。

(6) 提取上下文可以使用@Context 注解。

大型服务器中，由于参数多变，参数结构的调整很容易遇到问题，这时就可以考虑使用@Context 注解上下文，获取与请求或响应相关的上下文 Java 类型，其可以注入

ResourceInfo、UriInfo、HttpHeaders、ServletConfig、ServletContext、HttpServletRequest、HttpServletResponse、SecurityContext 等对象，如下所示。

```
@Path("/Book")
public class BookResource {
//资源上下文
    @Context
    ResourceInfo resourceInfo;
    //地址上下文
    @Context
    UriInfo uriInfo;
    //HTTP 头上下文
    @Context
HttpHeaders httpHeaders;
@GET
public String get() {
     System.out.println(resourceInfo.getResourceClass());
     System.out.println(resourceInfo.getResourceMethod());
     System.out.println(uriInfo.getAbsolutePath());
     System.out.println(uriInfo.getPath());
     System.out.println(httpHeaders.getRequestHeaders();
     return "";
}
}
```

配合使用 HTTP 头上下文，header 和 cookie 的所有值可以使用如下代码获取。

```
@GET
public String get(@Context HttpHeaders hh) {
    MultivaluedMap<String, String>headerParams =hh.getRequestHeaders();
    Map<String, Cookie>cookieParams =hh.getCookies();
}
```

(7) 从 POST 请求的表单中获取数据注解@FormParam。

用于提取请求中媒体类型为 application/x-www-form-urlencoded 的参数，根据相应表单类型提取其中的参数，代码如下。

```
@POST
@Consumes("application/x-www-form-urlencoded")
public void post(@FormParam("name") String name) {
//
}
```

(8) @BeanParam 用于从请求的各部分中提取参数，并注入对应的 Bean 中。

首先定义一个 Java 类，代码如下。

```
package beanparam;
public class AddParam {
@PathParam("a")
protected int a;
@PathParam("b")
protected int b;
}
```

然后在 AddService 中将多个请求参数组织到这个 Java 类中，代码如下。

```
package beanparam;
import javax.ws.rs.BeanParam;
import javax.ws.rs.GET;
import javax.ws.rs.Path;

@Path("/{a}+{b}.html")
public class AddService{
@GET
public String add(@BeanParam AddParam param){
    int c =param.a+param.b;
    return "<h1>The result is "+c+"</h1>";
}
}
```

10.3 使用 IDEA 搭建基于 Jersey 的 RESTful 服务

IDEA 的全称是 IntelliJ IDEA，是总部位于捷克首都布拉格的 JetBrains 公司的产品。IntelliJ IDEA 是 Java 编程语言开发的集成环境，被业界公认为是最好的 Java 开发工具，尤其在智能代码助手、代码自动提示、重构、Java EE 支持、各类版本工具支持、JUnit、CVS 整合、代码分析、创新 GUI 设计等方面的功能都很有特色。

该软件的社区版可以免费下载使用。本书实验要用到 Web 开发，可以下载 Ultimate 试用版完成实验(图 10.4)。下载后按照默认步骤安装即可，下载地址如下。

```
https://www.jetbrains.com/idea/download/#section=windows
```

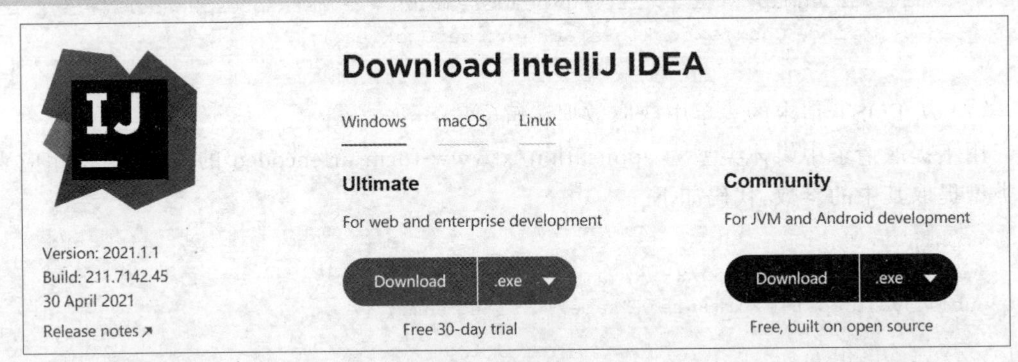

图 10.4 IntelliJ IDEA

因为要开发 Web 服务应用，所以还需要设置 Tomcat 服务器。

Tomcat 服务器是一个免费的开源轻量级 Web 应用服务器，在中小型系统和并发访问用户不是很多的场合下被普遍使用，是开发和调试 JSP 程序的首选。本书实验选用 7.0.109 版本(图 10.5)。下载地址如下。

```
https://tomcat.apache.org/download-70.cgi
```

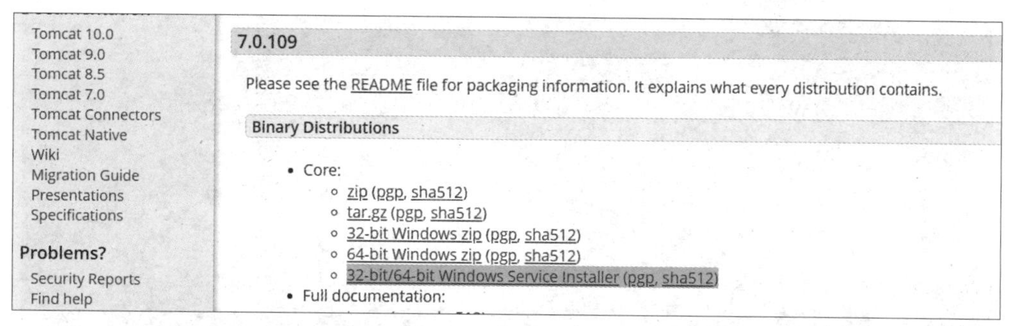

图 10.5　Tomcat 下载

10.4　最简单的 RESTful 服务——HelloService

先创建一个最简单的 RESTful 服务——HelloService。

1. 创建项目

创建一个 Web Application 项目(图 10.6、图 10.7)。

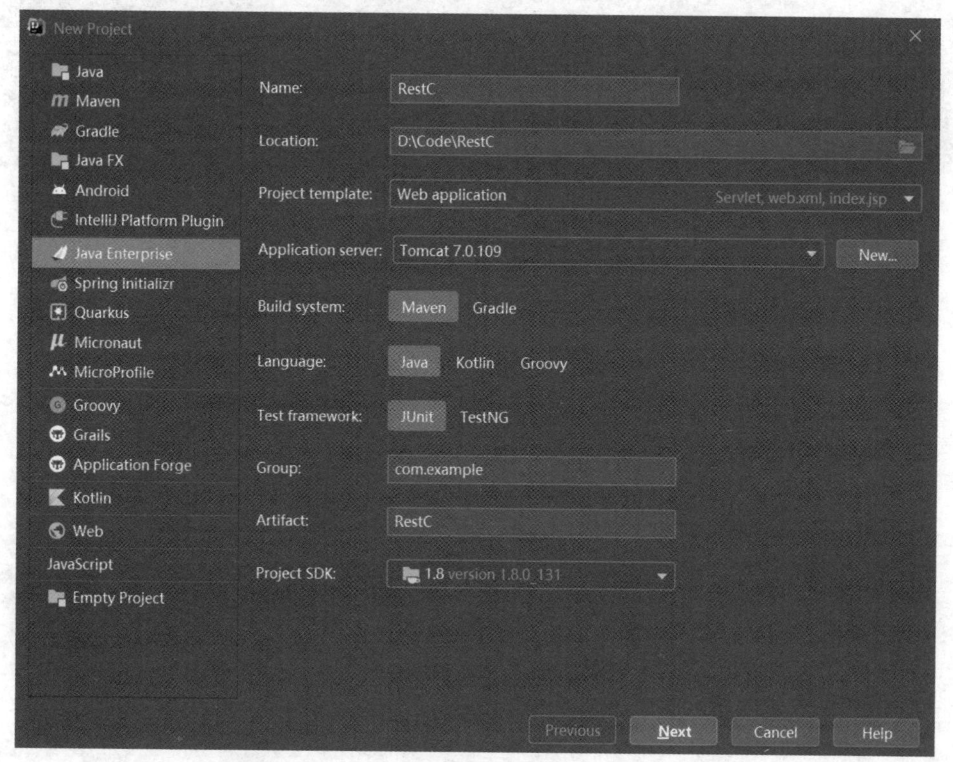

图 10.6　创建 Web Application 项目

2. 引入 Maven 项目支持

引入 Maven 项目支持,也可以在创建项目后使用 Add Framework Support 功能引入(图 10.8)。

3. Maven 配置

修改 pom.xml,引入 Jersey 相关 jar 包,代码如下。

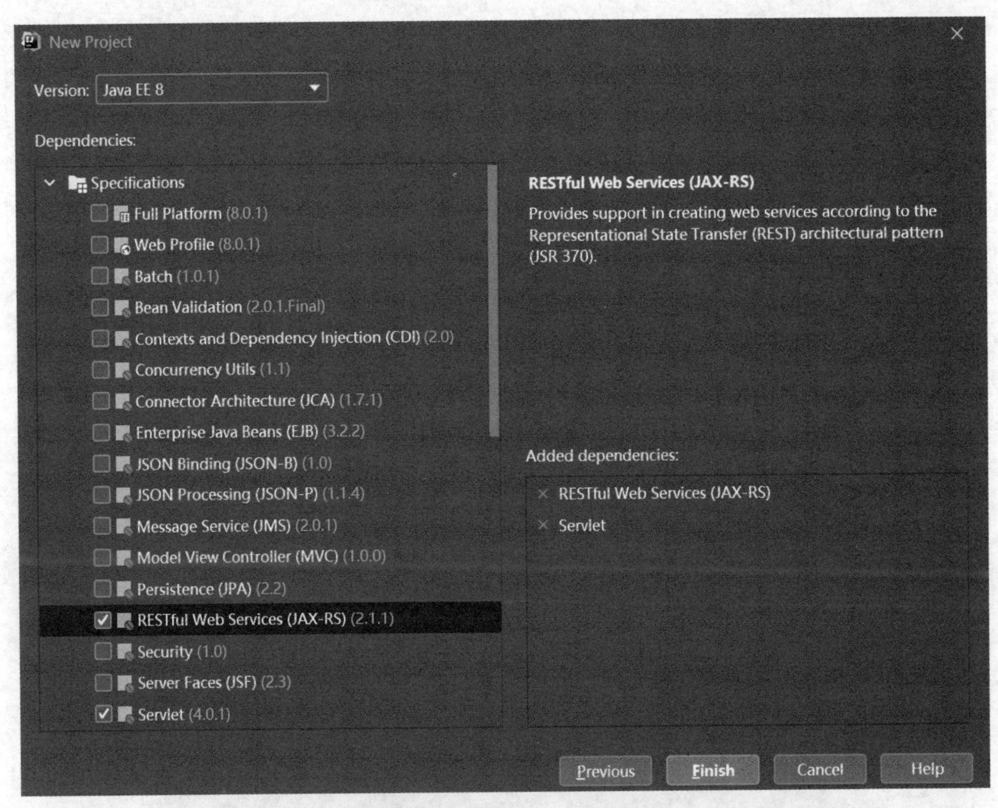

图 10.7 选择 JAX-RS 支持

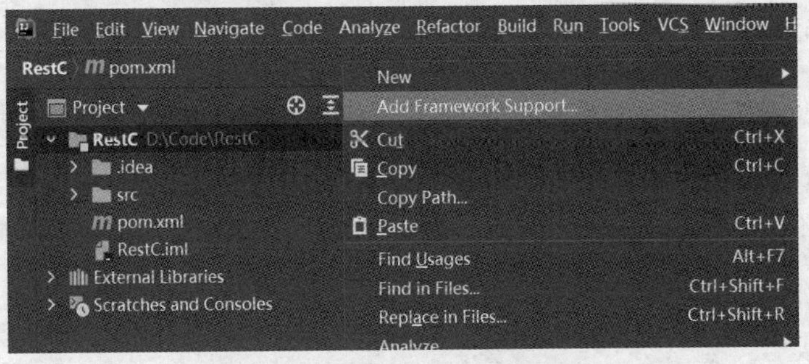

图 10.8 为项目增加框架支持

```
<dependency>
    <groupId>org.glassfish.jersey.containers</groupId>
    <artifactId>jersey-container-servlet</artifactId>
    <version>2.25</version>
</dependency>
```

4. Web 配置

修改 web.xml,代码如下。

```
<!--定义 Jersey 的拦截器 -->
<servlet>
      <servlet-name>JAX-RS Servlet</servlet-name>
      <servlet-class>org.glassfish.jersey.servlet.ServletContainer</servlet
```

```
-class>
        <init-param>
            <param-name>jersey.config.server.provider.packages</param-name>
            <!--服务类所在的文件夹 -->
            <param-value>com.example.restB</param-value>
        </init-param>
        <load-on-startup>1</load-on-startup>
</servlet>
<servlet-mapping>
        <servlet-name>JAX-RS Servlet</servlet-name>
        <!--项目服务总体前缀 -->
        <url-pattern>/api/*</url-pattern>
</servlet-mapping>
```

其中,com.example.restB 对应放置 RESTful 代码的包,/api/对应的是 RESTful 服务映射地址。

5. 将 Jersey 类加入 WEB-INF/lib

操作步骤如图 10.9 所示。

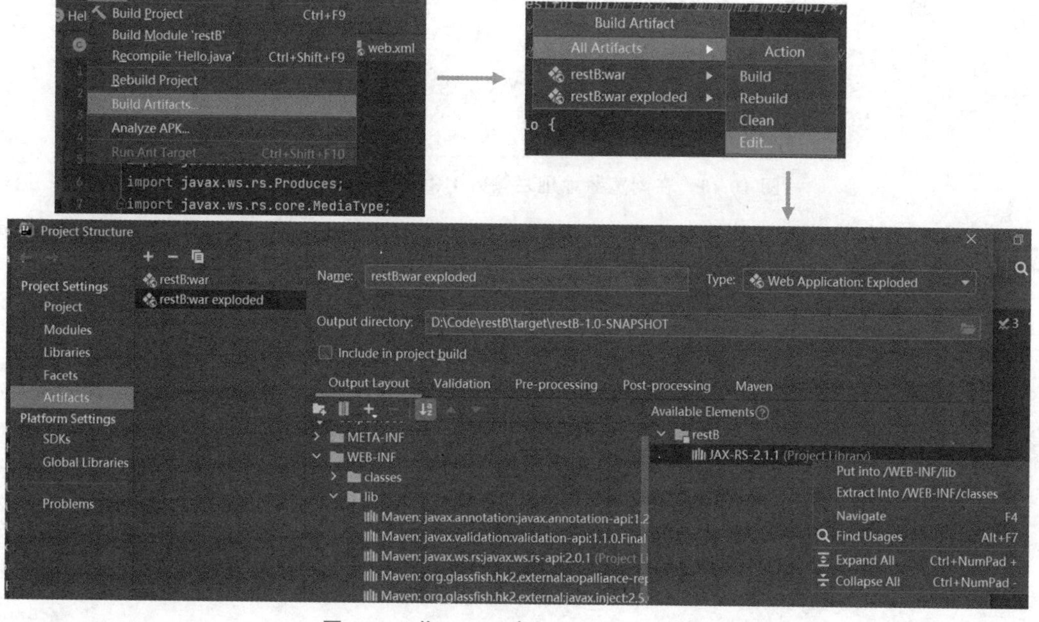

图 10.9　将 Jersey 类加入 WEB-INF/lib

6. 编写逻辑代码

代码如下。

```
package com.example.restB;
import javax.ws.rs.GET;
import javax.ws.rs.POST;
import javax.ws.rs.Path;
import javax.ws.rs.Produces;
import javax.ws.rs.core.MediaType;
```

```
@Path("hello")
public class Hello {
    @GET
    @Produces(MediaType.TEXT_PLAIN)
    public String sayHello(){
        return "Hello,I am text!";
    }
    @GET
    @Path("testhtml")
    @Produces(MediaType.TEXT_HTML)
    public String sayHtmlHello() {
        return "<html>" + "<title>" + "Hello Jersey" + "</title>"
                + "<body><h1>" + "Hello,I am html!" + "</body></h1>" + "</html>";
    }
}
```

7. 测试

测试地址：Get http://localhost:8080/restB_war_exploded/api/hello/效果如图 10.10 所示。

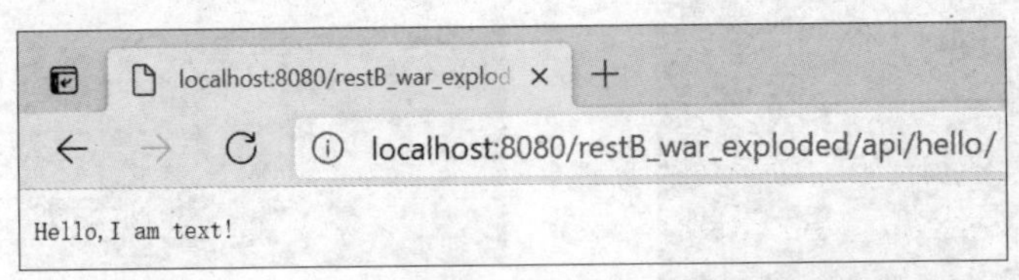

图 10.10 在浏览器地址栏输入 URL 测试 GET 操作

测试地址：Get http://localhost:8080/restB_war_exploded/api/hello/testhtml 效果如图 10.11 所示。

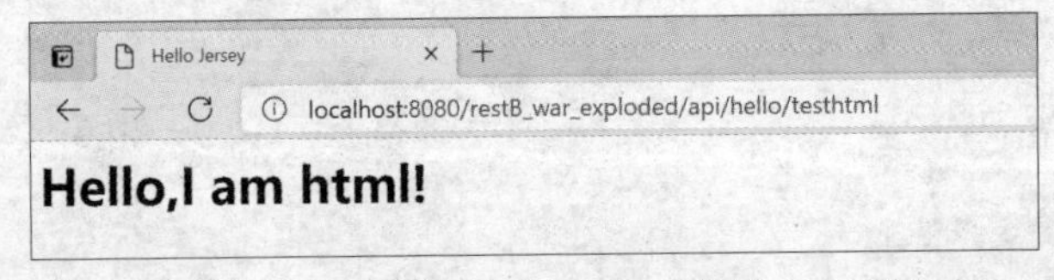

图 10.11 输入另一个资源 URL 测试 GET 操作

10.5 在项目中增加 JSON 格式支持

JSON 是一种轻量级的数据交换格式，其采用完全独立于编程语言的文本格式存储和表示数据，简洁和清晰的层次结构使 JSON 成为理想的数据交换语言。

JSON 最早由 Douglas Crockford 在 2001 年开始推广使用，2005 年以后逐渐成为主流的数据格式。JSON 标准于 2006 年 7 月发布（参见 RFC 4627 中的表述），其标准将约束建立在普通文本之上，要想成为合法的 JSON 数据，字符串必须被双引号括起来。从形式上看，JSON 数据非常像 JavaScript 或 Python 代码。

JSON 是一个序列化的对象或数组，其由若干无序的“键-值”对集合构成，使用花括号来描述对象（“键-值”对的集合）：{"key"："value"}，每个键后跟一个冒号，然后是该键的取值；键-值对之间使用逗号分隔，如下所示。

```
{"firstName": "Berners", "lastName": "Lee"}
```

Java 是面向对象的语言,所以开发 Java 项目时开发者更多的是以对象的形式处理业务,但是在传输时却要将对象转换为 JSON 格式以便于传输。所以处理 JSON 格式需要解析器。阿里巴巴的开源库 FastJSON 可以将 Java 对象转换为其 JSON 表示,还可将 JSON 字符串转换为等效的 Java 对象。本书采用 FastJSON 处理 JSON 解析问题。

1. 配置 FastJSON

FastJSON 源码地址为 https://github.com/alibaba/fastjson。如图 10.12 所示,找到 Download 标题,单击下方的 the latest JAR 链接获取最新版的 JAR 包。

目前可下载的最新版本是 fastjson-1.2.76.jar。如图 10.13 所示,复制下载的 JAR 文件,打开 IDEA,将 JAR 文件包粘贴到项目的 lib 目录下。

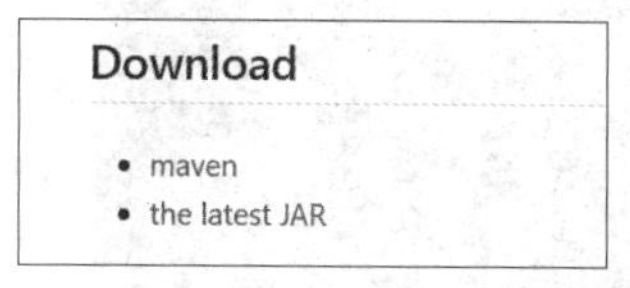

图 10.12　下载 FastJSON

图 10.13　复制下载的 JAR 文件

依次单击 File→Project Structure→Modules→右下角的"+"→JARs or directories 选项(图 10.14),导入 FastJSON 模块。

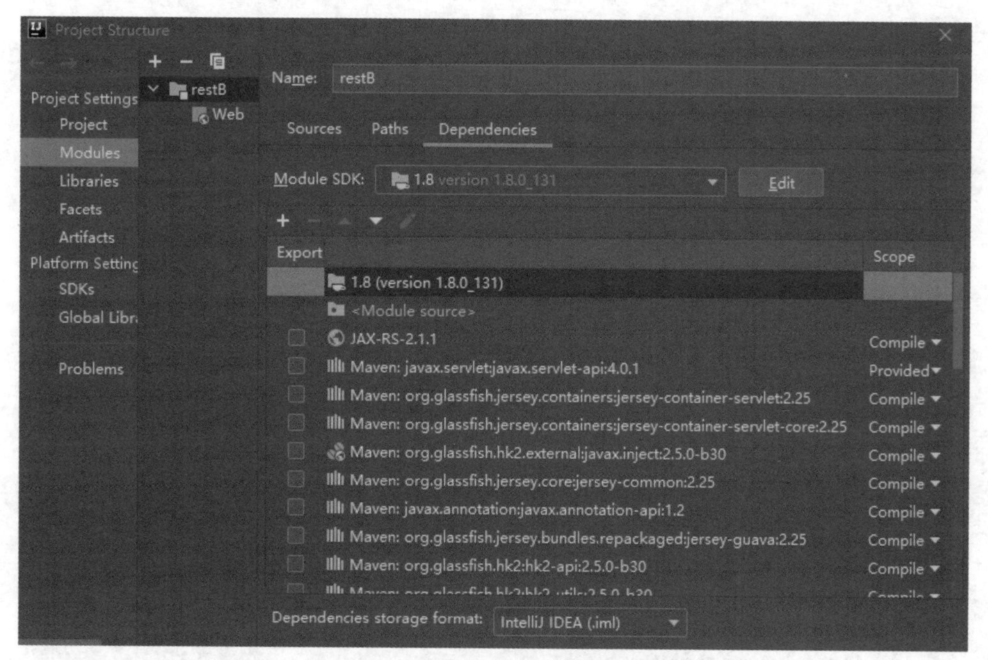

图 10.14　导入 FastJSON 模块

选择复制的项目,单击 OK 按钮。

再进入 lib 目录,选择复制的 JAR 包,单击 OK 按钮(图 10.15),导入 FastJSON 库。

然后选择 Apply 选项,单击 OK 按钮。

回到 IDEA 主界面后查看 lib 目录,只要在 JAR 包前有可展开的按钮就表示已导入成功。

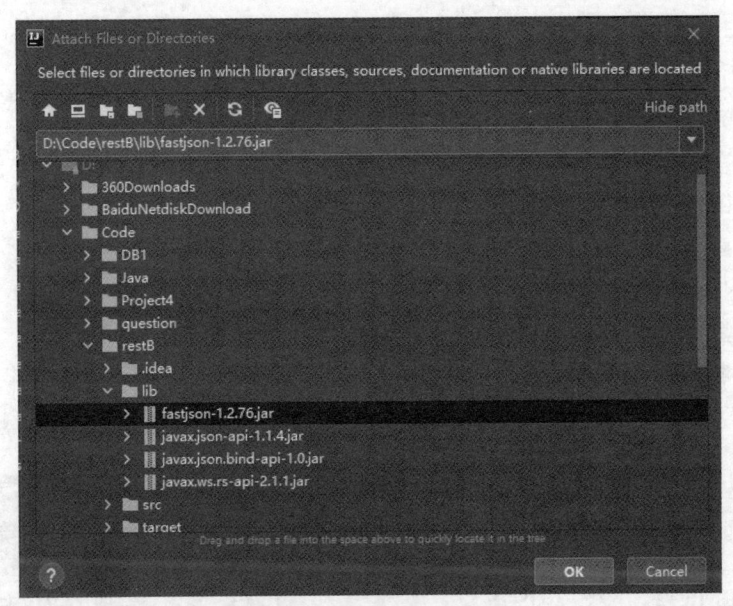

图 10.15 导入 FastJSON 库

然后配置 Maven 依赖，在 pom.xml 中加入以下代码。

```
<dependency>
<groupId>com.alibaba</groupId>
<artifactId>fastjson</artifactId>
<version>1.2.76</version>
</dependency>
```

2. 增加一个 user 实体

在 Java 目录的包下增加一个文件 User.java，编写代码如下。

```
package com.example.restB;
import javax.xml.bind.annotation.XmlRootElement;
import java.io.Serializable;
import com.alibaba.fastjson.annotation.JSONField;

@XmlRootElement
public class User  implements Serializable {
    private static final long serialVersionUID = 1L;
    @JSONField(name = "ID")
    private int id;
    @JSONField(name = "NAME")
    private String name;
    @JSONField(name = "PHONE")
    private String phone;
    public int getId() {
        return id;
    }
    public void setId(int id) {
        this.id = id;
    }
```

```
    public String getName() {
        return name;
    }
    public void setName(String name) {
        this.name =name;
    }
    public String getPhone() {
        return phone;
    }
    public void setPhone(String phone) {
        this.phone =phone;
    }
}
```

该 user 实体含有 ID、Name、Phone 三个属性和对应的方法。

需要导入 com.alibaba.fastjson.annotation.JSONField 用于识别 FastJSON 的注解。这里笔者在三个属性前面均增加了注解如下。

```
@JSONField(name ="ID")
private int id;
@JSONField(name ="NAME")
private String name;
@JSONField(name ="PHONE")
private String phone;
```

注意类名前添加的@XmlRootElement 注解,它表示可以将实体映射为 XML 格式文件,使服务也可以转化为 XML 输出。

3. 增加一个对外服务接口处理类

在 Java 目录的包下面增加一个文件 UserService.java,编写代码如下。

```
package com.example.restB;
import javax.ws.rs.*;
import javax.ws.rs.core.MediaType;
import java.util.ArrayList;
import java.util.List;
import com.alibaba.fastjson.JSONObject;

@Path("/UserService")
public class UserService {
//定义一个 JSON 变量备用
    private static final com.alibaba.fastjson.JSON JSON =null;
    String msg;
    @GET
    @Produces(MediaType.TEXT_PLAIN)
    public String sayHello() {
        return "Hello, Service is Runing";
    }

    @GET
    @Path("/{username}")
```

```
    @Produces("text/plain;charset=UTF-8")
    public String sayHello2UserByText(@PathParam("username") String username) {
        return "Hello " +username;
    }

    @GET
    @Path("testXML")
    @Produces(MediaType.TEXT_XML)
    public User testXML() {
        User user =new User();
        user.setName("XML");
        user.setPhone("123456789");
        user.setId(12);
        return user;
    }

    @GET
    @Path("testJson")
    @Produces(MediaType.APPLICATION_JSON)
    public String testJson(){
        List<User>listOfPersons =new ArrayList<User>();
        User  user1 =new User();
        user1.setId(12);
        user1.setName("TIM");
        user1.setPhone("31415926");
        listOfPersons.add(user1);
        User  user2 =new User();
        user2.setId(22);
        user2.setName("Berners");
        user2.setPhone("27182818");
        listOfPersons.add(user2);
        return JSON.toJSONString(listOfPersons);
    }
}
```

这里要导入 FastJSON 的支持包,代码如下。

```
import com.alibaba.fastjson.JSONObject;
```

可以看到这个类实现了多个 GET 方法,其中包括 XML 类型的表述支持,如下所示。

```
@Path("testXML")
@Produces(MediaType.TEXT_XML)
public User testXML() {
    User user =new User();
    user.setName("XML");
    user.setPhone("123456789");
    user.setId(12);
    return user;
}
```

这是因为之前在 User 实体中引入了对 XML 注解的支持,并在类前加了一个注解,如下所示。

```
import javax.xml.bind.annotation.XmlRootElement;
...
@XmlRootElement
```

现在来看一下对 JSON 的支持。首先要声明返回的表述是 JSON 类型的,代码如下。

```
@Produces(MediaType.APPLICATION_JSON)
```

然后再声明一个 FastJSON 对象,代码如下。

```
private static final com.alibaba.fastjson.JSON JSON =null;
```

因为 JSON 本身是个对象数组,所以可先写一个数组列表,如下所示。

```
List<User>listOfPersons =new ArrayList<User>();
```

把一个 User 对象添加到这个数组列表中,代码如下。

```
listOfPersons.add(user);
```

最后,只需要一个转换就可以得到 JSON 表述,代码如下。

```
return JSON.toJSONString(listOfPersons);
```

4. 测试不同格式的表述

普通文本格式表述的输出需要使用以下注解,效果如图 10.16 所示。

```
@GET
@Produces(MediaType.TEXT_PLAIN)
```

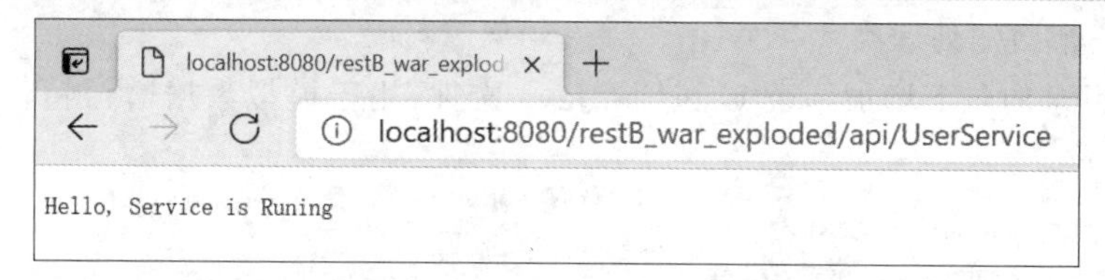

图 10.16 普通文本格式表述输出

输出带用户子资源的普通文本格式表述需要使用以下注解,效果如图 10.17 所示。

```
@GET
@Path("/{username}")
@Produces("text/plain;charset=UTF-8")
```

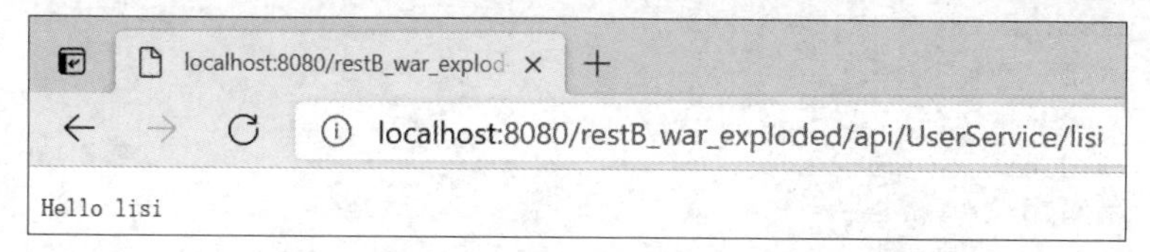

图 10.17 带用户子资源的普通文本格式表述输出

输出 XML 格式的表述需要使用以下注解,效果如图 10.18 所示。

```
@GET
@Path("testXML")
@Produces(MediaType.TEXT_XML)
```

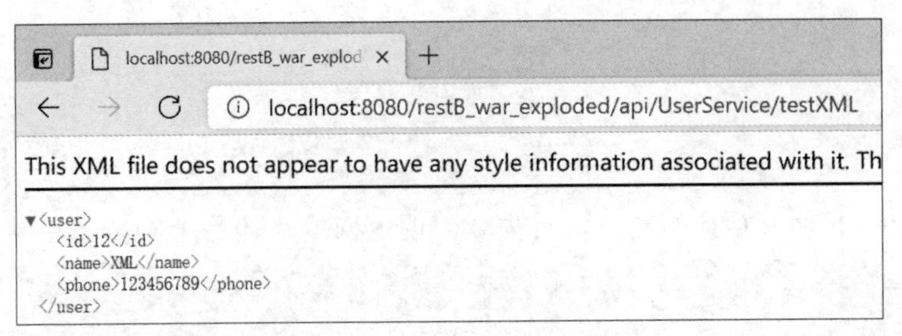

图 10.18 XML 格式表述输出

输出 JSON 格式的表述需要使用以下注解,效果如图 10.19 所示。

```
@GET
    @Path("testJson")
    @Produces(MediaType.APPLICATION_JSON)
```

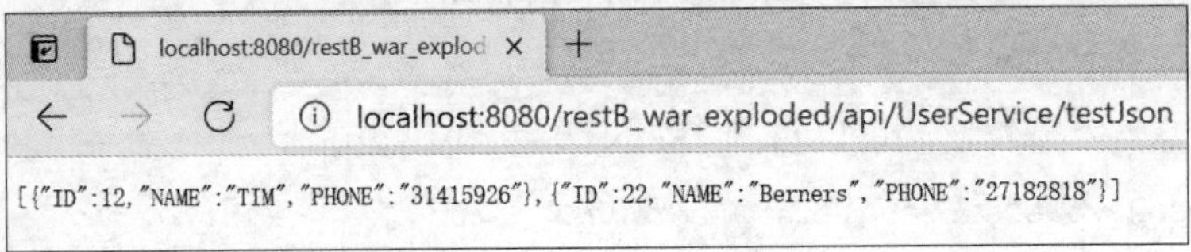

图 10.19 JSON 格式表述输出

10.6 模拟数据 CRUD 操作

1. 增加一个数据处理类

在 Java 目录的包下增加一个 UserDao.Java 文件,用于模拟数据增、删、改、查(CRUD)操作,代码如下。

```
package com.example.restB;
import com.example.restB.User;
public class UserDao {
    User user;
    public UserDao() {
        User user =new User();
        user.setId(1);
        user.setName("solo");
        user.setPhone("31415926");
        this.user =user;
    }
    public UserDao(User user) {
        this.user =user;
    }
    //创建
    public void createUser( int id, String name, String phone){
        System.out.println("CRUD Opt:创建一个 User");
        user.setId(id);
        user.setName(name);
        user.setPhone(phone);
        dbOptCreate(user);
```

```
    }
    //查询
    public User  readUserByName(String name){
        return dbOptQuery(name);
    }
    //修改
    public void updateUser(int id, String name, String phone){
        System.out.println("CRUD Opt:修改一个 User");
        user.setId(id);
        user.setName(name);
        user.setPhone(phone);
        dbOptUpdate(user);
    }
    //删除
    public void deleteUser( int id ){
        System.out.println("CRUD Opt:删除一个 User");
        dbOptDelete(id);
    }
    //模拟数据库操作
    private void dbOptCreate( User user){
        System.out.println("数据库操作,创建成功");}
    private void dbOptUpdate( User user){
        System.out.println("数据库操作,修改成功");}
    private void dbOptDelete( int id){
        System.out.println("数据库操作,删除成功");}
    private User dbOptQuery( String name){
        User user=new User();
        //构造一个模拟数据
        user.setId(11);
        user.setName(name);
        user.setPhone("27182818");
        System.out.println("数据库操作, 查询成功");
        return user;
    }
}
```

2. 在 UserService 类中增加 CRUD 操作

首先在类中增加一个 userDao 对象,代码如下。

```
public class UserService {
    UserDao  userDao =  new UserDao();
    String msg;
...
```

对 User 对象的增、删、改、查操作都可以通过 userDao 实现。

(1) 增,对应 POST 操作,代码如下。

```
@POST
@Path("/create/{id}/{username}/{phone}")
@Produces( {MediaType.APPLICATION_JSON })
public String createUser( @PathParam("id") int id, @PathParam("username") String
```

```
name, @PathParam("phone")String phone) {
    userDao. createUser(id, name, phone);
    List<User>listOfPersons =new ArrayList<User>();
    User  user2 =new User();
    user2.setId(id);
    user2.setName(name);
    user2.setPhone(phone);
    listOfPersons.add(user2);
    return JSON.toJSONString(listOfPersons);
}
```

在 Postman 中测试以上代码，效果如图 10.20 所示。

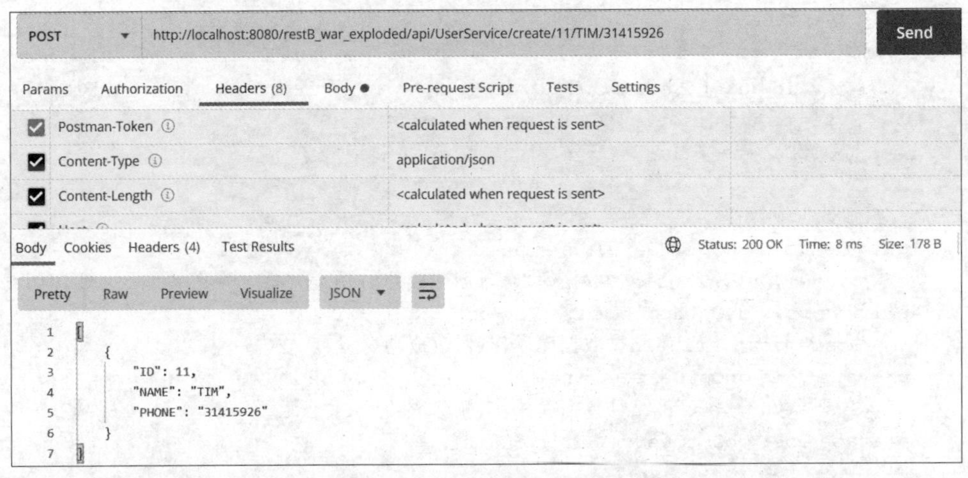

图 10.20　测试 POST 操作

(2) 改，对应 PUT 操作，代码如下。

```
@PUT

    @Path("/updateUser/{id}/{username}/{phone}")
    @Produces(MediaType.APPLICATION_JSON)
    //修改
    public String updateUser(@PathParam("id") int id, @PathParam("username")
String name,@PathParam("phone") String phone) {
        userDao.updateUser( id, name, phone );
        List<User>listOfPersons =new ArrayList<User>();
        User  user2 =new User();
        user2.setId(id);
        user2.setName(name);
        user2.setPhone(phone);
        listOfPersons.add(user2);
        return JSON.toJSONString(listOfPersons);
    }
```

同样在 Postman 中测试以上代码，效果如图 10.21 所示。

(3) 删，对应 DELETE 操作，代码如下。

```
@DELETE
```

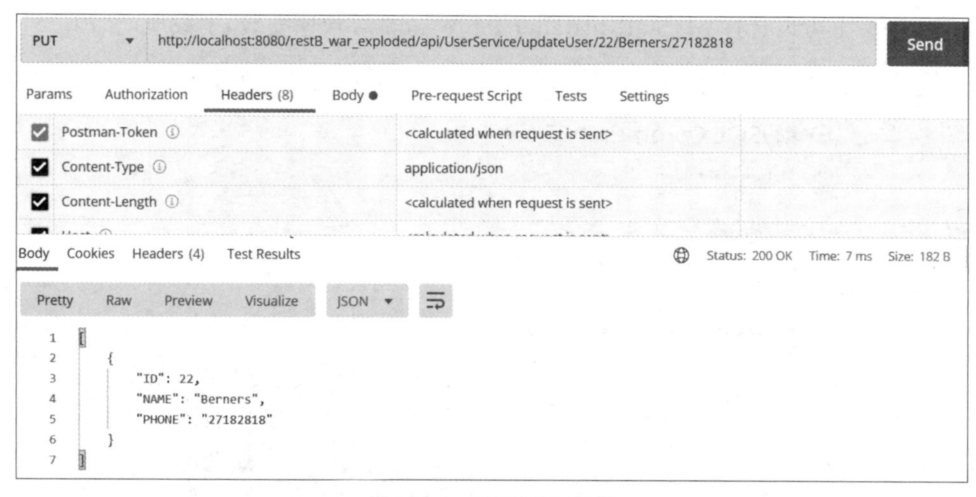

图 10.21　测试 PUT 操作

```
@Path("/deleteUser/{id}")
@Produces(MediaType.APPLICATION_JSON)
public String deleteUser(@PathParam("id") int id)
{
    userDao.deleteUser(id);
    return "Delete User:" +id+", Run Sucessfully!";
}
```

同样在 Postman 中测试以上代码，效果如图 10.22 所示。

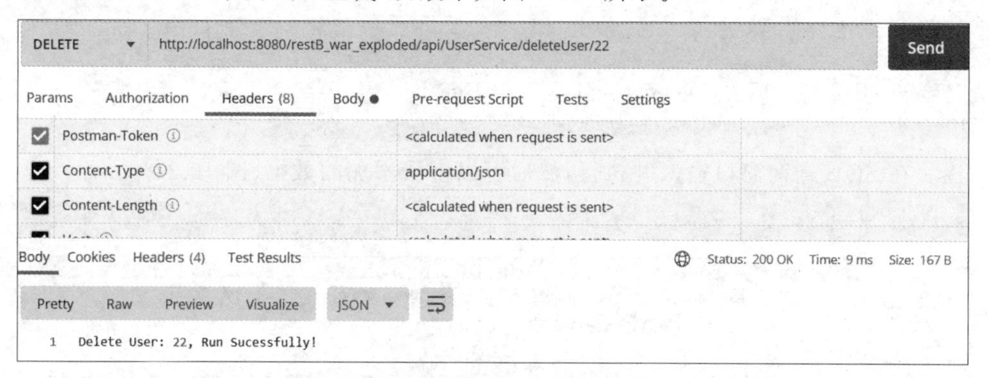

图 10.22　测试 DELETE 操作

10.7　真正的数据库 CRUD 操作

当前，大多数业务应用还是依赖关系数据库实现，接下来将在服务端的实现中添加对数据库的支持。

1. 下载安装 MySQL 数据库

MySQL 是一个关系数据库管理系统，由瑞典 MySQL AB 公司开发，是 Oracle 旗下的产品。MySQL 支持访问数据库的标准化 SQL 语言，由于其体积小、速度快、使用成本低且开放源码，适合中小型 Web 应用。

读者可以下载 MySQL 社区版(MySQL Community (GPL))用于学习(图 10.23)。

Windows 环境下可以选择 MySQL Installer for Windows 快速安装，下载地址如下。

```
https://dev.mysql.com/downloads/installer/
```

MySQL Community Downloads

MySQL Installer

General Availability (GA) Releases | Archives

MySQL Installer 8.0.24

Select Operating System:

Microsoft Windows

Looking for previous GA versions?

Windows (x86, 32-bit), MSI Installer	8.0.24	2.4M	Download
(mysql-installer-web-community-8.0.24.0.msi)	MD5: 417b5ce213cf0dc09d6f6ab902d4b3b4 | Signature		
Windows (x86, 32-bit), MSI Installer	8.0.24	435.4M	Download
(mysql-installer-community-8.0.24.0.msi)	MD5: b4df226b58390f8b3d02d264a785e715 | Signature		

图 10.23　MySQL 社区版下载

下载后按照提示安装，注意设置数据库管理系统(DBMS)的用户名和密码。

成功安装后打开 MySQL 工作台(MySQL Workbench)，输入密码即可连接数据库并对数据库进行管理。下面演示使用 SQL 命令创建数据库 flight、数据表 flights 和添加表中记录的代码。

```
CREATE DATABASE flight
CREATE TABLE flights (idCHAR(6), DepCity VARCHAR(25), ArrCity VARCHAR(25))
INSERT INTO flights VALUES ('DZ6277','JINAN','GUANGZHOU')
...
```

逐一在 SQL 查询窗口输入并执行，然后可以查看添加的数据(图 10.24)。

```
SELECT * FROM flights
```

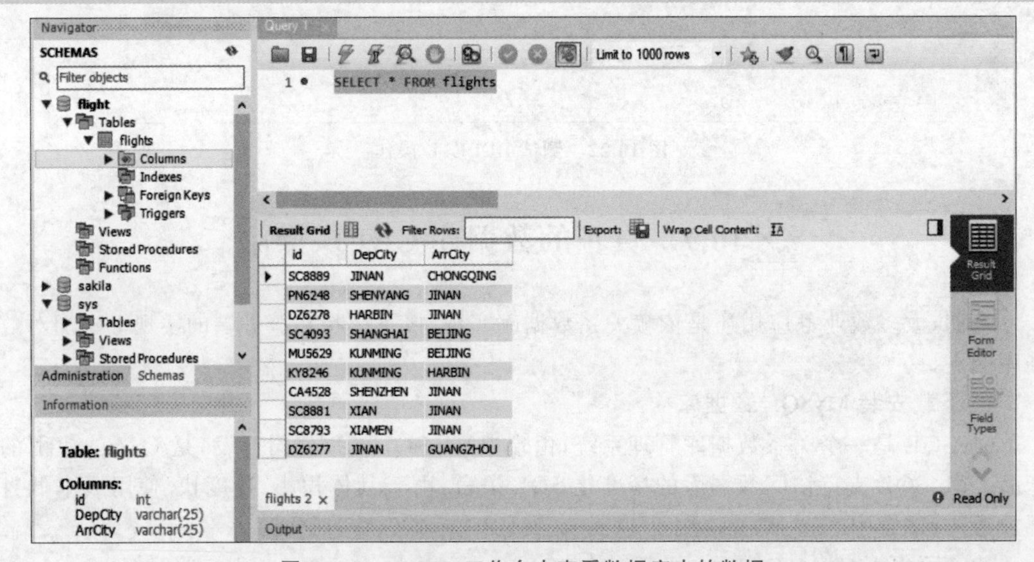

图 10.24　MySQL 工作台中查看数据库中的数据

在 IDEA 中连接数据库后可以通过代码以文本形式输出数据表结构、数据记录等，将数据库中的数据显示出来，如图 10.25 所示。

```
Run:  FlightDao
Flights Table of Flight Database:
id                    DepCity               ArrCity
--------------------  --------------------  --------------------
SC8889                JINAN                 CHONGQING
PN6248                SHENYANG              JINAN
DZ6278                HARBIN                JINAN
SC4093                SHANGHAI              BEIJING
MU5629                KUNMING               BEIJING
KY8246                KUNMING               HARBIN
CA4528                SHENZHEN              JINAN
SC8881                XIAN                  JINAN
SC8793                XIAMEN                JINAN
DZ6277                JINAN                 GUANGZHOU

Process finished with exit code 0
```

图 10.25　以文本形式输出数据库中的内容

以纯文本形式展示数据库中的数据也可以被看作是对资源的一种表述，同样，还有更多的资源表述形式，如图 10.26 所示的 HTML 形式表述可以用表格的形式将数据展示在浏览器中。

flight.html　文件 | C:/Users/52768/Desktop/flight.html

ID	DepCity	ArrCity
SC8889	JINAN	CHONGQING
PN6248	SHENYANG	JINAN
DZ6278	HARBIN	JINAN
SC4093	SHANGHAI	BEIJING
MU5629	KUNMING	BEIJING
KY8246	KUNMING	HARBIN
CA4528	SHENZHEN	JINAN
SC8881	XIAN	JINAN
SC8793	XIAMEN	JINAN
DZ6277	JINAN	GUANGZHOU

图 10.26　以 HTML 形式输出数据库中的内容

2. 在 IDEA 工程中连接数据库

首先打开工程，单击左上角的 Database 菜单，如图 10.27 所示。

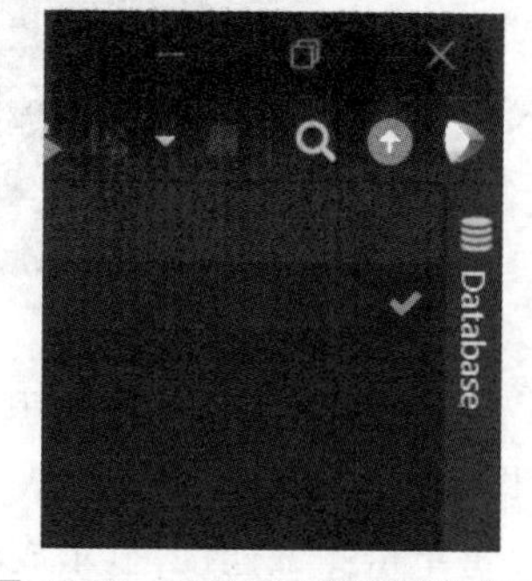

图 10.27　IDEA 工程连接数据库

单击"+"按钮，选择要连接的数据源，选择 MySQL 列表(图 10.28)。

此时已经可以看到之前安装的 MySQL 数据库，如图 10.29 所示，用户可设置 MySQL 参数。

单击 Apply 按钮，然后测试连接，一般会报错，因为未设置服务器时区属性(图 10.30)。

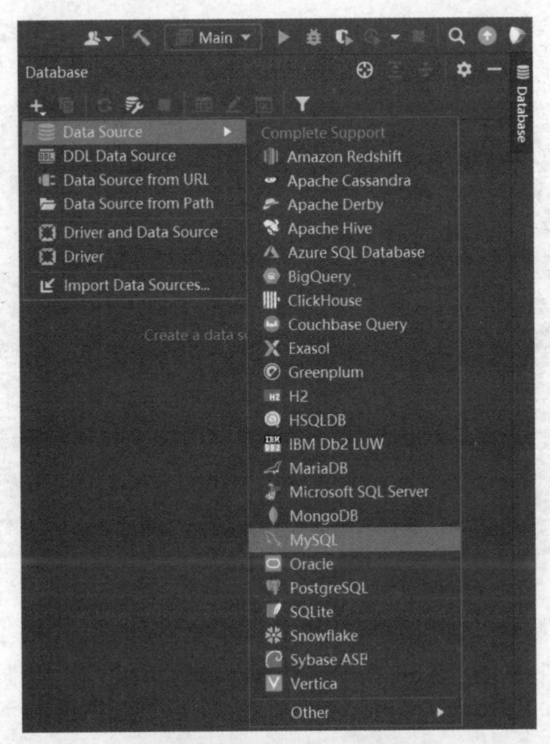

图 10.28　选择 MySQL 数据库

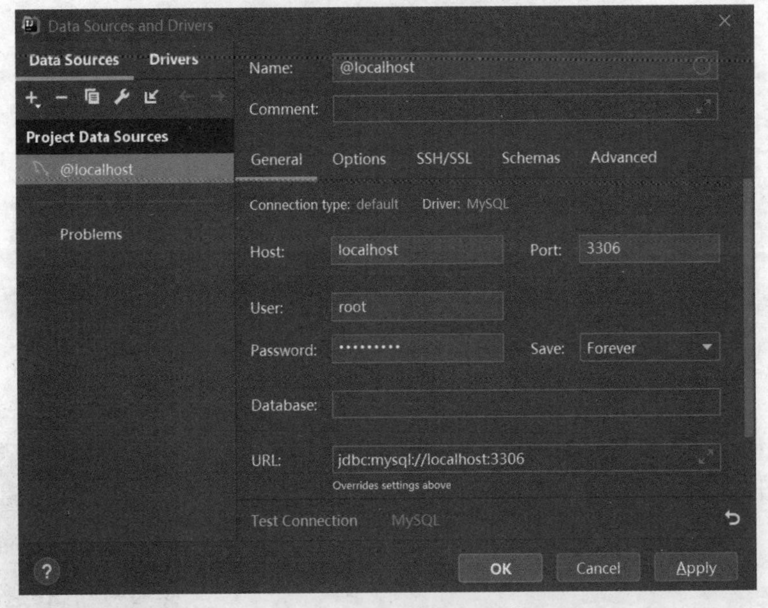

图 10.29　设置 MySQL 参数

单击 Set time zone 按钮，将时区设置为 UTC(世界协调时间，即所谓格林尼治时间)即可(图 10.31)。

再单击测试连接，显示成功，可以在 IDEA 自带的数据源 Query Console 界面运行 SQL 语句，测试一下数据访问，至此，数据源设置完成(图 10.32)。

图 10.30　时区设置错误

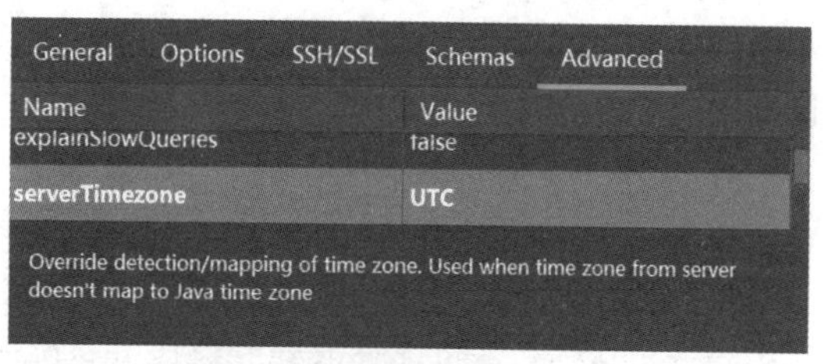

图 10.31　时区设置错误修正

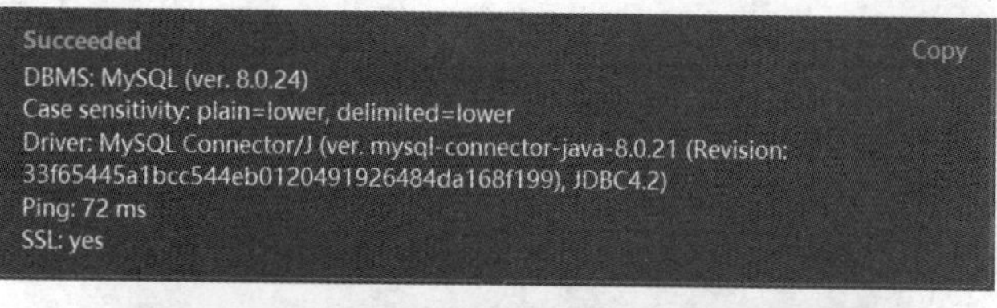

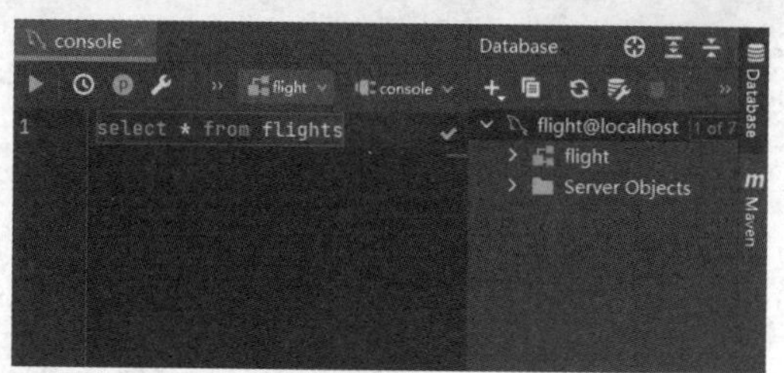

图 10.32　数据源设置成功

3. 导入 JDBC 支持包

Java 访问数据库需要使用 JDBC(Java Database Connectivity)接口，安装 MySQL 后，在其安装目录下有若干个不同语言的连接器，其中 Connector J 8.0 就是 Java 语言的连接器，当前版本下，其是一个名为 mysql-connector-java-8.0.28.jar 的文件。

在 IDEA 开发界面依次单击 File→Project Structure，在 Libraries 菜单下单击"+"按钮，选择安装在 MySQL 目录下的 mysql-connector-java-8.0.24.jar 文件，将之添加到工程中(图 10.33)。

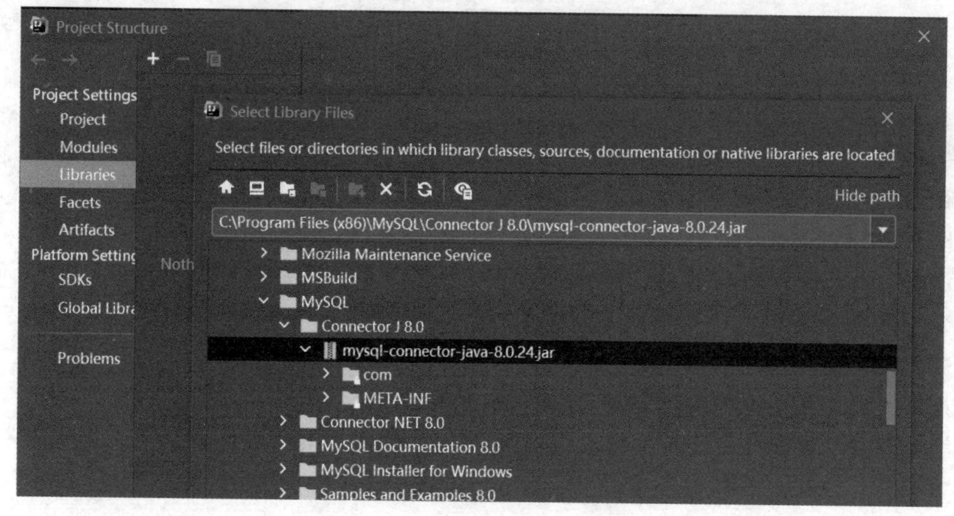

图 10.33　添加 MySQL 连接器

同时，将 mysql-connector-java-8.0.24.jar 文件添加到安装 Java JDK 的 java\jre\lib\ext 目录中。

4. 增加一个新的实体类

编写实体类 Flight，代码如下。

```
package com.example.restB;
import javax.xml.bind.annotation.XmlRootElement;
import java.io.Serializable;
import com.alibaba.fastjson.annotation.JSONField;
@XmlRootElement
public class Flight implements Serializable {
private static final long serialVersionUID =1L;
    @JSONField(name ="ID")
    private String id;
    @JSONField(name ="DEPCITY")
    private String DepCity;
    @JSONField(name ="ARRCITY")
    private String ArrCity;
    public String getId() {
        return id;
    }
    public void setId(String id) {
        this.id =id;
    }
    public String getDepCity() {
        return DepCity;
    }
    public void setDepCity(String DepCity) {
        this.DepCity =DepCity;
    }
    public String getArrCity() {
        return ArrCity;
    }
    public void setArrCity(String ArrCity) {
        this.ArrCity =ArrCity;
    }
}
```

在该类中，一个航班对象有三个属性：代号、出发城市、到达城市，另外每个属性各有一个 GET 方法和 SET 方法用于操作对象。

注意：这里引入了 XML 和 JSON 的注解，这是为了后面生成 XML 和 JSON 格式的表述而预先做的准备。

5. 增加一个操作数据库的类

这个类名为 FlightDao，其分为四部分，如下所示。

第一部分是类的构造函数等基本设置，注意这个类被设置了数据库的 URL。

```
static final String DATABASE_URL ="jdbc:mysql://localhost:3306/flight?";
```

MySQL 的 JDBC URL 编写方式是"jdbc:mysql://主机名称：连接端口/数据库的名

称？参数=值”,执行数据库操作之前要在数据库管理系统中先创建一个数据库,这里可以使用之前创建的 flight 数据库。

另外需要注意的是避免中文乱码,需要在 URL 中指定 useUnicode 和 characterEncoding。这个 URL 可以在 Database 的 Properties 中查到,如图 10.34 所示。

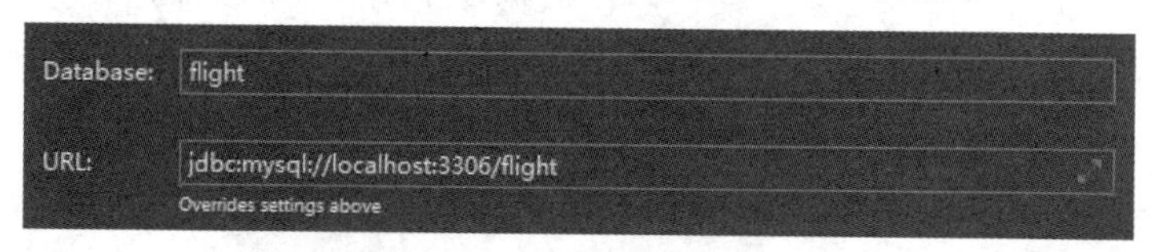

图 10.34 链接本地数据库的 URL

第二部分是数据库的连接及设置,代码如下。

```
package com.example.restB;
import java.sql.Connection;
import java.sql.Statement;
import java.sql.DriverManager;
import java.sql.ResultSet;
import java.sql.ResultSetMetaData;
import java.sql.SQLException;
import java.sql.PreparedStatement;

public class FlightDao {
    // 数据库的 URL
    static final String DATABASE_URL ="jdbc:mysql://localhost:3306/flight?";
    Flight flight;
    public FlightDao() {
        this.flight =new Flight();
        try {
            // MySQL 驱动
            new com.mysql.cj.jdbc.Driver();
        } // end try
        catch (SQLException sqlException) {
            sqlException.printStackTrace();
        } // end catch    }
    public FlightDao(Flight Flight) {
        this.flight =Flight;
        try {
            // MySQL 驱动
            new com.mysql.cj.jdbc.Driver();
        } // end try
        catch (SQLException sqlException) {
            sqlException.printStackTrace();
        } // end catch
    }
```

这里需要注意的是连接前首先要加载 MySQL 驱动程序,用户可以通过 Class.forName 把它加载进去,也可以通过初始化驱动实现,下面三种形式都可以。

```
Class.forName("com.mysql.cj.jdbc.Driver");
com.mysql.cj.jdbc.Driver driver =new com.mysql.cj.jdbc.Driver();
```

```
new com.mysql.cj.jdbc.Driver();
```

另外,需要注意,“mysql-connector-java 5”中的驱动是 com.mysql.jdbc.Driver,而 mysql-connector-java 6 之后版本的驱动是 com.mysql.cj.jdbc.Driver。

第三部分是数据库操作,这里是真正操作数据库的方法,所以都是私有函数。

(1) 第一个函数是查询数据库中的全部记录,用它可以获取航班列表,函数的返回值是 ResultSet 类型,代码如下。

```
//数据库操作 select
    private String dbOptQuery(){
        Connection connection =null; // manages connection
        Statement statement =null; // query statement
        ResultSet resultSet =null; // manages results
        String result ="";
        // connect to database and query database
        try {
            // establish connection to database
            connection =DriverManager.getConnection(
                    DATABASE_URL,"root", "**********");
            // create Statement for querying database
            statement =connection.createStatement();
            // query database
            resultSet =statement.executeQuery(
"SELECT * FROM flight.flights");
            // process query results
            ResultSetMetaData metaData =resultSet.getMetaData();
            int numberOfColumns =metaData.getColumnCount();
            result =result +"\t\tFlights Table of Flight Database\n";

            // print column names
            for (int i =1; i <=numberOfColumns; i++) {
                result =result +"\t\t"+metaData.getColumnName(i);
            }
            result =result +"\n";
            // underline column names
            for (int i =1; i <=numberOfColumns; i++) {
                result =result +"\t\t---";
            }
            while (resultSet.next()) {
                result =result +"\n";
                for (int i =1; i <=numberOfColumns; i++) {
                    result =result +"\t\t"+resultSet.getString(i);
                }
            } // end while         } // end try
        catch (SQLException sqlException) {
            sqlException.printStackTrace();
        } // end catch
        finally // ensure resultSet, statement and connection are closed
        {
            try {
```

```
                resultSet.close();
                statement.close();
                connection.close();
            } // end try
            catch (Exception exception) {
                exception.printStackTrace();
            } // end catch
        } // end finally
        return result;
    } // end query
```

(2) 第二个函数是根据航班代号查询数据库,用它可以获取某个航班的列,函数的返回值是 Flight 对象,代码如下。

```
private Flight dbOptQuerybyid(String id){
    Connection connection =null; // manages connection
    PreparedStatement statement =null; // query statement
    ResultSet resultSet =null; // manages results
    String query ="SELECT * FROM flight.flights WHERE Id =?";
    // connect to database and query database
    try {
        // establish connection to database
        connection =DriverManager.getConnection(
                DATABASE_URL, "root", "*********");
        // create Statement for querying database
        statement =connection.prepareStatement(query);
        statement.setString(1, id);
        // query database
        resultSet =statement.executeQuery();
        // process query results
        while (resultSet.next()) {
            this.flight.setId(resultSet.getString(1) );
            this.flight.setDepCity(resultSet.getString(2) );
            this.flight.setArrCity(resultSet.getString(3) );
        } // end while
    } // end try
    catch (SQLException sqlException) {
        sqlException.printStackTrace();
    } // end catch
    finally // ensure resultSet, statement and connection are closed
    {
        try {
            resultSet.close();
            statement.close();
            connection.close();
        } // end try
        catch (Exception exception) {
            exception.printStackTrace();
        } // end catch
    } // end finally
    return this.flight;
```

```
} // end query
```

(3) 第三个函数是数据库插入操作,这里将一个 Flight 对象插入数据库中,代码如下。

```
//数据库操作 insert
private void dbOptCreate( Flight Flight){
    Connection connection =null; // manages connection
    PreparedStatement statement =null;
    String insert ="INSERT INTO flight.flights (Id,DepCity,ArrCity) " +"VALUES
(?,?,?)";
    // connect to database and insert database
    try {
        // establish connection to database
        connection =DriverManager.getConnection(
                DATABASE_URL, "root", "*********");
        // create Statement for querying database
        statement =connection.prepareStatement(insert);
        statement.setString(1, Flight.getId());
        statement.setString(2, Flight.getDepCity());
        statement.setString(3, Flight.getArrCity());

        // execute database
        boolean result =statement.execute();
    } // end try
    catch (SQLException sqlException) {
        sqlException.printStackTrace();
    } // end catch
    finally // ensure resultSet, statement and connection are closed
    {
        try {
            statement.close();
            connection.close();
        } // end try
        catch (Exception exception) {
            exception.printStackTrace();
        } // end catch
    } // end finally
} // end insert
```

(4) 第四个函数是数据库删除操作,删除指定代号的航班记录,代码如下。

```
//数据库操作删除
private void dbOptDelete( String id){
    Connection connection =null; // manages connection
    PreparedStatement statement =null;
    String delete ="DELETE FROM flight.flights WHERE Id =?";

    // connect to database
    try {
        // establish connection to database
        connection =DriverManager.getConnection(
                DATABASE_URL, "root", "*********");
```

```
        // create Statement for querying database
        statement =connection.prepareStatement(delete);
        statement.setString(1, id);
        // execute database
        boolean result =statement.execute();
    } // end try
    catch (SQLException sqlException) {
        sqlException.printStackTrace();
    } // end catch
    finally // ensure resultSet, statement and connection are closed
    {
        try {
            statement.close();
            connection.close();
        } // end try
        catch (Exception exception) {
            exception.printStackTrace();
        } // end catch
    } // end finally
}//end delete
```

(5) 第五个函数是记录更新操作,用于更新指定代号的航班记录,代码如下。

```
//数据库操作 update
private void dbOptUpdate( Flight Flight){
    Connection connection =null; // manages connection
    PreparedStatement statement =null;
    String update ="UPDATE flight.flights SET DepCity=?, ArrCity=? WHERE Id =?";

    // connect to database and insert database
    try {
        // establish connection to database
        connection =DriverManager.getConnection(
                DATABASE_URL, "root", "* * * * * * * * * *");
        // create Statement for querying database
        statement =connection.prepareStatement(update);
        statement.setString(1, Flight.getDepCity());
        statement.setString(2, Flight.getArrCity());
        statement.setString(3, Flight.getId());
        // execute database
        boolean result =statement.execute();
    } // end try
    catch (SQLException sqlException) {
        sqlException.printStackTrace();
    } // end catch
    finally // ensure resultSet, statement and connection are closed
    {
        try {
            statement.close();
            connection.close();
        } // end try
```

```
        catch (Exception exception) {
            exception.printStackTrace();
        } // end catch
    } // end finally
} // end update
```

第四部分是FlightDao类对外暴露的函数，其可以从外部访问。

（1）前两个是查询操作，分别用于查询全部航班和指定代号的航班，代码如下。

```
//查询
public String  readFlightList(){
    return dbOptQuery();
}
public Flight readFlightbyID(String id){
    return dbOptQuerybyid(id);
}
```

（2）第三个是新增记录操作，增加新的航班数据，代码如下。

```
//创建
public void createFlight( String id, String depCity, String arrCity){
    System.out.println("CRUD Opt:创建一个 Flight");
    this.flight.setId(id);
    this.flight.setDepCity(depCity);
    this.flight.setArrCity(arrCity);
    dbOptCreate(this.flight);
}
```

（3）第四个是删除操作，代码如下。

```
//删除
public void  deleteFlight( String id ){
    System.out.println("CRUD Opt:删除一个 Flight");
    dbOptDelete(id);
}
```

（4）第五个是更新操作，代码如下。

```
//修改
public void updateFlight(String id, String depCity, String arrCity){
    System.out.println("CRUD Opt:修改一个 Flight");
    this.flight.setId(id);
    this.flight.setDepCity(depCity);
    this.flight.setArrCity(arrCity);
    dbOptUpdate(this.flight);
}
```

这样就实现了对增、删、改、查的全部支持。

6. 增加一个服务类

由于真正的增、删、改、查业务逻辑已经完成了，所以服务中需要写的东西就很少了，主要是增加表示路径和参数的注解，其需要增加一个FlightService类，代码如下。

首先导入必备的类库。

```
Package com.example.restB;
import javax.ws.rs.*;
import javax.ws.rs.core.MediaType;
import java.sql.*;
import java.util.ArrayList;
import java.util.List;
import com.alibaba.fastjson.JSONObject;
import com.example.restB.FlightDao;
```

设置服务的相对路径,代码如下。

```
@Path("/FlightService")
public class FlightService {
    private static final com.alibaba.fastjson.JSON JSON =null;
    FlightDao sFlightDao =new FlightDao();
```

服务类中有两个变量 JSON 和 sFlightDao,其分别用来处理 JSON 转换和操作航班数据,代码如下。

```
@GET
@Produces(MediaType.TEXT_PLAIN)
public String sayHello() {
    return"Hello, Service is Runing";
}
```

重点说一下 CRUD 操作,如下所示。

(1) 第一个 GET 操作返回航班列表,需要将数据库中所有的航班加载到一个 String 中返回,代码如下。

```
//CRUD
@GET
@Path("FlightList")
@Produces(MediaType.TEXT_PLAIN)
public String FlightList() {
    return sFlightDao.readFlightList();
}
```

如图 10.35 所示,在浏览器中输入地址,执行 GET 操作就可以得到结果。

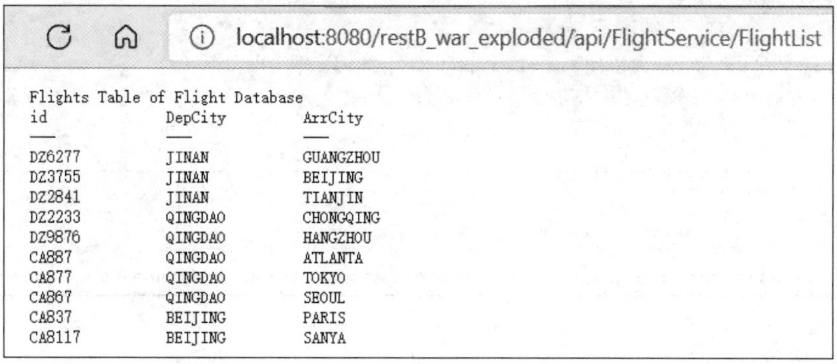

localhost:8080/restB_war_exploded/api/FlightService/FlightList

```
Flights Table of Flight Database
id          DepCity     ArrCity
——          ——          ——
DZ6277      JINAN       GUANGZHOU
DZ3755      JINAN       BEIJING
DZ2841      JINAN       TIANJIN
DZ2233      QINGDAO     CHONGQING
DZ9876      QINGDAO     HANGZHOU
CA887       QINGDAO     ATLANTA
CA877       QINGDAO     TOKYO
CA867       QINGDAO     SEOUL
CA837       BEIJING     PARIS
CA8117      BEIJING     SANYA
```

图 10.35　在浏览器中执行 GET 操作

(2) 第二个 GET 操作将根据航班代号参数返回单个航班的表述,形式是 JSON 格式,代码如下。

```
@GET
    @Path("Flights/{id}")
    @Produces(MediaType.APPLICATION_JSON)
    public String FlightList(@PathParam("id")String id) {
        List<Flight>listOfFlights =new ArrayList<Flight>();
        listOfFlights.add(sFlightDao.readFlightbyID(id));
        return JSON.toJSONString(listOfFlights);
    }
```

如图 10.36 所示，用 Postman 的 GET 操作访问结果，URL 如下所示。

```
http://localhost:8080/restB_war_exploded/api/FlightService/Flights/CA988
```

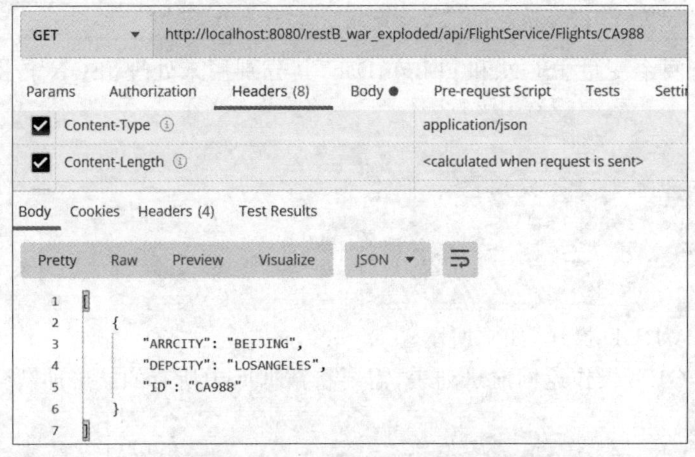

图 10.36　在 Postman 中执行 GET 操作

（3）第三个 GET 操作根据航班代号参数返回单个航班的表述，形式是 XML 格式，如图 10.37 所示，这里用 Postman 的 GET 操作访问，URL 如下。

```
http://localhost:8080/restB_war_exploded/api/FlightService/xmlFlights/CA988
```

代码如下所示。

```
@GET
  @Path("xmlFlights/{id}")
  @Produces(MediaType.TEXT_XML)
  public Flight testXML(@PathParam("id")String id) {
      return sFlightDao.readFlightbyID(id);
  }
```

localhost:8080/restB_war_explod

localhost:8080/restB_war_exploded/api/FlightService/xmlFlights/CA988

This XML file does not appear to have any style information associated with it. The document tree is shown below.

```
▼<flight>
   <arrCity>BEIJING</arrCity>
   <depCity>LOSANGELES</depCity>
   <id>CA988</id>
</flight>
```

图 10.37　返回 XML 格式的 GET 操作

(4) 增加航班的 POST 操作，如图 10.38 所示，这里用 Postman 的 POST 操作访问，URL 如下。

```
http://localhost: 8080/restB _ war _ exploded/api/FlightService/create/AA1234/
PEK/LAX
```

代码如下。

```
@POST
@Path("/create/{id}/{depCity}/{arrCity}")
@Produces(MediaType.TEXT_PLAIN)
public String createFlight( @PathParam("id") String id, @PathParam("depCity")
String depCity, @PathParam("arrCity") String arrCity) {
    sFlightDao.createFlight(id,depCity,arrCity);
    return "Create new Flight Sucessfully!";
}
```

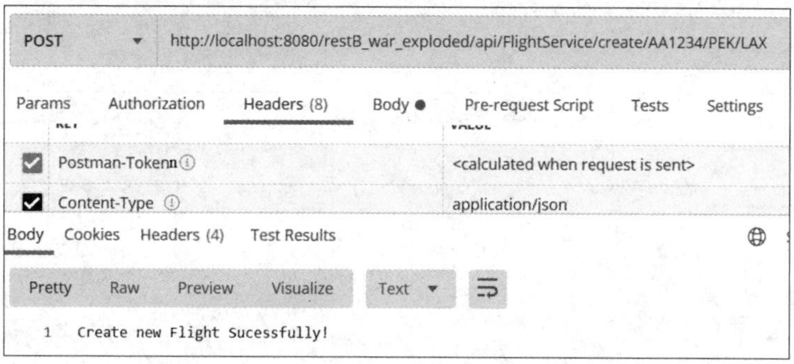

图 10.38　执行 POST 操作

(5) 删除航班的 DELETE 操作，如图 10.39 所示，这里用 DELETE 操作访问，URL 如下。

```
http://localhost:8080/restB_war_exploded/api/FlightService/delete/AA1234
```

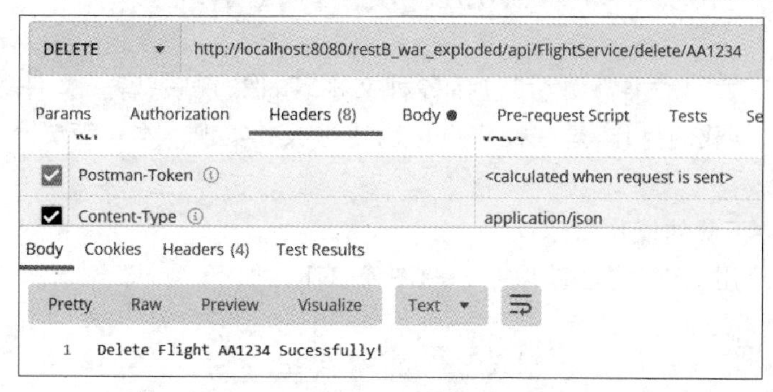

图 10.39　调用服务的删除操作

代码如下。

```
@DELETE
@Path("/delete/{id}")
@Produces(MediaType.TEXT_PLAIN)
public String deleteFlight( @PathParam("id") String id) {
    sFlightDao.deleteFlight(id);
```

```
    return "Delete Flight "+id+" Sucessfully!";
}
```

(6) 修改航班的 PUT 操作,效果如图 10.40 所示,这里用 PUT 操作访问,URL 如下。

```
http://localhost:8080/restB_war_exploded/api/FlightService/update/CA988/Los
Angle/Beijing
```

代码如下。

```
    @PUT
    @Path("/update/{id}/{depCity}/{arrCity}")
    @Produces(MediaType.TEXT_PLAIN)
    public String updateFlight ( @ PathParam ( " id") String id, @ PathParam ( "
depCity") String depCity, @PathParam("arrCity") String arrCity) {
        sFlightDao.updateFlight(id,depCity,arrCity);
        return "update Flight "+id+" Sucessfully!";
    }
}
```

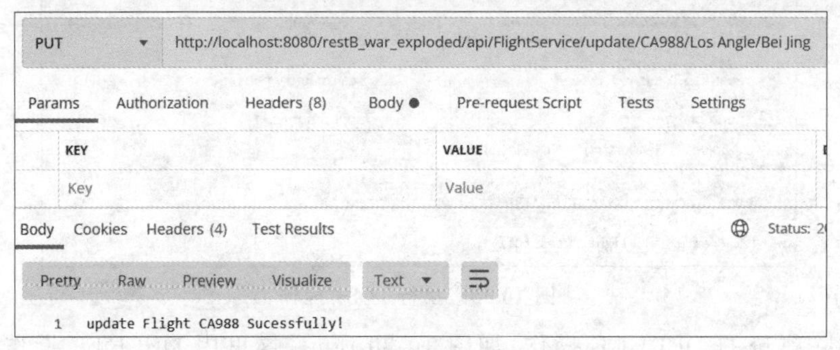

图 10.40 调用服务的更新操作

10.8 文件操作

文件是颇为庞大的一类资源,其包括各种文档、图像、视频、音频文件等。Web 应用涉及很多文件上传、下载的操作,这些操作也可以通过服务实现。本节简要介绍一些基本的文件上传、下载服务。

1. 文件上传、下载的操作原理

在第 4 章曾经用 GET 方法获取了一幅图像,URL 如下。

```
GET
http://api.map.baidu.com/staticimage? center=116.403874,39.914888&width=
300&height=200&zoom=11
```

以上操作可以得到一小幅地图图像,这是一个 PNG 格式的图像文件(图 4.6)。这个操作具体是怎样实现的呢?可以在 Postman 中调用此操作(图 10.41),查看原始的 HTTP 报文。

打开 Postman 的 console 页面,可以查看刚才这个 GET 操作的 HTTP 报文如下所示。

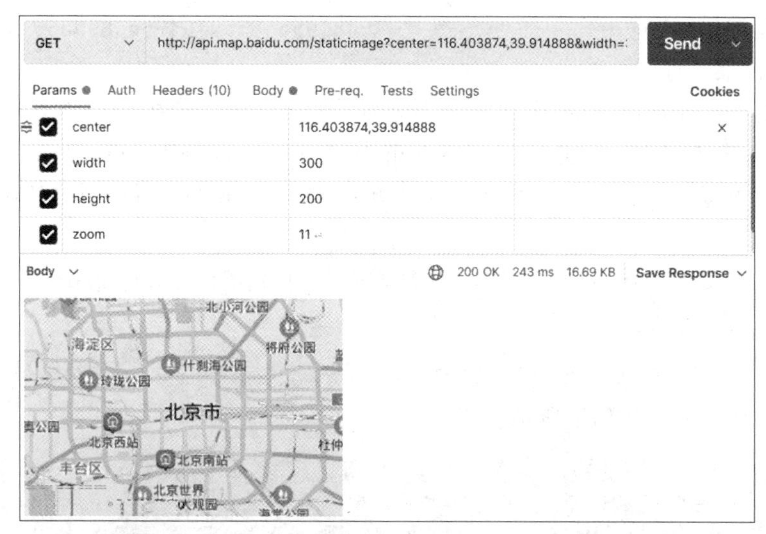

图 10.41　Postman 中执行一个地图静态图像 GET 操作

```
GET /staticimage? center=116.403874,39.914888&width=300&height=200&zoom=11%
0A HTTP/1.1
Content-Type: multipart/form-data; boundary=--------------------------
481995585564547655859365
User-Agent: PostmanRuntime/7.29.0
Accept: */*
Postman-Token: 565b53a0-0fe0-45c2-9251-c64de468ac10
Host: api.map.baidu.com
Accept-Encoding: gzip, deflate, br
Connection: keep-alive
Cookie: BAIDUID=A04D28C5F3241F30FB35CD003B10ED2B:FG=1
Content-Length: 172

----------------------------481995585564547655859365
Content-Disposition: form-data; name="file"; filename=""
----------------------------481995585564547655859365--

HTTP/1.1 200 OK
Cache-Control: max-age=86400
Connection: keep-alive
Content-Length: 16762
Content-Type: image/png
Date: Thu, 05 May 2022 23:31:23 GMT
Expires: Fri, 06 May 2022 23:31:23 GMT
Http_x_bd_logid: 1883669287
Http_x_bd_logid64: 18836697205993356 90
Http_x_bd_product: map
Http_x_bd_subsys: apimap
Server: apache
```

这里有几个关键点：一个是“Content-Type：multipart/form-data”,“multipart/form-data”是一种媒体类型,其指定传输数据为二进制类型,如图像、MP3 音频、其他文档等。

另一个是"boundary=--------------------------4819955855645476558593 65"，它是随机生成的，可以保证唯一性。

如果是上传文件，POST操作在语义上是最合适的，在上传操作中需要选取和指定文件，这个可以用表单实现。因此，JAX-RS注解中的@FormDataParam（即表单数据参数）通常用于获取上传文件的参数。客户端在表单中提交上传的文件，其MIME类型就是multipart/form-data。

POST请求发送FormData类型的数据表单类型会设置为multipart/form-data，完整的设置可能是以下形式。

```
Content-Type: multipart/form-data; boundary=48199558556454765585936 5
```

实际的消息格式可能如下所示。

```
48199558556454765585936 5
Content-Disposition: form-data; name="xyz"
bar
48199558556454765585936 5
Content-Disposition: form-data; name="abc"
The first line.
The second line.
48199558556454765585936 5
```

这个FormData类型的数据可以被理解为有两个key，分别是xyz和abc，它们的值由boundary分隔，这里就是48199558556454765585936 5。

服务端的响应函数使用@FormDataParam注解解析form表单中的参数，以此获取文件名和二进制文件流数据。

下面将在IDEA工程的indes.jsp文件中增加一个表单，代码如下。

```
<form action="./api/upload/pdf" method="post" enctype="multipart/form-data">
    <p>Select a file : <input type="file" name="file" size="45" accept=".pdf"/>
</p>
    <input type="submit" value="Upload PDF" />
</form>
<a href="./api/file/download/线上考试.txt">线上考试</a>
<a href="./api/file/download/工作双月计划.xlsx">工作双月计划</a>
<a href="./api/file/getByStream/CA877">CA877</a>
```

Select a file : 选择文件 未选择任何文件

Upload PDF

线上考试 工作双月计划 CA877

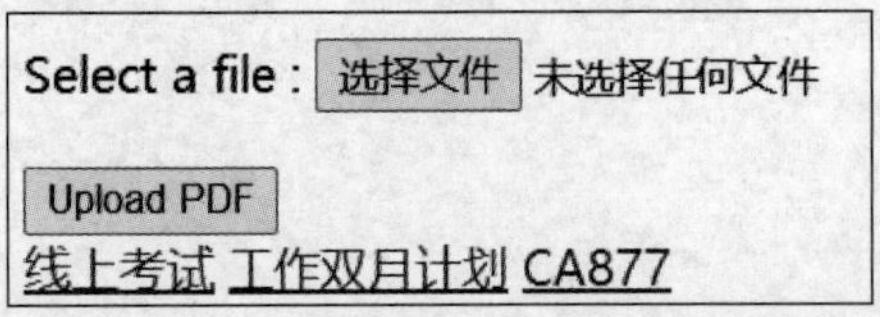

图10.42　模拟上传、下载文件的表单

显示效果如图10.42所示。

这个表单将在后面测试时用到，它是个POST表单，表单里的"input type="file" name="file""，前者表示将上传文件，后者代表文件的参数。发送POST请求时，服务端通过FormDataParam获取传输的文件输入流和文件源数据，代码如下。

```
public Response uploadPdfFile (@FormDataParam("file") InputStream fileInputStream,
                               @FormDataParam("file") FormDataContentDisposition
                               fileMetaData) throws Exception
```

再将文件输入流写入服务端的文件，下载文件时可以反向读取流文件并将之写到客户端本地。

2. 文件操作服务的配置

要上传文件需要在代码中增加一些设置，在 Web.xml 中定制三个初始化参数，一是将只读设置为非(即可写)，二是设置编码格式为 UTF-8，最后是 Jersey 支持 multipart 的类，代码如下。

```
<init-param>
    <param-name>readonly</param-name>
    <param-value>false</param-value>
</init-param>
<init-param>
    <param-name>encoding</param-name>
    <param-value>UTF-8</param-value>
</init-param>
<init-param>
    <param-name>jersey.config.server.provider.classnames</param-name>
    <param-value>org.glassfish.jersey.media.multipart.MultiPartFeature</param-
value>
</init-param>
```

由于要使用 multipart 类型，所以需要在工程中增加 jersey-media-multipart 依赖。另外，因为要处理文件的输入输出，所以还要增加一个新的类库 commons-io，可以修改 Maven 的 POM 文件中的依赖，然后由 Maven 自动下载导入，代码如下。

```
<dependency>
    <groupId>org.glassfish.jersey.media</groupId>
    <artifactId>jersey-media-multipart</artifactId>
    <version>2.25</version>
</dependency>
<dependency>
    <groupId>commons-io</groupId>
    <artifactId>commons-io</artifactId>
    <version>2.11.0</version>
</dependency>
```

3. 文件操作服务的实现

建立 fileIO 服务文件，代码如下。

```
package com.example.restB;
import java.io.File;
import java.io.FileOutputStream;
import java.io.IOException;
import java.io.InputStream;
import java.io.OutputStream;
import java.io.UnsupportedEncodingException;
import java.net.URLEncoder;
import javax.ws.rs.*;
import javax.ws.rs.core.MediaType;
import javax.ws.rs.core.Response;
```

```
import javax.ws.rs.core.StreamingOutput;
import org.glassfish.jersey.media.multipart.FormDataContentDisposition;
import org.glassfish.jersey.media.multipart.FormDataParam;
@Path("/file")
```

(1) 上传服务的实现代码如下。

```
public class upload
{
private static final String UPLOAD_PATH ="d:/temp/upload/";
private static final String DOWNLOAD_PATH ="d:/temp/download/";

@POST
@Path("/upload/pdf")
@Consumes({MediaType.MULTIPART_FORM_DATA})
public Response uploadPdfFile(@FormDataParam("file") InputStream fileInputStream,
    @FormDataParam("file") FormDataContentDisposition fileMetaData) throws
Exception
    {
    try {
        int read =0;
        byte[] bytes =new byte[1024];
        String filename=new String(fileMetaData.getFileName().getBytes("ISO8859-1"),
"UTF-8");
        OutputStream out =new FileOutputStream(new File(UPLOAD_PATH +filename));
        while ((read =fileInputStream.read(bytes)) !=-1)
        {
                out.write(bytes, 0, read);
        }
        out.flush();
        out.close();
        }
        catch (IOException e) {
              throw new WebApplicationException ( "Error while uploading file.
Please try again !!");
        }
        return Response.ok("Data uploaded successfully !!").build();
    }
}
```

这里的关键操作有三步,如下。

① 获取传过来的文件名,代码如下。

```
String filename=new String(fileMetaData.getFileName().getBytes("ISO8859-1"),
"UTF-8");
```

为了处理中文字符,这里做了两次转换。

② 生成一个输出文件流 out,代码如下。

```
OutputStream out =new FileOutputStream(new File(UPLOAD_PATH +filename));
```

然后即可把输入文件流读出写入输出文件流。

③ 最后是生成响应 Response,代码如下。

```
Response.ok("Data uploaded successfully !!").build();
```

(2) 以文件形式实现下载服务,代码如下。

```
@GET
@Path("/download/{name}")
@Produces(MediaType.APPLICATION_OCTET_STREAM)
public Response getAll(@PathParam("name") String filename){
    File file =new File(DOWNLOAD_PATH+filename);
    //如果文件不存在,提示 404
    if(!file.exists()){
        return Response.status(Response.Status.NOT_FOUND).build();
        }
        String outfileName =null;
        try {
            outfileName =URLEncoder.encode(filename, "UTF-8");
        } catch (UnsupportedEncodingException e1) {
            e1.printStackTrace();
        }
        return Response
                .ok(file)
                .header("Content-disposition","attachment;filename=" +outfileName)
                .header("Cache-Control", "no-cache").build();
    }
```

(3) 以流数据的形式实现下载服务,代码如下。

```
@GET
@Path("/getByStream/{flightid}")
@Produces(MediaType.APPLICATION_OCTET_STREAM)
public Response getAllByStream(@PathParam("flightid") String id){
    String outfileName =null;
    FlightDao aFlightDao =new FlightDao();
    String result= aFlightDao.readFlightbyID(id).getId()+"\n"+aFlightDao.
readFlightbyID(id).getDepCity()+"\n"+aFlightDao.readFlightbyID(id).
getArrCity();
    try {
        outfileName =URLEncoder.encode("result.txt", "UTF-8");
    } catch (UnsupportedEncodingException e1) {
        e1.printStackTrace();
    }
    return Response.ok(new StreamingOutput()  {
    @Override
    public void write(OutputStream output) throws IOException,
WebApplicationException
        {
            output.write(result.getBytes(),0,result.length()) ;
            output.flush();
            output.close();
        }
        }).header("Content-disposition","attachment;filename=" +outfileName)
             .header("Cache-Control", "no-cache").build();
        }
```

注意，在这个方法中，写入数据流的操作被合并到了 Response 生成的过程中。

4. 文件操作服务测试

1）上传文件

在 Postman 中测试一下文件上传，效果如图 10.43 所示，URL 如下。

```
POST http://localhost:8080/restB_war_exploded/api/file/upload/pdf
```

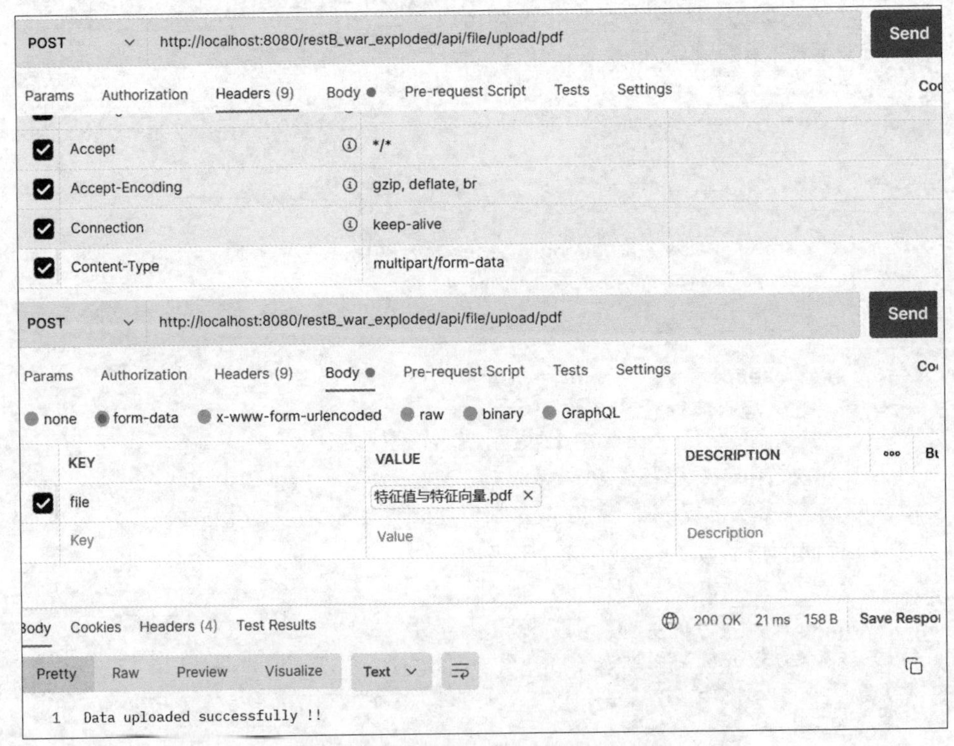

图 10.43 在 Postman 中测试文件上传

2）下载文件

分别在浏览器和 Postman 中测试文件的下载，效果如图 10.44 和图 10.45 所示，URL 如下。

```
GET http://localhost:8080/restB_war_exploded/api/file/getByStream/CA877
```

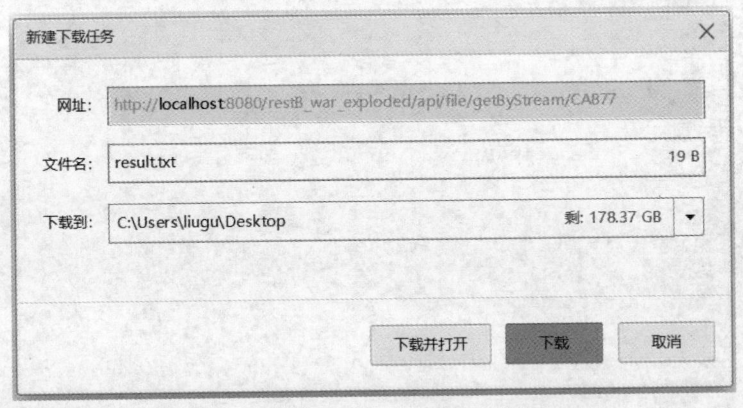

图 10.44 在浏览器 Web 页面测试文件下载

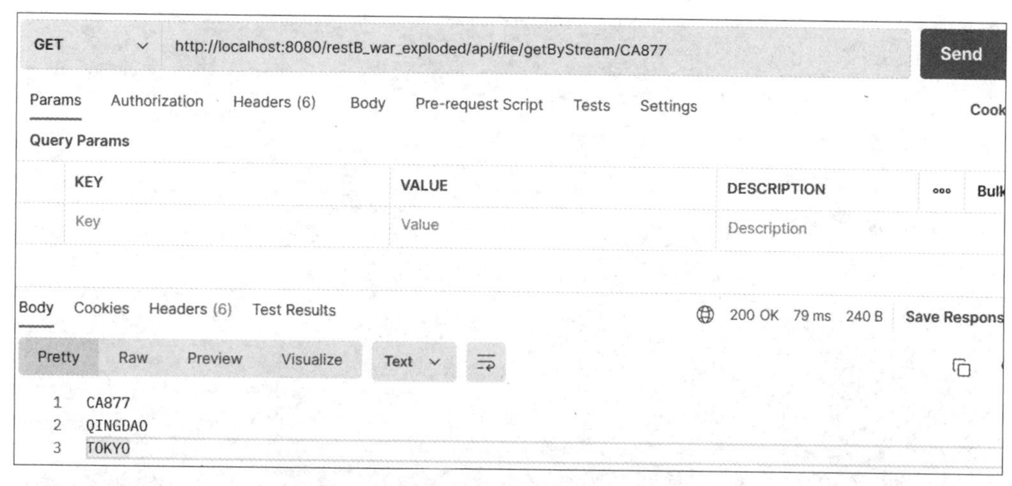

图 10.45　在 Postman 中测试文件下载

10.9　打包并部署服务

IDEA 可以将 Web 项目打包成 WAR 包，最重要的是为其配置 Artifacts。

首先依次执行 file→Project Structure 命令，打开 Project Structure 对话框。

创建 Artifacts，Name 可以随意命名(如将之命名为 RestB)，Output directory 即为输出 WAR 包的路径(图 10.46、图 10.47)。

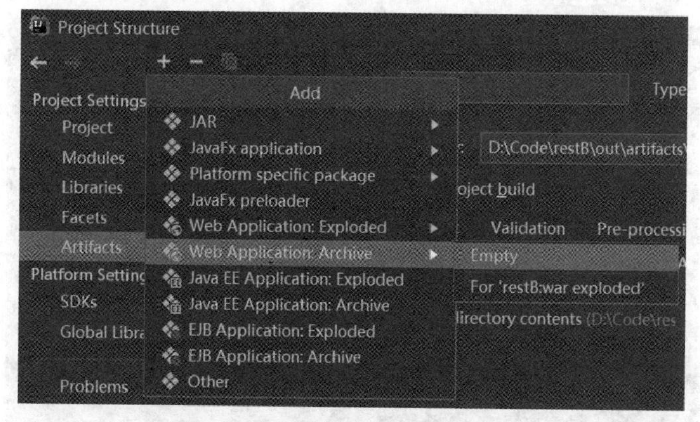

图 10.46　设置输出 WAR 包的配置

在 Output Layout 选项卡单击"＋"按钮，打开 directory content 活动页，选择 webapp 子目录，勾选 Include in project build(图 10.48)。

单击 OK 按钮完成设置。再执行 Run→Edit Configurations 命令配置部署。

之前开发时已经安装了一个 Tomcat 7.0.109 的服务器端发布工具，在 Tomcat 的 Deployment 面板单击"＋"按钮，将 RestB：war 部署到 Tomcat 服务器(图 10.49)。

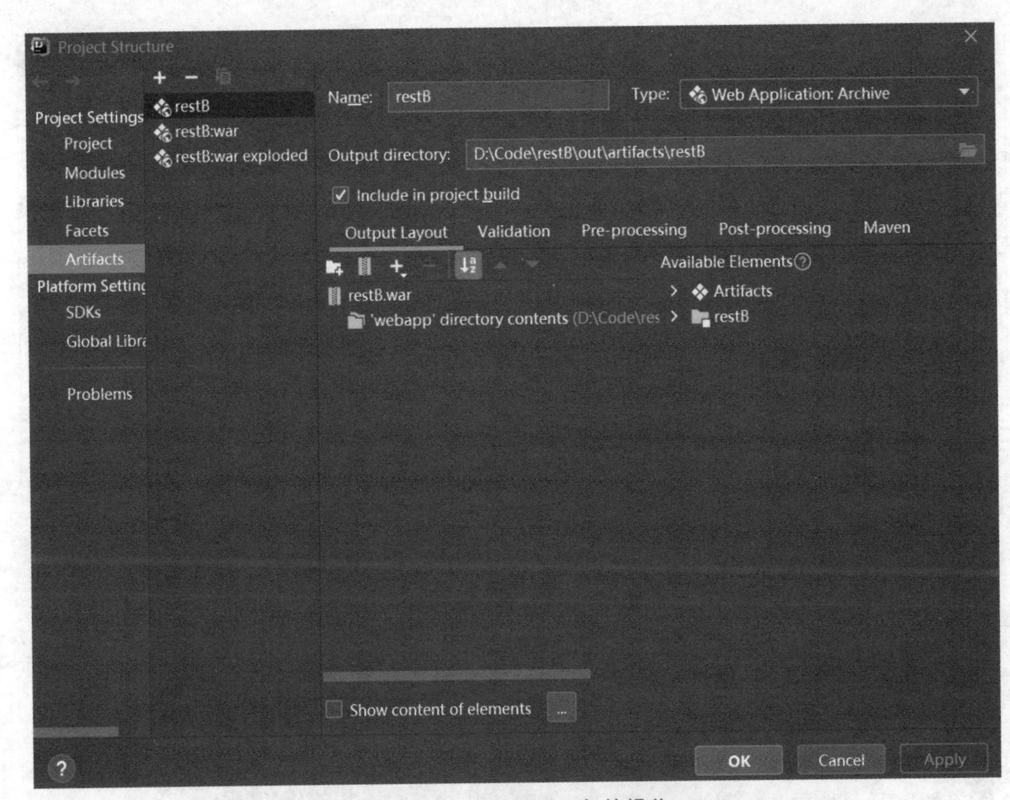

图 10.47　设置 WAR 包的操作

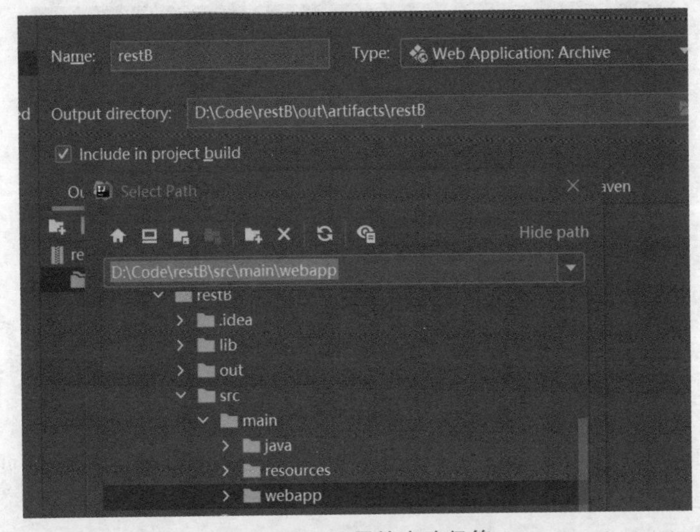

图 10.48　设置输出路径等

单击 OK 按钮，执行部署工具之后即可完成部署，并在前面的 Output directory 对话框设置的目录中找到 WAR 包(图 10.50)。

该 WAR 包同时也被部署到了 Tomcat 的 webapps 目录下(图 10.51)。

启动 Tomcat 就能访问项目了(图 10.52)。

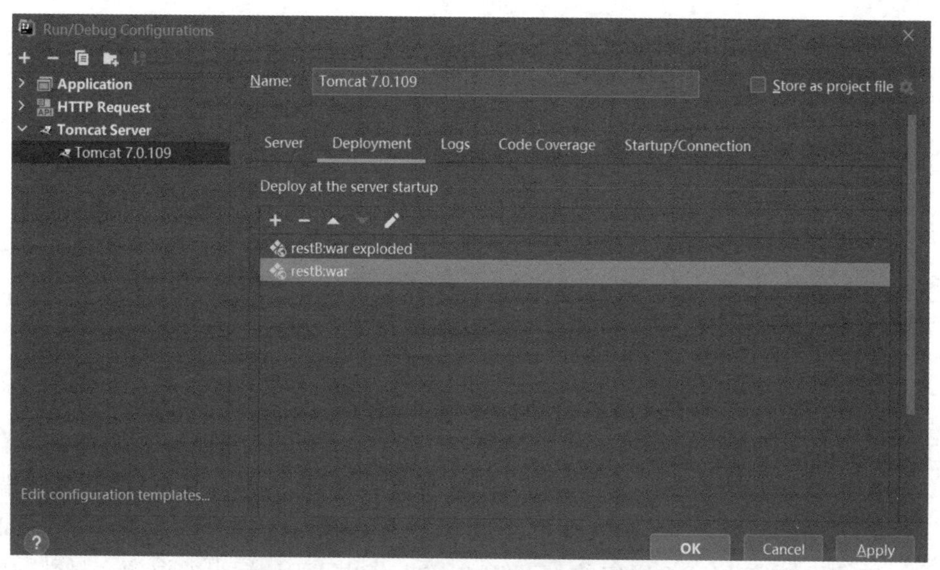

图 10.49　将生成的 WAR 包部署到 Tomcat

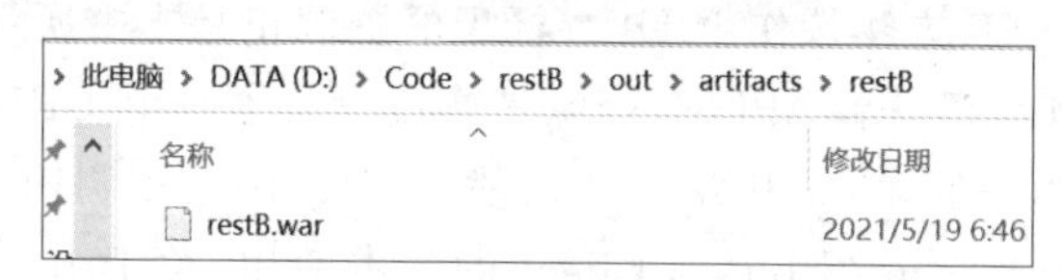

图 10.50　生成的服务 WAR 包

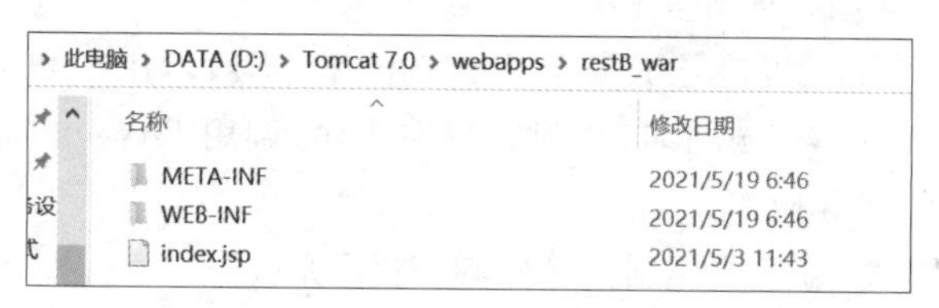

图 10.51　在 Tomcat 下部署的 WAR 包

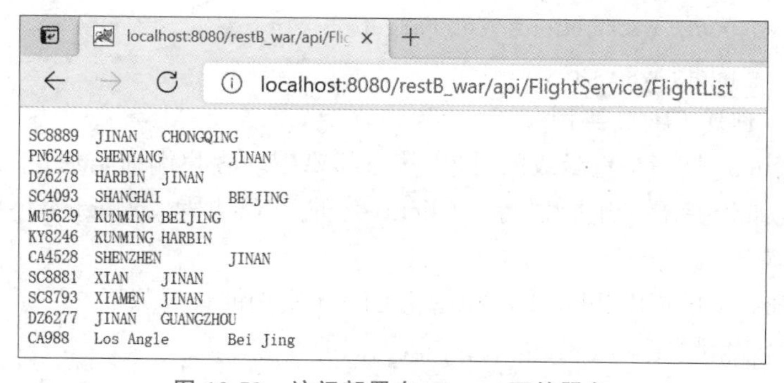

图 10.52　访问部署在 Tomcat 下的服务

本章习题

1. 针对来自 RESTful 服务接口的请求，服务端需要做哪些事情？
2. 简述 JAX-RS 规范与 Jersey 框架的区别与联系。
3. 下载并部署本章介绍的开发环境，并完成书中讲解的案例。

第11章 开发RESTful服务客户端

11.1 Jersey Client开发客户端

现有的许多Java客户端API(例如JDK随附的Apache HTTP客户端API及HttpUrlConnection)在执行请求-响应交互时都依赖客户端-服务器之间的约定,而不是使用一组固定的HTTP方法操作由URL标识的资源。显然,使用一组固定的HTTP方法操作由URL标识的资源正是本书所强调的RESTful风格。

在JAX-RS客户端API中,资源是通过封装了一个URL的Java类WebTarget的实例指向体现的,然后开发者可以基于WebTarget调用一组固定的HTTP方法。本书仍然主要介绍Jersey Client的基本使用,关于Jersey Client的官方说明请参阅Jersey用户向导文档。

Jersey Client接口是REST客户端的基本接口,用于和RESTful服务器的通信。开发者通过Client接口创建客户端程序,调用Jersey实现的RESTful服务实现增、删、改、查等操作。

REST客户端主要包括三个接口,如下所示。

(1) javax.ws.rs.client.Client。

(2) javax.ws.rs.client.WebTarget。

(3) javax.ws.rs.Invocation。

1. 创建Client实例

Client是一个重量级的对象,其内部要管理客户端通信底层实现所需的各种对象,如连接器、解析器等。Client类的实现类是org.glassfish.jersey.client.JerseyClient。

通过ClientBuilder工厂初始化Client实例的代码如下。

```
Client client =ClientBuilder.newClient();
```

2. 创建WebTarget

WebTarget接口是为REST客户端定位资源的接口。通过WebTarget接口,客户端可以定义请求资源的具体地址、查询参数和媒体类型等信息。WebTarget的接口实现类是org.glassfish.jersey.client.JerseyWebTarget。创建WebTarget目标需指明要请求的资源地址,代码如下。

```
private static String serverUri = " http://localhost: 8080/restB _ war/api/
FlightService";
WebTarget target =client.target(serverUri +"/users");
```

3. 利用 target 对象完成请求

target.request()方法后面跟的是请求的 HTTP 方法，即 HEAD、POST、GET、PUT 或 DELETE 等。

(1) 完成 HEAD 请求的方法如下。

```
Response response =target.request().head();
```

(2) 完成 GET 请求的方法如下。

```
Response response =target.request().get();
```

(3) 完成 DELETE 请求的方法如下。

```
Response response =target.request().delete();
```

(4) 完成 POST 请求的方法如下。

```
WebTarget target =client.target(tFURL.getText()+"/create/"+tFid.getText()
+"/"+tFDepCity.getText()+"/"+tFArrCity.getText());
Response response =target.request().post(Entity.entity(newflight,MediaType.
APPLICATION_FORM_URLENCODED_TYPE));
```

注意，这里 MediaType 的值是 APPLICATION_FORM_URLENCODED_TYPE。

(5) 完成 PUT 请求的方法如下。

```
WebTarget target =client.target(tFURL.getText()+"/update/"+tFid.getText()
+"/"+tFDepCity.getText()+"/"+tFArrCity.getText());
Response response =target.request().put (Entity.entity(newflight,MediaType.
APPLICATION_FORM_URLENCODED_TYPE));
```

4. 接受 response 返回类型

可以通过 WebTarget.request()方法定义 media 返回类型。Jersey 提供了 javax.ws.rs.core.MediaType 类供开发者选择。

(1) 读取 String 实体的代码如下。

```
String value =response.readEntity(String.class);
```

(2) 读取 JSON 实体的代码如下。

```
com.alibaba.fastjson.JSON myJSON= response.readEntity(com.alibaba.fastjson.
JSON.class);
```

5. response 连接关闭

如果获取 response 对象并且读取 entity 数据，那么 Jersey 会自动关闭连接，这时再操作 response entity 数据则会抛出异常：Entity input stream has already been closed。

如果通过 response.readEntity(InputStream.class)将 entity 读入流中(InputStream)，连接将保持开放，直到完成从 InputStream 中的读取。在这种情况下，InputStream 或 Response 应该在从 InputStream 读取结束后手动关闭。

11.2 Java客户端案例

使用第10章开发的航班信息Flight服务,用Swing工具包开发一个简单的界面,然后用JerseyClient调用RESTful服务的增、删、改、查操作,完成程序功能。

1. 创建一个Java程序FlightZone

之所以采用Swing工具包是因为其是一种纯Java实现的轻量级组件,它不依赖本地平台的图形界面,可以在所有平台上保持相同的运行效果,对跨平台支持比较出色。读者可以根据自己的开发习惯选择其他客户端实现方式。

首先导入必备的类库,代码如下。

```
import javax.swing.*;
import java.awt.*;
import java.awt.event.ActionEvent;
import java.awt.event.ActionListener;
import javax.ws.rs.client.Client;
import javax.ws.rs.client.ClientBuilder;
import javax.ws.rs.client.Entity;
import javax.ws.rs.client.WebTarget;
import javax.ws.rs.core.MediaType;
import javax.ws.rs.core.Response;
import com.alibaba.fastjson.JSON;
import com.alibaba.fastjson.JSONObject;
import com.example.restB.Flight;
```

2. 创建一个Java JFrame窗口

在JFrame窗口上面布局一些标签、文本框和按钮,如图11.1所示。

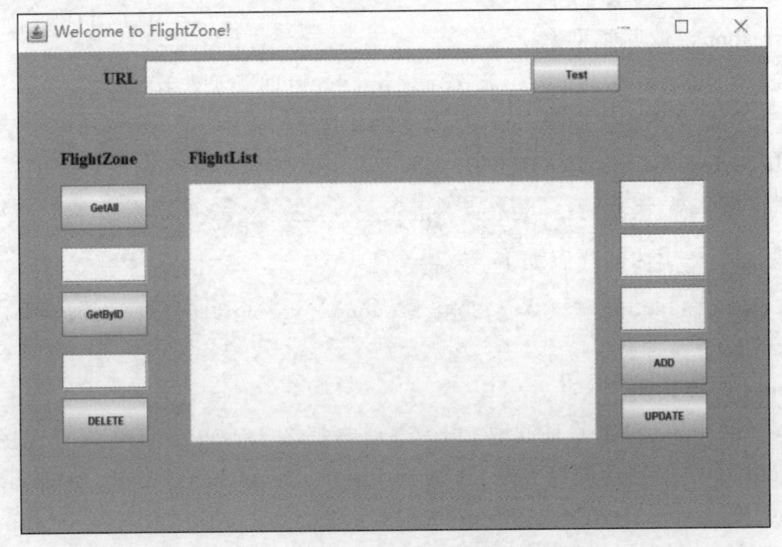

图11.1 使用Swing布局的客户端界面

代码如下所示。

```
public class FlightZone extends JFrame{
    public static final int WIDTH =900;
    public static final int HEIGHT =600;

    private JLabel lLogo,lTitle,lURL,lStatus;
    private JTextArea tAFlightlist;
    private JButton bTest,bGetAll,bGetByID,bDelete,bUpdate,bAdd;
    private JTextField tFURL,tFget,tFdelete,tFid,tFDepCity,tFArrCity;

    public static void main(String[] args) {
        FlightZone frame1 =new FlightZone();
        frame1.setDefaultCloseOperation(JFrame.EXIT_ON_CLOSE);
        frame1.setVisible(true);
    }

    public FlightZone() {
        super();
        this.setSize(WIDTH, HEIGHT);
        this.setTitle("Welcome to FlightZone!");
        this.getContentPane().setLayout(null);
        this.getContentPane().setBackground(Color.LIGHT_GRAY);

        this.add(this.getlURL());
        this.add(this.gettFURL());
        this.add(this.getbTest());
        this.add(this.getlStatus());
        this.add(this.getlTitle());
        this.add(this.getlLogo());
        this.add(this.getlTitle());
        this.add(this.gettAFlightlist());
        this.add(this.getbGetAll());
        this.add(this.gettFget());
        this.add(this.getbGetByID());
        this.add(this.gettFdelete());
        this.add(this.getbDelete());
        this.add(this.getbAdd());
        this.add(this.getbUpdate());
        this.add(this.gettFid());
        this.add(this.gettFDepCity());
        this.add(this.gettFArrCity());
    }

    private JLabel getlURL(){
        if (lURL ==null) {
            lURL =new JLabel();
            lURL.setText("URL");
            lURL.setFont(new Font("Times New Roman", Font.BOLD, 20));
            lURL.setBounds(100, 10, 50, 40);
        }
        return lURL;
```

```
    }

    private JTextField gettFURL(){
        if (tFURL==null) {
            tFURL=new JTextField();
            tFURL.setFont(new Font("Times New Roman", Font.BOLD, 20));
            tFURL.setBounds(150, 10, 450, 40);
        }
        return tFURL;
    }

    private JButton getbTest() {
        if (bTest ==null) {
            bTest=new JButton();
            bTest.setText("Test");
            bTest.setBounds(600, 10, 100, 40);
            bTest.addActionListener(new FlightZone.TestButton());
        }
        return bTest;
    }

    private JLabel getlStatus(){
        if (lStatus ==null) {
            lStatus =new JLabel();
            lStatus.setText(" ");
            lStatus.setFont(new Font("Times New Roman", Font.ITALIC, 20));
            lStatus.setBounds(720, 10, 100, 40);
        }
        return lStatus;
    }

    private JLabel getlLogo(){
        if (lLogo ==null) {
            lLogo =new JLabel();
            lLogo.setText("FlightZone");
            lLogo.setFont(new Font("Times New Roman", Font.BOLD, 20));
            lLogo.setBounds(50, 100, 100, 40);
        }
        return lLogo;
    }
    private JLabel getlTitle(){
        if (lTitle ==null) {
            lTitle =new JLabel();
            lTitle.setText("FlightList ");
            lTitle.setFont(new Font("Times New Roman", Font.BOLD, 20));
            lTitle.setBounds(200, 100, 300, 40);
        }
        return lTitle;
    }
    private JTextArea gettAFlightlist(){
```

```
        if (tAFlightlist==null) {
            tAFlightlist=new JTextArea();
            tAFlightlist.setLineWrap(true);
            tAFlightlist.setFont(new Font("Times New Roman", Font.ITALIC, 18));
            tAFlightlist.setBounds(200, 150, 470, 290);
        }
        return tAFlightlist;
    }
    private JButton getbGetAll() {
        if (bGetAll ==null) {
            bGetAll=new JButton();
            bGetAll.setText("GetAll");
            bGetAll.setBounds(50, 150, 100, 50);
            bGetAll.addActionListener(new FlightZone.GetAllButton());
        }
        return bGetAll;
    }
    private JTextField gettFget(){
        if (tFget==null) {
            tFget=new JTextField();
            tFget.setBounds(50, 220, 100, 40);
        }
        return tFget;
    }
    private JButton getbGetByID() {
        if (bGetByID ==null) {
            bGetByID=new JButton();
            bGetByID.setText("GetByID");
            bGetByID.setBounds(50, 270, 100, 50);
            bGetByID.addActionListener(new FlightZone.GetByIDButton());
        }
        return bGetByID;
    }
    private JTextField gettFdelete(){
        if (tFdelete==null) {
            tFdelete=new JTextField();
            tFdelete.setBounds(50, 340, 100, 40);
        }
        return tFdelete;
    }
    private JButton getbDelete() {
        if (bDelete ==null) {
            bDelete=new JButton();
            bDelete.setText("DELETE");
            bDelete.setBounds(50, 390, 100, 50);
            bDelete.addActionListener(new FlightZone.DeleteButton());
        }
        return bDelete;
    }
    private JButton getbAdd() {
```

```
        if (bAdd ==null) {
            bAdd=new JButton();
            bAdd.setText("ADD");
            bAdd.setBounds(700, 330, 100, 50);
            bAdd.addActionListener(new FlightZone.AddButton());
        }
        return bAdd;
    }

    private JButton getbUpdate() {
        if (bUpdate ==null) {
            bUpdate=new JButton();
            bUpdate.setText("UPDATE");
            bUpdate.setBounds(700, 390, 100, 50);
            bUpdate.addActionListener(new FlightZone.UpdateButton());
        }
        return bUpdate;
    }

    private JTextField gettFid(){
        if (tFid==null) {
            tFid=new JTextField();
            tFid.setBounds(700, 150, 100, 50);
        }
        return tFid;
    }
    private JTextField gettFDepCity(){
        if (tFDepCity==null) {
            tFDepCity=new JTextField();
            tFDepCity.setBounds(700, 210, 100, 50);
        }
        return tFDepCity;
    }
    private JTextField gettFArrCity(){
        if (tFArrCity==null) {
            tFArrCity=new JTextField();
            tFArrCity.setBounds(700, 270, 100, 50);
        }
        return tFArrCity;
    }
//为按钮添加事件监听方法
...
}
```

3. 在按钮事件中添加对服务的调用

以窗口右上角的测试按钮 Test 为例，在生成 Test 按钮时为其增加了一个事件监听器，代码如下。

```
bTest.addActionListener(new FlightZone.TestButton());
```

然后，在 URL 文本框中输入服务地址，为 Test 按钮绑定方法，代码如下。

```
private class TestButton implements ActionListener {
public void actionPerformed(ActionEvent e) {
    Client client =ClientBuilder.newClient();
    WebTarget target =client.target(tFURL.getText());
    Response response =target.request().head();
    int statuscode=response.getStatus();
    Response.StatusType status=response.getStatusInfo();
    String value =response.readEntity(String.class);
    response.close(); //关闭连接
    lStatus.setText(Integer.toString(statuscode)+" "+String.valueOf(status));
    }
}
```

首先,这个方法创建了一个 JerseyClient 对象,然后配置好 URL,向 URL 地址发出了一个 HEAD 请求,代码如下。

```
Response response =target.request().head();
```

HEAD 请求只请求资源的头部,可以用于检查超链接的有效性,所以在这里将之用于检查服务的有效性。

然后可以把获得的状态码和状态信息显示在一个状态开关 lStatus 中,代码如下。

```
lStatus.setText(Integer.toString(statuscode)+" "+String.valueOf(status));
```

其他几个按钮的功能类似,代码如下。

```
private class GetAllButton implements ActionListener {
     public void actionPerformed(ActionEvent e) {
         Client client =ClientBuilder.newClient();
         WebTarget target =client.target(tFURL.getText()+"/FlightList");
         Response response =target.request().get();
         String value =response.readEntity(String.class);
         int statuscode=response.getStatus();
         Response.StatusType status=response.getStatusInfo();
         response.close(); //关闭连接
tAFlightlist.setText(value);
          lStatus. setText (Integer. toString (statuscode) +" "+ String. valueOf
(status));
    }
}

private class GetByIDButton implements ActionListener {
    public void actionPerformed(ActionEvent e) {
        Client client =ClientBuilder.newClient();
         WebTarget target = client. target (tFURL. getText () +"/Flights/"+ tFget.
getText());
        Response response =target.request().get();
         com. alibaba. fastjson. JSON myJSON= response. readEntity (com. alibaba.
fastjson.JSON.class);
        int statuscode=response.getStatus();
        Response.StatusType status=response.getStatusInfo();
        response.close(); //关闭连接
```

```
tAFlightlist.setText(myJSON.toJSONString());
        lStatus.setText(Integer.toString(statuscode)+" "+String.valueOf
(status));
    }
}
private class DeleteButton implements ActionListener {
    public void actionPerformed(ActionEvent e) {
        Client client =ClientBuilder.newClient();
        WebTarget target =client.target(tFURL.getText()+"/delete/"+tFdelete.
getText());
        Response response =target.request().delete();
        String value =response.readEntity(String.class);
        int statuscode=response.getStatus();
        Response.StatusType status=response.getStatusInfo();
        response.close(); //关闭连接
tAFlightlist.setText(value);
        lStatus.setText(Integer.toString(statuscode)+" "+String.valueOf
(status));
    }
}
private class AddButton implements ActionListener {
    public void actionPerformed(ActionEvent e) {
        Flight newflight=new Flight();
        newflight.setId(tFid.getText());
        newflight.setDepCity(tFDepCity.getText());
        newflight.setArrCity(tFArrCity.getText());
        Client client =ClientBuilder.newClient();
        WebTarget target = client.target(tFURL.getText()+"/create/"+tFid.
getText()+"/"+tFDepCity.getText()+"/"+tFArrCity.getText());
        Response response = target.request().Post(Entity.entity(newflight,
MediaType.APPLICATION_FORM_URLENCODED_TYPE));
        String value =response.readEntity(String.class);
        int statuscode=response.getStatus();
        Response.StatusType status=response.getStatusInfo();
        response.close(); //关闭连接
tAFlightlist.setText(value);
        lStatus.setText(Integer.toString(statuscode)+" "+String.valueOf
(status));
    }
}
private class UpdateButton implements ActionListener {
    public void actionPerformed(ActionEvent e) {
        Flight newflight=new Flight();
        newflight.setId(tFid.getText());
        newflight.setDepCity(tFDepCity.getText());
        newflight.setArrCity(tFArrCity.getText());
        Client client =ClientBuilder.newClient();
        WebTarget target = client.target(tFURL.getText()+"/update/"+tFid.
getText()+"/"+tFDepCity.getText()+"/"+tFArrCity.getText());
        Response response =target.request().Put(Entity.entity(newflight,
```

```
MediaType.APPLICATION_FORM_URLENCODED_TYPE));
        String value =response.readEntity(String.class);
        int statuscode=response.getStatus();
        Response.StatusType status=response.getStatusInfo();
        response.close(); //关闭连接
tAFlightlist.setText(value);
        lStatus.setText(Integer.toString(statuscode)+" "+String.valueOf(status));
    }
}
```

4. 运行测试

启动 Tomcat，在客户端程序的 URL 文本框中输入地址，测试服务连接 http://localhost:8080/restB_war/api/FlightService，如果服务正常，会返回 200 OK（图 11.2）。

图 11.2　服务状态测试

GetAll 按钮用于获取全部航班信息（图 11.3）。

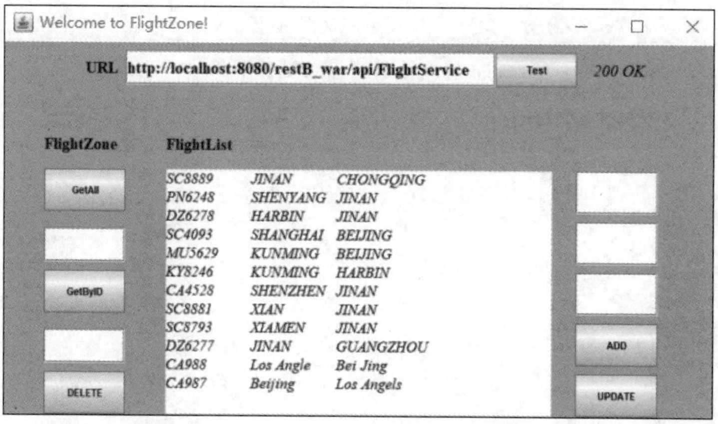

图 11.3　测试 GetAll 获取全部航班信息

输入航班号，单击 GetByID 按钮，获取单个航班信息（图 11.4）。

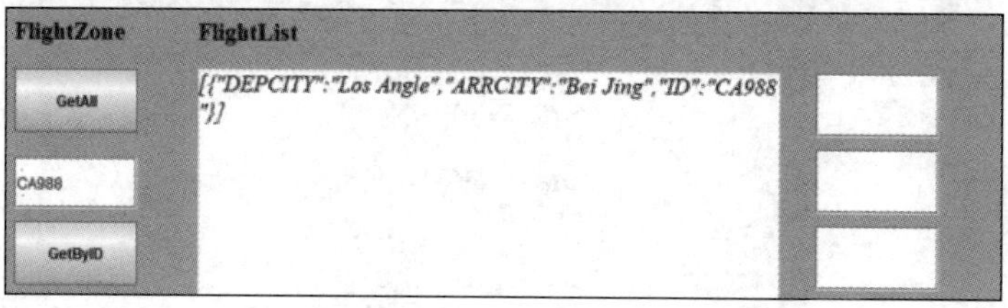

图 11.4　测试 GetByID 获取单个航班信息

输入航班号，单击 DELETE 按钮，删除单个航班信息（图 11.5）。

删除后查看全部航班信息（图 11.6）。

输入航班信息，单击 ADD 按钮，新增航班信息（图 11.7 和图 11.8）。

FlightZone
FlightList
GetAll
CA988
GetByID
CA988
DELETE
Delete Flight CA988 Sucessfully!

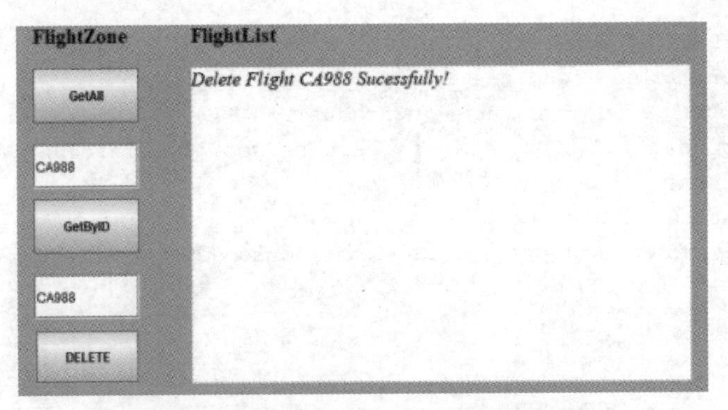

图 11.5 测试 DELETE 删除指定航班信息

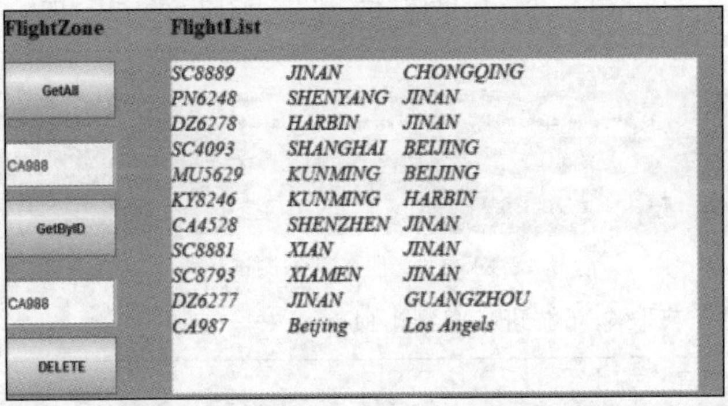

FlightZone
FlightList
GetAll
CA988
GetByID
CA988
DELETE
SC8889 JINAN CHONGQING
PN6248 SHENYANG JINAN
DZ6278 HARBIN JINAN
SC4093 SHANGHAI BEIJING
MU5629 KUNMING BEIJING
KY8246 KUNMING HARBIN
CA4528 SHENZHEN JINAN
SC8881 XIAN JINAN
SC8793 XIAMEN JINAN
DZ6277 JINAN GUANGZHOU
CA987 Beijing Los Angels

图 11.6 删除后查看全部航班信息

FlightList
Create new Flight Sucessfully!
CA999
Beijing
NewYork
ADD
UPDATE

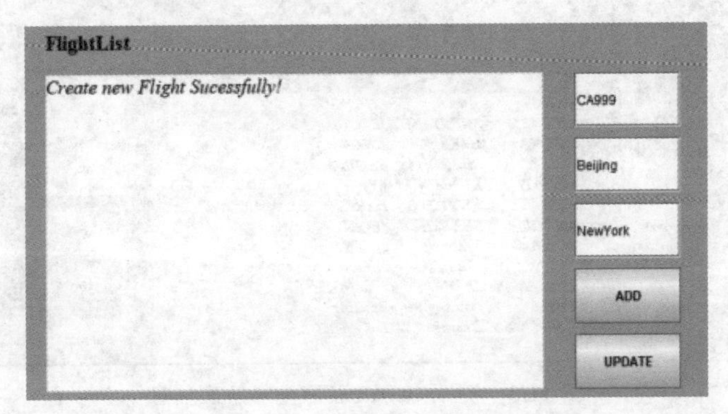

图 11.7 测试新增航班信息

FlightZone
FlightList
GetAll
CA988
GetByID
CA988
DELETE
SC8889 JINAN CHONGQING
PN6248 SHENYANG JINAN
DZ6278 HARBIN JINAN
SC4093 SHANGHAI BEIJING
MU5629 KUNMING BEIJING
KY8246 KUNMING HARBIN
CA4528 SHENZHEN JINAN
SC8881 XIAN JINAN
SC8793 XIAMEN JINAN
DZ6277 JINAN GUANGZHOU
CA987 Beijing Los Angels
CA999 Beijing NewYork

图 11.8 增加后查看全部航班信息

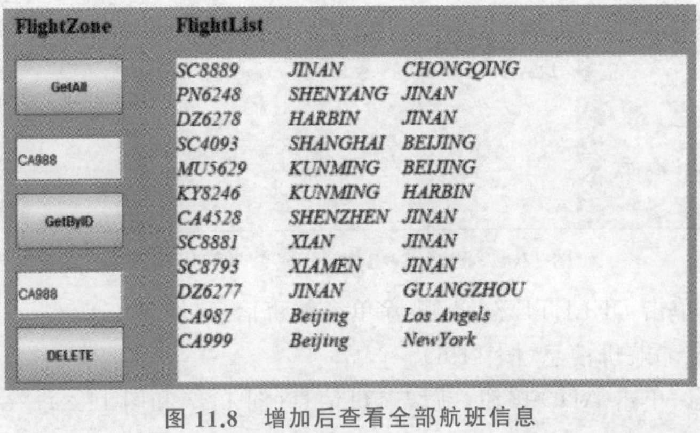

输入航班信息，单击 UPDATE 按钮，修改指定航班信息(图 11.9)。

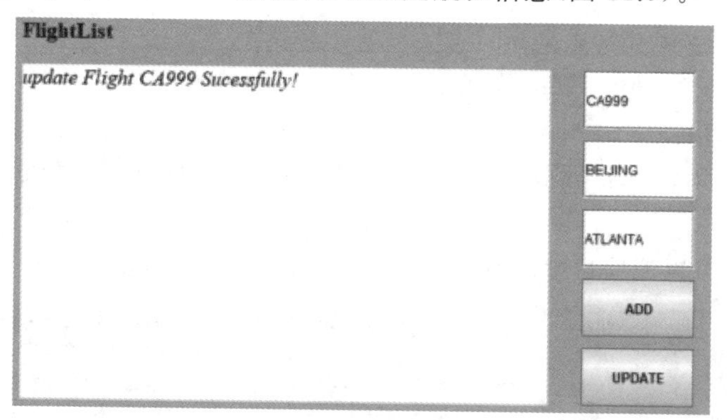

图 11.9　修改指定航班信息

修改后查看全部航班信息(图 11.10)。

FlightZone

GetAll

CA988

GetByID

CA988

DELETE

FlightList

SC8889	JINAN	CHONGQING
PN6248	SHENYANG	JINAN
DZ6278	HARBIN	JINAN
SC4093	SHANGHAI	BEIJING
MU5629	KUNMING	BEIJING
KY8246	KUNMING	HARBIN
CA4528	SHENZHEN	JINAN
SC8881	XIAN	JINAN
SC8793	XIAMEN	JINAN
DZ6277	JINAN	GUANGZHOU
CA987	Beijing	Los Angels
CA999	BEIJING	ATLANTA

图 11.10　修改后查看全部航班信息

11.3　微信小程序调用 RESTful 服务

1. 微信小程序简介

微信小程序是腾讯公司于 2017 年 1 月 9 日推出的一种不需要下载安装即可在微信平台上使用的应用程序，主要提供给企业、政府、媒体、其他组织或个人的开发者在微信平台上为用户提供各种 Web 服务。

微信小程序更像是一个富客户端的网站，其可以被认为是运行在微信的浏览器容器中，是遵从一套从设计到组件的 WeUI 规范的 Web 程序。每个小程序项目中都有固定格式的四类不同类型的文件，如下所示。

(1) 以 json 为扩展名的 JSON 配置文件，存储页面的配置信息。

(2) 以 wxml 为扩展名的 WXML 模板文件，表达页面的结构。

(3) 以 wxss 为扩展名的 WXSS 样式文件，表达页面的格式。

(4) 以 js 为扩展名的 JS 脚本逻辑文件，表达程序的逻辑。

小程序客户端可以通过服务调用后台数据，具体的服务功能写在 JS 脚本逻辑文件中。小程序可以发起四种网络请求，如下所示。

(1) wx.request：HTTP 请求。

(2) wx.uploadFile：上传文件。

(3) wx.downloadFile：下载文件。

(4) wx.connectSocket：建立连接端口。

2. 调用 RESTful 服务

通过封装 wx.request，小程序也可以访问 RESTful 接口的服务，获取后端的资源。

1) 配置域名

一般情况下，可以把项目中的域名前缀配置在根目录的 app.js 中，代码如下。

```
App({
  onLaunch: function() {
  },
  globalData: {
      userInfo: null,
      loginCode: null,
      version: '1.0.0',
      host: 'https://**',
  }
})
```

2) 直接调用 wx.request

直接在 wx.request 中设置 HTTP 的方法、URL、数据等即可发起调用，并能从获取的返回值中解析出需要的内容，代码如下。

```
wx.request({
      method: "post",
      url: 'http://*****.com/createWashingOrder',
      data: '{"appId": "' + appid + '", "timestamp": ' + timestamp + ', "version":
"' + version + '", "sign": "' + sign + '", "orderAmount": "' + orderAmount + '", "modeId":
"' + modeId + '", "deviceId": "' + deviceId + '", "userIdEnc": "' + userIdEnc + '", }',
      header: header,
      dataType: "json",
      success: function (res) {
      console.log("请求成功", res)
        }, fail: function (res) {
              console.log("请求失败", res)
        }
})
```

上述代码向 URL 发起了一个 POST 请求，数据格式是 JSON 文件。

3) 封装 wx.request

一个小程序可能会有多个调用服务的操作，方便起见，可以先对 wx.request 进行封装，以便客户端应用使用。

这些封装代码应写在项目 utils 目录的 request.js 文件中。先定义通用操作，代码如下。

```
// wx.request 封装
const app = getApp()
const request = (url, options) => {
  return new Promise((resolve, reject) => {
wx.request({
```

```
      url: '${app.globalData.host}${url}',//获取域名接口地址
      method: options.method, //配置方法
data: options.method === 'GET' ? JSON.stringify(options.data):options.data,
      //如果是 GET 请求,数据转换为查询字段 query String;其他 HTTP 方法需要让 options.
data 转换为字符串
      header: {
        'Content-Type': 'application/json; charset=UTF-8'
      },
      success(request) {
      //监听成功后的操作
        if (request.data.code ===200) {
        //此处 200 是请求成功的返回代码,成功后将 request.data 传入 resolve 方法中
          resolve(request.data)
        } else {
        //如果没有获取成功返回值,把 request.data 传入 reject 方法中
          reject(request.data)
        }
      },
      fail(error) {
      //返回失败也同样传入 reject 方法中
        reject(error.data)
      }
    })
  })
}
```

然后逐一封装 HTTP 方法,代码如下。

```
//封装 GET 方法
const get = (url, options = {}) =>{
  return request(url, {
    method: 'GET',
    data: options
  })
}
//封装 POST 方法
const post = (url, options) =>{
  return request(url, {
    method: 'POST',
    data: options
  })
}
//封装 PUT 方法
const put = (url, options) =>{
  return request(url, {
    method: 'PUT',
    data: options
  })
}
//封装 REMOVE 方法
//不能声明保留字 DELETE,换用 remove 代替
```

```
const remove = (url, options) =>{
  return request(url, {
    method: 'DELETE',
    data: options
  })
}
```

最后，通过模块抛出定义好的 wx.request 的 POST、GET、PUT、REMOVE 四个方法，代码如下。

```
module.exports ={
  get,
  post,
  put,
  remove
}
```

4）管理 API 接口

项目的 API 大部分都是可以复用的。为了后期方便维护管理，这时需要把公共的 API 抽象出来，如可以按模块建立相应的 JS 脚本，在 page 中加入一个 API 目录，再加入一个 api.js 脚本封装所有的接口，代码如下。

```
const getUserMessage ='/api/getUserMessage' //用户登录
const postregister ='/api/register' //用户注册
const postEnterpriseMessage ='/api/AddEnterpriseMessage' //企业注册
const postEnterprisePubMessage ='/api/AddEnterprisePubMessage' //企业发布信息
//抛出接口常量
module.exports ={
  getUserMessage,
  postregister,
  postEnterpriseMessage,
  postEnterprisePubMessage
}
```

5）使用封装后的 API

具体客户端功能页面需要在 pages 中子组件的 JS 中引用 api.js 和 request.js，方法如下。

```
import { getMainPage} from '../api/api.js'
import api from '../../utils/request.js'
```

案例如下所示。

```
import {postEnterprisePubMessage} from '../api/api.js'
import api from '../../utils/request.js'
const app =getApp();

Page({
…
applySubmit:function(){
    var that =this;
    //调用接口
```

```
    api.post(postEnterprisePubMessage,'{"pubID":"' +app.globalData.userinfo.
enterpriseID + '", "type":"' + that.data.type + '","category":"' + that.data.
category+'","area":"'+ that.data.area + '","title":"' + that.data.title + '",
"content":"' + that.data.content + '","eYear":"2007","industry":"1234567890",
"priceUpperbound":"20000"," rCapital":" 500"," bAccount":" 0"," taxType":" A",
"priceDownbound":"10000"," taxLevel":" A"," taxNormal":" 1"," businessNormal":
"1","pubEnter":"'+app.globalData.userinfo.enterpriseID+'","pubTime":"2020-10
-25 12:22:34"}' ).then(res =>{
      //+that.data.pubTime++util.formatTime(new Date())+
      //成功时回调函数
      console.log(res)
        if (res.code ===200) {
          //此处 200 是项目中数据获取成功后返回的值
wx.showToast({
            title: "提交成功!请等待后台审核",
            duration: 4000,
            icon: "loading",
            make: true
          });
wx.redirectTo({
              url: '../intro/intro',
              success: function (res) {
                  // success
              },
              fail: function () {
                  // fail
              },
              complete: function () {
                  // complete
              }
            })
          } else {
          //如果没有获取成功返回值,显示错误
          if (res.code ===301) {
wx.showToast({
              title: "该信息已存在!",
              duration: 3000,
              icon: "none",
              make: true
            })
          }
        }
      }).catch(err =>{
      //失败时回调函数
        console.log(err)
      }),
wx.navigateTo({
      url: '../intro/intro'
    })
  }
```

```
...
}
```

本章习题

1. 下载、安装本章介绍的开发环境，并完成书中讲解的案例。
2. 通过开发本章的客户端案例，解释服务系统前后端分离设计的优缺点。

第12章

OpenAPI 规范与设计

REST 语境下,开发服务的目的是将所拥有的资源提供给 HTTP 请求者。这里说的服务(Service)包括两方面:一是服务本身,是具体资源及其响应增、删、改、查操作的后端实现;二是服务的访问接口(API),即资源的描述文档。

12.1 RESTful API 的工作原理

1. API 就是资源

传统 API 是一些预先定义的函数,而 RESTful API 的核心原则是从逻辑上将 API 拆分为资源,然后通过 HTTP 方法操作(GET、POST、PUT、DELETE)这些资源。

那么,如何拆分出这些资源呢?

原则是只暴露必要资源给外部应用。例如,资源是 ticket、user、group,一旦定义好了这些要暴露的资源,开发者就可以定义资源支持的操作,如下所示。

```
GET /tickets            #获取 ticket 列表
GET /tickets/12         #查看某个具体的 ticket
POST /tickets           #新建一个 ticket
PUT /tickets/12         #更新 ticket 12
DELETE /tickets/12      #删除 ticket 12
```

如果有不符合这些标准 HTTP 动作的操作,那么就需要重新定义资源和设计资源的表述。

2. 从 GET 出发

首先,假设通过客户端程序访问资源也等效于将 URL 手动输入 Web 浏览器地址栏。然后,资源请求者的客户端程序将接管通信,并对响应中的可用选项进行检查,随后可能访问响应中的链接、填充表单并最终完成服务交互任务。

在 REST 的世界里,最初请求者除了知道指向资源的 URL 以外对其他一无所知,所以,一般第一步就是要获取该 API 首页的表述,这是 API 首先要暴露给外界的内容。由 HTTP 规范可知,GET 请求是为了获取表述而做的请求,该种类型的请求主观上并没有改变服务器资源状态的意图。

资源请求者总是可以向 API 发起一个 GET 请求从而得到一个资源表述作为响应,这个请求将不会造成如删除数据这样的破坏性效果,这缘于 GET 是一个安全的方法。

所以,第一步就是通过 GET 方法获取该 API 首页的表述。请求者看到一个以 http:// 或 https:// 开头的 URL 后,尽管并不知道该 URL 的另一报文头是什么,但已经可以向它发起一个 HTTP GET 请求,并从该资源处获取一个表述,这便是 HTTP GET 的作用所在。大部分 API 设计者现在都能理解:客户端之所以频繁向 URL 发起 GET 请求只是为了看看该 URL 背后的内容是什么。所以,不应在设计时给 GET 请求赋予其他的副作用。

3. 向 API 写入数据

如何使用 API 向服务端发送消息呢?客户端首先要知道服务端接受的消息格式,亦即 Content-Type 也是服务端指定的。请求者往往还需要使用模板对象获知组装一个有效表述的方法,然后使用 HTTP POST 向服务器发送该表述以获得处理。

这些都需要服务端在 API 的反馈中说明,否则后续请求将无法执行。

4. HTTP POST:资源是如何生成的?

HTTP 中有关 POST 的规范 RFC 2616 中是这样描述 POST 的:POST 应被设计为一个具备如下功能的统一方法。

(1) 对现有资源进行注解。

(2) 向公告板、新闻组、邮件列表或类似的文章组发布消息。

(3) 向数据处理流程提供如表单提交结果式的数据块。

(4) 通过追加操作扩充数据库内容。

因此,如果资源请求者所发出的 POST 请求语义是很清晰的,而且其携带的 Content-Type 报头和实体消息体也是符合 API 里的说明的,那么服务端接收到这些内容后就可以做出进一步的处理。

12.2 OpenAPI 规范

开发者通过 API 开放服务,以此供用户访问和使用,帮助使用者更快、更灵活地获取和调用服务,促进合作伙伴之间的协作与整合。这需要开发者能够将 API 以某种规范的格式公开。同时,引入 API 后,可以分离前后端的开发,使前后端工程师可以各司其职、各自开发、相对独立,前后端通过 API 进行交互,后端提供接口给前端,前端调用该接口操作数据。另外还有一个问题,如果前后端团队人员不能及时协商,例如,后端根据实现技术的要求修改了一个参数的类型却没有及时通知前端,那么就可能会导致一些意想不到的问题,这就要求 API 文档还应该及时更新。

回顾一下 SOA 架构,Web 服务是通过 UDDI 协议(即统一描述、发现和集成)发布的(主要是其 WSDL 描述文件),UDDI 与 WSDL 的对应关系如图 12.1 所示。为了解决服务间集成的自动化问题,UDDI 在两个方面提供了解决方案。

(1) UDDI 定义了一系列技术规范,使商家可以描述商家自身、产品、服务及基于 Web 的商业流程。

(2) 要有一个全球企业注册表(UDDI 中心),能使跨越多个平台的企业方便地搜索和发现彼此,这个注册表将是免费的。

但现实中,统一的 UDDI 中心一直没有形成。为此,许多 API 提供者不得不采用专门

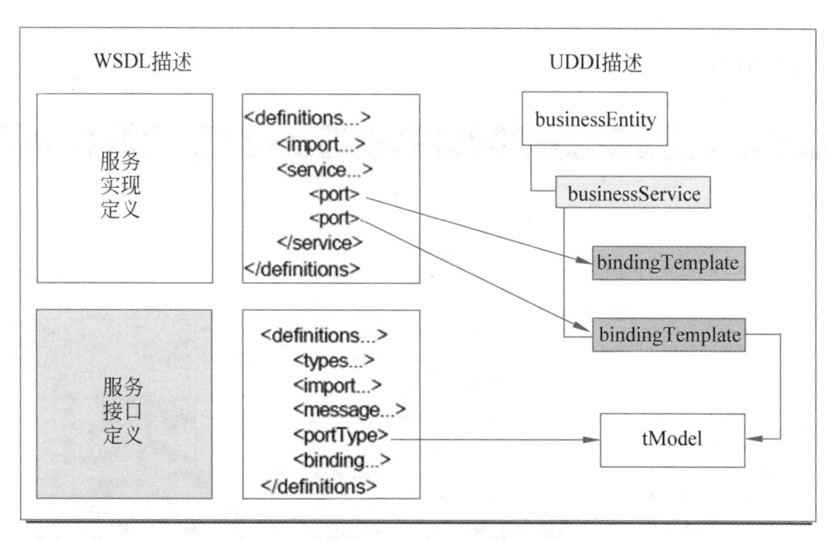

图 12.1 UDDI 与 WSDL 的对应关系

的文档描述 API,如图灵 API 的描述页面如图 12.2 所示。

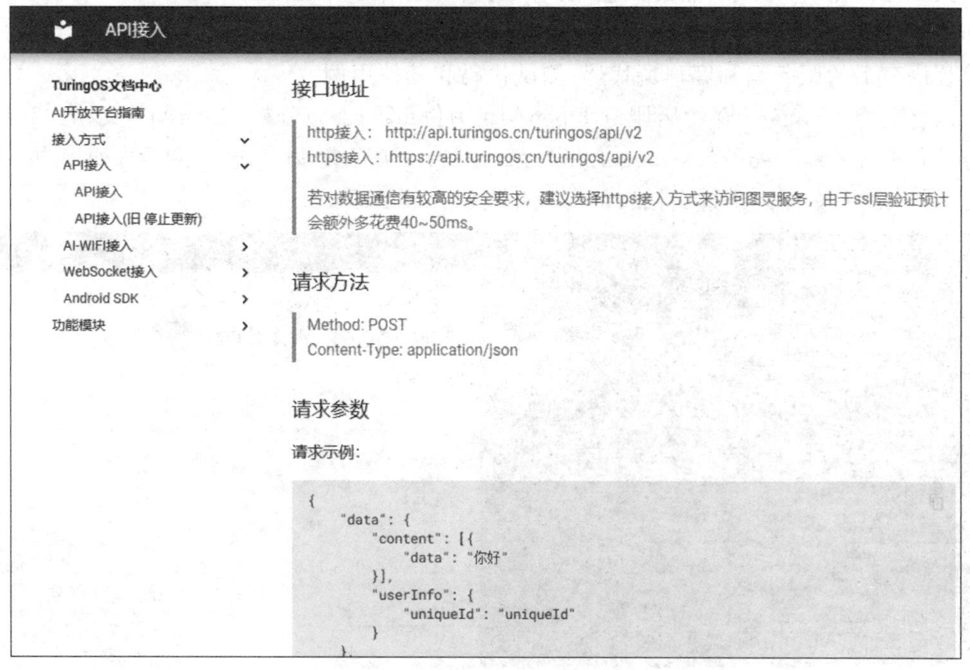

图 12.2 图灵 API 的描述页面

再如互联网气象服务公司的 API 页面[1],如图 12.3 所示。

这种描述方法虽然也很清晰,但只适合人类阅读和理解,无法被计算机直接识别,换言之,要访问这个 API,开发者必须首先读懂 API 文档,按照文档中的约定开发客户端和请求 API。这显然大大阻碍了通过 API 连接程序的效率。

---

[1] AccuWeather 是全美最大、知名度最高的气象预报公司,其 Web 服务器设在宾夕法尼亚州立大学,拥有大量的气象预测数据。其数据来源是独立的,它们号称能预测世界任何地方气象,并能为美国政府以及付费机构提供气象信息。

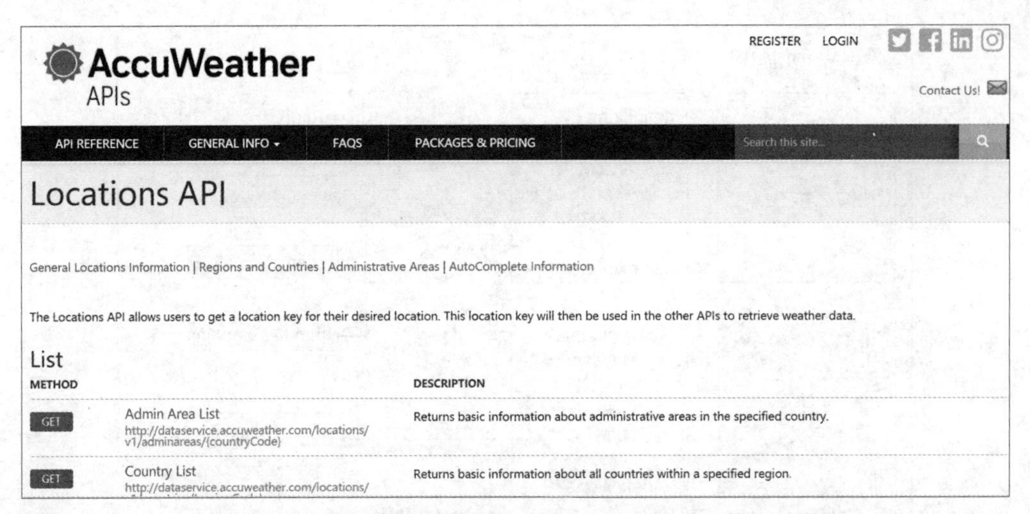

图 12.3　位于美国宾州的 AccuWeather 公司的 API 描述页面

OpenAPI 规范(OAS)定义了一个标准的、与语言无关的 RESTful API 接口规范。正确定义规范文档后,开发者就可以使用最少的实现逻辑理解远程服务并与之交互。此外,借助文档生成工具,开发者可以使用 OpenAPI 规范生成 API 文档,代码生成工具可以生成各种编程语言下的服务端和客户端代码、测试代码和其他用例。

以著名的 Swagger 宠物店服务 OpenAPI 为例(图 12.4)分析 OpenAPI 文档中包括的内容,打开 https://editor.swagger.io/,就会默认打开宠物店这个例子,页面左侧是 OpenAPI 文档,右侧则是这个接口的可视化展示。

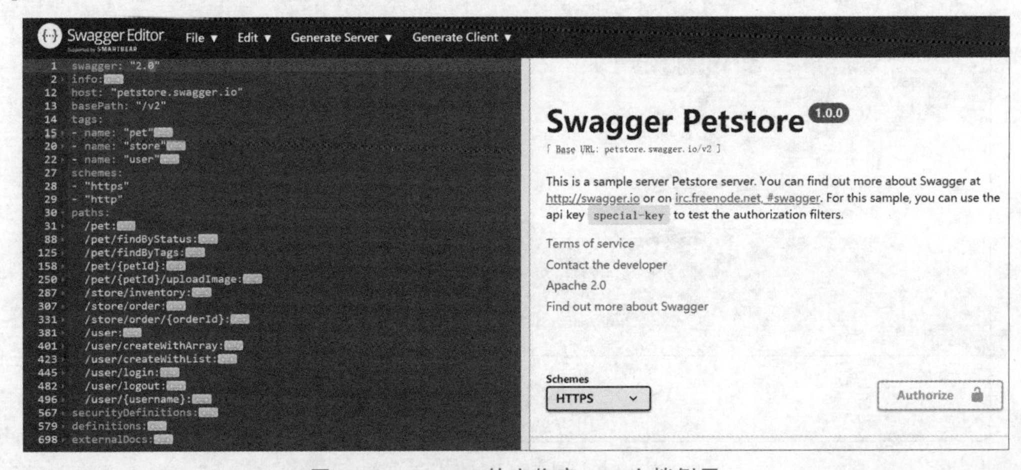

图 12.4　Swagger 的宠物店 API 文档例子

其 OpenAPI 结构如图 12.5 所示。

可以看到,当前最新版本是 Swagger 2.0,OpenAPI 的根文档对象包括以下内容。

1) Swagger 版本号

swagger:2.0。

2) API 元数据信息(info)

描述 API 的元数据信息,包括描述、版本、标题、联系邮箱、许可等。

3）服务器信息(host)

表示一个服务器的对象"petstore.swagger.io"。

4）基本路径(basePath)

目前是"/v2"。

5）API 的分组标签(tags)

用于对 path 对象中的 API 进行分组，可以生成更美观的文档。

这个例子中有三个标签：pet、store、user，实际上是代表了三种资源。

6）schemes

当前有两个，即 https 和 http。

7）API 资源路径和操作(paths)

这是 API 的主要部分，在这里可以看到有 14 个路径，其中 pet 资源有 5 个，store 资源有 3 个，user 资源有 6 个，举其中一个作为例子分析如下。

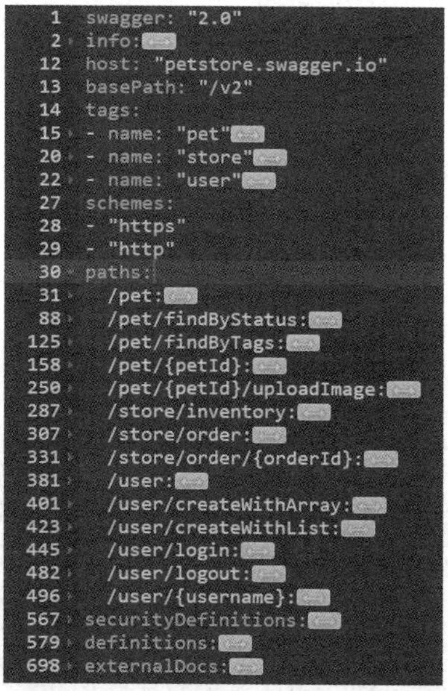

```
1    swagger: "2.0"
2    info:
12   host: "petstore.swagger.io"
13   basePath: "/v2"
14   tags:
15   - name: "pet"
20   - name: "store"
22   - name: "user"
27   schemes:
28   - "https"
29   - "http"
30   paths:
31     /pet:
88     /pet/findByStatus:
125    /pet/findByTags:
158    /pet/{petId}:
250    /pet/{petId}/uploadImage:
287    /store/inventory:
307    /store/order:
331    /store/order/{orderId}:
381    /user:
401    /user/createWithArray:
423    /user/createWithList:
445    /user/login:
482    /user/logout:
496    /user/{username}:
567  securityDefinitions:
579  definitions:
698  externalDocs:
```

图 12.5　Swagger 的宠物店 OpenAPI 文档结构

```
  /pet/{petId}:
    get:
      tags:
      -pet
summary:Find pet by ID
      description: Returns a single pet
      operationId: getPetById
      parameters:
      -name: petId
        in: path
        description: ID of pet to return
        required: true
        schema:
          type: integer
          format: int64
      responses:
        200:
          description: successful operation
          content:
            application/xml:
              schema:
                $ ref: '# /components/schemas/Pet'
            application/json:
              schema:
                $ ref: '#/components/schemas/Pet'
        400:
          description: Invalid ID supplied
          content: {}
        404:
          description: Pet not found
```

```
          content: {}
      security:
      - api_key: []
  post:
      tags:
      - pet
      summary: Updates a pet in the store with form data
      operationId: updatePetWithForm
      parameters:
      - name: petId
        in: path
        description: ID of pet that needs to be updated
        required: true
        schema:
          type: integer
          format: int64
      requestBody:
        content:
          application/x-www-form-urlencoded:
            schema:
              properties:
                name:
                  type: string
                  description: Updated name of the pet
                status:
                  type: string
                  description: Updated status of the pet
      responses:
        405:
          description: Invalid input
          content: {}
      security:
      - petstore_auth:
        - write:pets
        - read:pets
  delete:
      tags:
      - pet
      summary: Deletes a pet
      operationId: deletePet
      parameters:
      - name: api_key
        in: header
        schema:
          type: string
      - name: petId
        in: path
        description: Pet id to delete
        required: true
        schema:
```

```
        type: integer
        format: int64
    responses:
      400:
        description: Invalid ID supplied
        content: {}
      404:
        description: Pet not found
        content: {}
    security:
    -petstore_auth:
      -write:pets
      -read:pets
```

可以看到，针对这个资源有 GET、POST、DELETE 三种操作，每种操作通过 tags（标签）、summary（摘要）、description（描述）、operationId（操作 id）、parameters（参数）、requestBody（请求体）、responses（响应）、security（安全机制）等部分详细描述了 API 的细节。

Swagger 还提供了可视化的展现，如图 12.6 所示为 pet 资源下的路径和方法，不同的方法采用不同的颜色展现，非常直观。

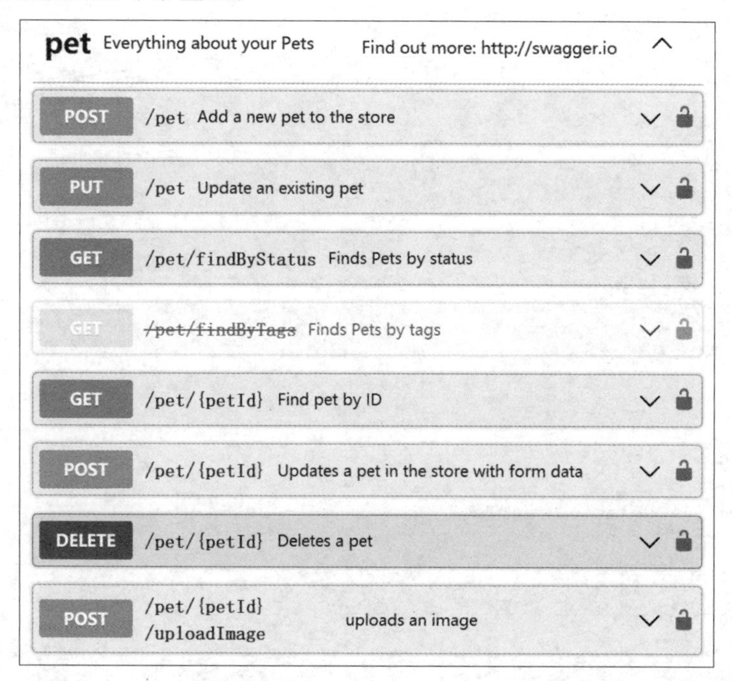

图 12.6 Swagger 的宠物店 API 中 pet 资源接口的可视化展现

8）安全定义（securityDefinitions）

这里包括 petstore 所使用的 oauth2 认证以及有关的 api_key 等定义，代码如下。

```
petstore_auth:
    type: "oauth2"
    authorizationUrl: "http://petstore.swagger.io/oauth/dialog"
    flow: "implicit"
```

```
    scopes:
      write:pets: "modify pets in your account"
      read:pets: "read your pets"
  api_key:
    type: "apiKey"
    name: "api_key"
    in: "header"8)定义 definitions:
```

这里包括了一些对象如 order、category、user、tags、pet 以及 API 响应的说明。以 pet 对象为例，主要说明了此对象的一些属性，如下所示。

```
type: "object"
required:
- "name"
- "photoUrls"
properties:
  id:
    type: "integer"
    format: "int64"
  category:
    $ref: "#/definitions/Category"
  name:
    type: "string"
    example: "doggie"
  photoUrls:
    type: "array"
    xml:
      name: "photoUrl"
      wrapped: true
    items:
      type: "string"
  tags:
    type: "array"
    xml:
      name: "tag"
      wrapped: true
    items:
      $ref: "#/definitions/Tag"
  status:
    type: "string"
    description: "pet status in the store"
    enum:
    - "available"
    - "pending"
    - "sold"
xml:
  name: "Pet"
```

9）扩展文档(externalDocs)

具体内容如下所示。

```
description: "Find out more about Swagger"
url: "http://swagger.io"
```

宠物店的 OpenAPI 还有一个 JSON 版本可以从 SwaggerEditor 输出，代码见附录 D。

12.3　OpenAPI 工具 Swagger

将每个 API 文档都手动生成一遍无疑是非常烦琐的，因此人们开发了很多遵循 OpenAPI 规范的 API 文档工具。Swagger 是目前最为主流的 OpenAPI 规范(OAS)API 开发工具框架，其支持从设计到测试和部署的整个 API 生命周期的开发功能。

1. Swagger 的功能

Swagger 的主要组成如图 12.7 所示。

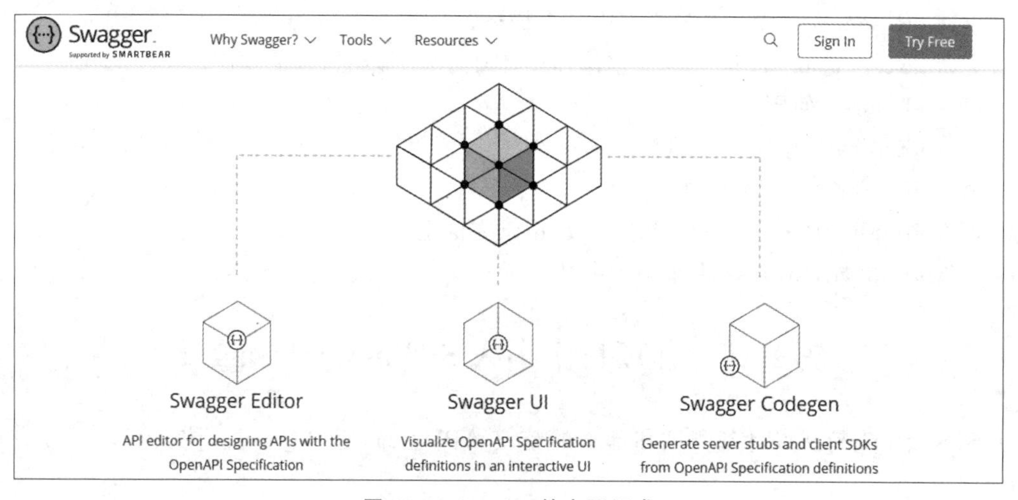

图 12.7　Swagger 的主要组成

Swagger 是一款 RESTful 接口的文档在线自动生成和功能测试功能软件，其目标是为 RESTful API 定义一个标准的、与语言无关的接口，帮助人和计算机在看不到源码、看不到文档或者不能通过网络流量检测的情况下发现和理解各种服务的功能。通过 Swagger 定义服务，消费者能通过少量的实现逻辑与远程的服务互动，故 Swagger 更类似于低级编程接口。

Swagger 官网主要提供了几种开源工具，以此提供相应的功能，包括库、编辑器、代码生成器等部分。

(1) Swagger Codegen：Swagger Codegen 用于通过 API 规范生成服务端和客户端代码。通过 Codegen 可以简化生成服务桩和客户端 SDK 代码的过程，使开发团队能够更关注 API 的实现。

(2) Swagger UI：用来可视化地展示 API 规范。其提供了一个交互式的 UI 页面展示描述文件。

(3) Swagger Editor：用来编写 API 规范描述文件的编辑器，该编辑支持实时预览描述文件的更新效果，访问 URL 为 https://editor.swagger.io/。

(4) Swagger Inspector：是一个可以对接口进行测试的在线环境，比在 Swagger UI 中请求接口，其会返回更多的信息，也会保存用户的实际请求参数等数据。

(5) Swagger Hub：集成了上面各项目的所有功能，用户能以项目和版本为单位将描述文件上传到 Swagger Hub 中，并在其中完成上面项目的所有工作，收费版用户需要注册使用。

2. Swagger 的实现原理

Swagger 通过注解表述接口会生成的文档，包括接口名、请求方法、参数、返回信息，以下是部分注解的说明。

@Api：修饰整个类，描述控制器的作用。

@ApiOperation：描述一个类的一个方法，或者一个接口。

@ApiModel：用对象接收参数，修饰类。

@ApiModelProperty：在用对象接收参数时，描述对象的一个字段。

@ApiResponse：HTTP 响应其中一个描述。

@ApiResponses：HTTP 响应整体描述，一般用户描述错误的响应。

@ApiIgnore：使用该注解忽略这个 API。

@ApiError：发生错误返回的信息。

@ApiParam：单个参数的描述。

@ApiImplicitParam：一个请求参数，用于方法上。

@ApiImplicitParams：多个请求参数。

12.4 在项目中引入 Springfox Swagger

Swagger 支持从设计到测试和部署的整个 API 生命周期的开发。主要有以下 3 方面的作用。

(1) 将项目中的所有接口展现在页面上，这样后端程序员将不再需要为前端使用者编写专门的接口文档。

(2) 当接口更新之后，只需要修改代码中的 Swagger 描述就可以实时生成新的接口文档，从而规避了接口文档老旧不能使用的问题。

(3) 可以通过 Swagger 直接调用接口，降低了项目开发阶段的调试成本。

Springfox 是一个开源的 API Doc 框架，它的前身是 swagger-springmvc，可以将项目控制器中的方法以文档的形式展现。官方将之定义为：Automated JSON API documentation for API's built with Spring。从这个官方定义看，Springfox 的主要作用就是为 Spring 框架构建的 API 自动生成 JSON 格式的说明文档。事实上，Springfox 是通过扫描并提取代码中的信息生成 API 文档的，这确实大大方便了 API 说明代码的生成。

使用 Springfox 生成的接口文档直观可视，可以帮助后端开发人员整理接口文档，规范化解说接口需要的参数和返回结果，并保证 API 与文档的实时同步。此外，Springfox 还支持在线测试，可实时检查参数和返回值，这些都真正确保了前后端有效分离。

引入 Springfox 也很便捷，在 mvnrepository 查询 Swagger 的依赖，搜索 springfox 关键字，可得到如图 12.8 所示的结果。

用 IDEA 创建一个 Spring 工程并引入 Springfox Swagger(图 12.9)。

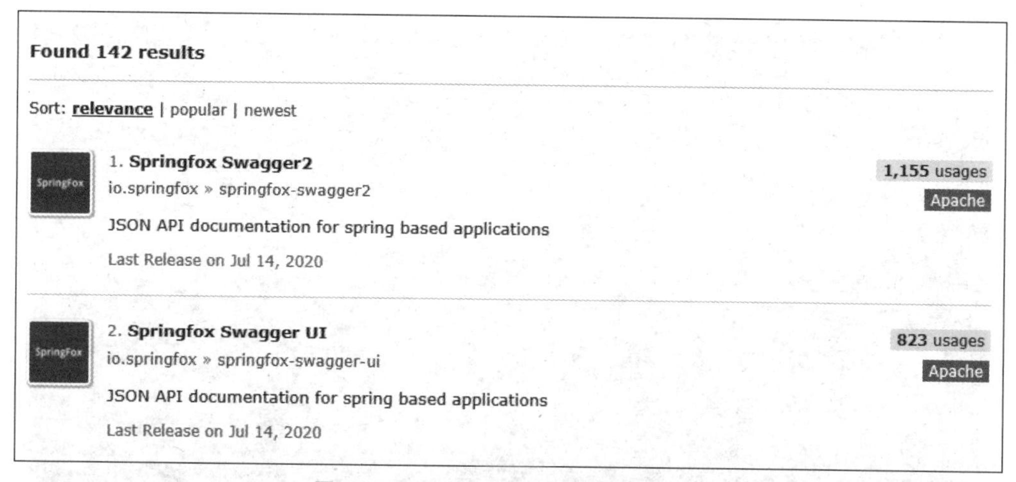

图 12.8　Springfox Swagger 的获取地址

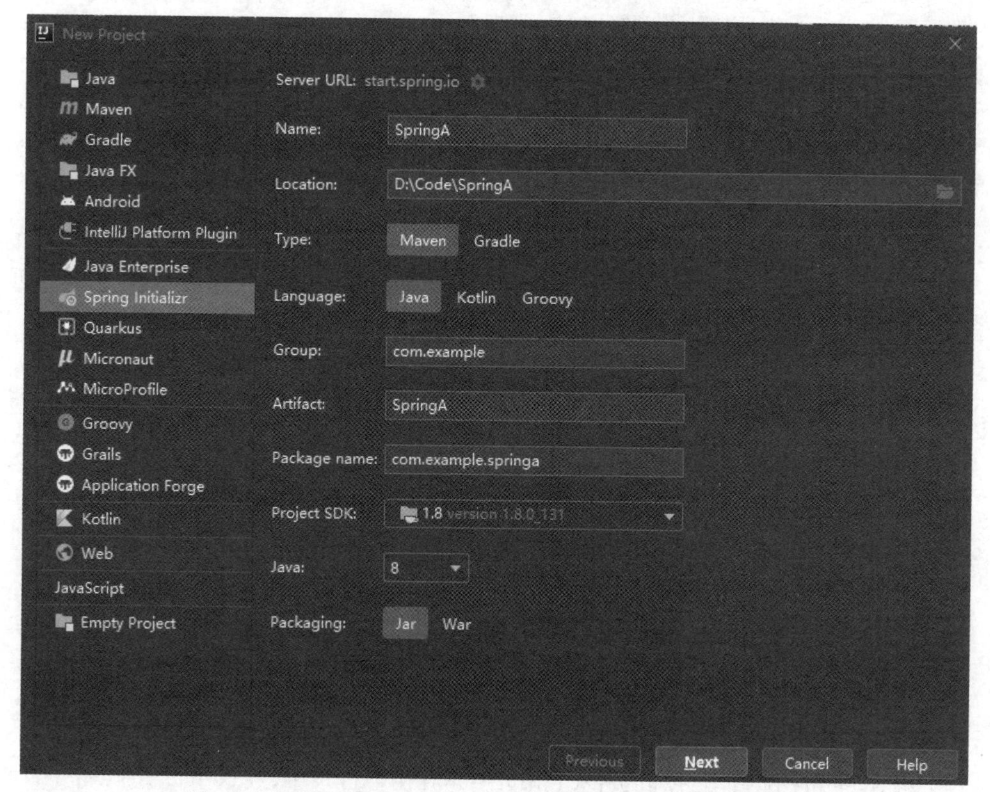

图 12.9　IDEA 创建一个 Spring 工程并引入 Springfox Swagger

在下一页选择 Spring Web(图 12.10)。

将这两个依赖添加到项目中,代码如下。

```
<!--https://mvnrepository.com/artifact/io.springfox/springfox-swagger2 -->
<dependency>
<groupId>io.springfox</groupId>
<artifactId>springfox-swagger2</artifactId>
<version>2.9.2</version>
</dependency>
```

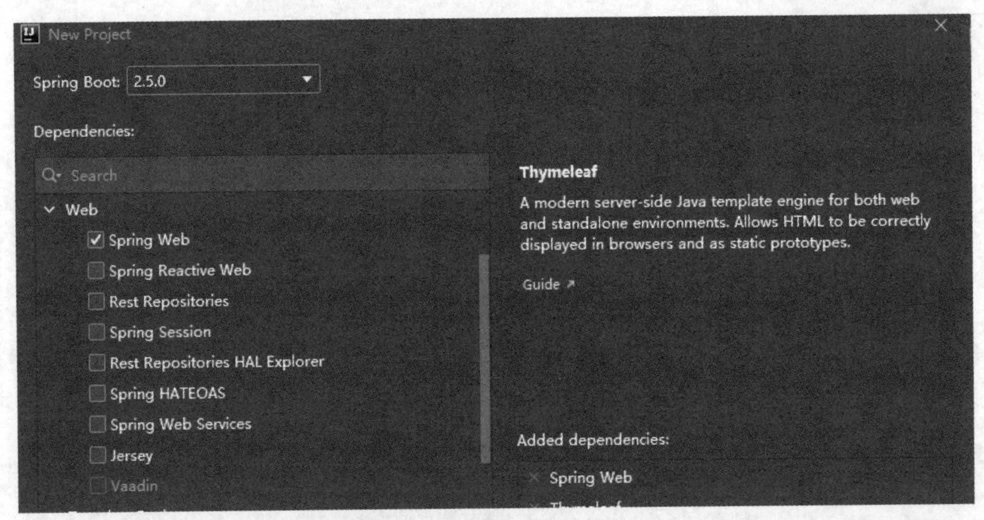

图 12.10　选择 Spring Web

```
<!--https://mvnrepository.com/artifact/io.springfox/springfox-swagger-ui -->
<dependency>
<groupId>io.springfox</groupId>
<artifactId>springfox-swagger-ui</artifactId>
<version>2.9.2</version>
</dependency>
```

单击 IDEA 环境侧边栏的 Maven，单击 Update 按钮，可以将这些依赖导入到项目(图 12.11)。

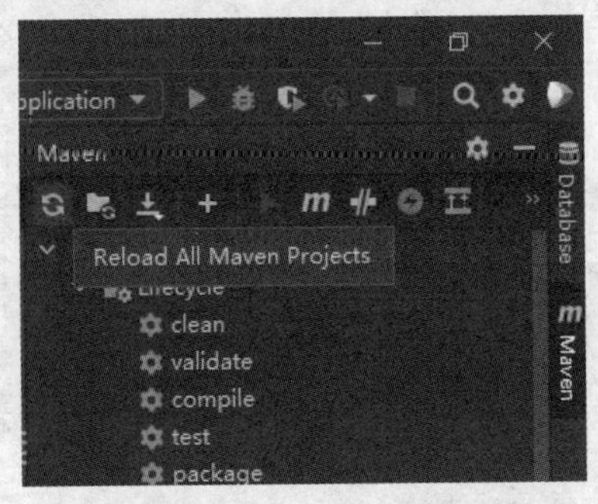

图 12.11　导入依赖

在项目的 main/java/com.example.SpringA 目录中添加三个文件，如下所示。

(1) 将 Swagger 配置类 Swagger2Config.java 放在主目录中，在这里设置 swaggerUI 的页面个性化信息、加载类的过滤等，代码如下。

```
package com.example.SpringA;
import org.springframework.context.annotation.Bean;
import org.springframework.context.annotation.Configuration;
import springfox.documentation.builders.ApiInfoBuilder;
import springfox.documentation.builders.PathSelectors;
import springfox.documentation.builders.RequestHandlerSelectors;
import springfox.documentation.service.ApiInfo;
import springfox.documentation.spi.DocumentationType;
```

```
import springfox.documentation.spring.web.plugins.Docket;
import springfox.documentation.swagger2.annotations.EnableSwagger2;
@Configuration
@EnableSwagger2
public class swagger2Config {
    @Bean
    public Docket buildDocket() {
        return  new Docket(DocumentationType.SWAGGER_2)
                .apiInfo(apiInfo())//调用 apiInfo()方法
                .select()
                //Controller 所在路径
.apis(RequestHandlerSelectors.basePackage("com.example.SpringA.web"))
                .paths(PathSelectors.any())
                .build();
    }
    public ApiInfo apiInfo() {
        return  new ApiInfoBuilder()
                .title("springboot 结合 swagger2 构建 RESTful API")
                .description("这是一个 swagger2 实例")
                .termsOfServiceUrl("www.abc.com")
                .version("0.0.1")
                .build();
    }
}
```

其中，“**.apis(RequestHandlerSelectors.basePackage("com.example.SpringA.web"))**”指定了生成 API 文档需要扫描接口的控制器包路径。

（2）将实体类 User.java 放在 domain 目录中。

```
package com.example.SpringA.domain;
import javax.xml.bind.annotation.XmlRootElement;
import java.io.Serializable;
import com.alibaba.fastjson.annotation.JSONField;
@XmlRootElement
public class User implements Serializable {
  private static final long serialVersionUID =1L;
@JSONField(name ="ID")
private Long id;
@JSONField(name ="NAME")
private String name;
@JSONField(name ="PHONE")
private String phone;
public Long getId() {
    return id;
}
public void setId(Long id) {
    this.id =id;
}
public String getName() {
    return name;
```

```
    }
    public void setName(String name) {
        this.name =name;
    }
    public String getPhone() {
        return phone;
    }
    public void setPhone(String phone) {
        this.phone =phone;
    }
    }
```

(3) 将控制类 usercontroller.java 放在 web 目录中，为类添加 Springfox 注解，代码如下。

```
package com.example.SpringA.web;
import io.swagger.annotations.ApiImplicitParam;
import io.swagger.annotations.ApiImplicitParams;
import io.swagger.annotations.ApiOperation;
import org.springframework.web.bind.annotation.*;
import java.util.ArrayList;
import java.util.List;
import java.util.Map;
import java.util.concurrent.ConcurrentHashMap;
import com.example.sb.domain.User;
@RestController
@RequestMapping("/users")
public class usercontroller {
    //为了使线程安全,能够接受高并发,这里使用 ConcurrentHashMap
    static Map<Long , User>map =new ConcurrentHashMap<>();
    /**
     * @Title: getList
     * @Description:获取用户列表
     * @Param: []
     * @return: java.util.List
     */
@ApiOperation(value ="获取用户列表")
    @RequestMapping(value ="",method =RequestMethod.GET)
    public List<User>getList() {
        List<User>list =new ArrayList<>(map.values());
        return  list;
    }
    /**
     * @Title: postUser
     * @Description:根据 user 创建用户
     * @Param: [user]
     * @return: java.lang.String
     */
@ApiOperation(value ="创建用户" , notes ="根据 user 对象创建用户")
    @ApiImplicitParam(name = "user", value = "用户详情实体类", required =true,
dataType ="User")
```

```
    @RequestMapping(value ="",method =RequestMethod.POST)
    public String postUser(@RequestBody User user) {
        map.put(user.getId(),user);
        return "ID 为:"+user.getId() +"的用户添加成功!";
    }
    /**
     * @Title: getUserById
     * @Description:根据用户 id 获取用户基本信息
     * @Param: [id]
     * @return: com.example.sb.domain.User
     */
@ApiOperation(value ="获取用户详情",notes ="根据 url 的 id 来获取用户基本信息")
    @ApiImplicitParam(name = "id", value = "用户 id", required =true, dataType =
"Long",paramType ="path")
    @RequestMapping(value ="/{id}",method =RequestMethod.GET)
    public User getUserById(@PathVariable Long id) {
        return  map.get(id);
    }

    /**
     * @Title: putUser
     * @Description:根据用户 id 来指定更新对象,进行用户的信息更新
     * @Param: [id, user]
     * @return: java.lang.String
     */
@ApiOperation(value ="更新用户信息",notes ="根据 url 的 id 来指定对象,并且根据传过
来的 user 进行用户基本信息更新")
    @ApiImplicitParams({
            @ApiImplicitParam(name = "id", value = "用户 id", required =true,
paramType ="path", dataType ="Long"),
             @ApiImplicitParam(name = "user", value = "用户详情实体类 user",
required =true, dataType ="User")
    })
    @RequestMapping(value ="/{id}",method =RequestMethod.PUT)
    public String putUser(@PathVariable Long id,@RequestBody User user) {
        User u =map.get(id);
        u.setPhone(user.getPhone());
        u.setName(user.getName());
        map.put(id,u);

        return "用户 ID 为:"+id +" 的基本信息已经更新成功!";

    }
    /**
     * @Title: delUser
     * @Description:根据用户 id 删除用户
     * @Param: [id]
     * @return: java.lang.String
     */
```

```
@ApiOperation(value ="删除用户",notes ="根据 url 的 id 来指定对象,进行用户信息删除")
    @ApiImplicitParam(name ="id",value ="用户 id",required =true,dataType =
"Long",paramType ="path")
    @RequestMapping(value ="/{id}",method =RequestMethod.DELETE)
    public String delUser(@PathVariable Long id) {
        map.remove(id);
        return "用户 ID 为:"+id +" 的用户已经被删除!";
    }
}
```

控制器是 Spring 最基本的组件,主要用于处理用户交互,一般每个业务逻辑都会有一个控制器,在服务语境下,其将对应一个服务。

首先在程序开始处添加 @ RestController 注解用于标注控制器类,然后用 @RequestMapping 注解标注类或者方法的请求路径,其功能是根据请求地址映射到具体的类或方法。

这个控制器共有 5 个接口,分别如下。

(1) /users,GET 请求方式,用于查询用户列表。

(2) /users/{id},GET 请求方式,用于根据 id 查询用户。

(3) /users,POST 请求方式,用于新增用户。

(4) /users/{id},PUT 请求方式,用于根据 id 更新用户信息。

(5) /users/{id},DELETE 请求方式,用于根据 id 删除用户。

它们分别用接口注解说明 API 以生成文档,常用注解如下所示。

(1) @ApiOperation,用在请求类的方法上,说明方法的用途和作用。

(2) @ApiParam,可用在方法、参数和字段上,一般用在请求体参数上,描述请求体的信息。

(3) @ApiImplicitParams,用在请求的方法上,表示一组参数说明,里面是@ApiImplicitParam 列表。

(4) @ApiImplicitParam,用在 @ApiImplicitParams 注解中,表示请求参数的说明。

示例代码如下所示。

```
@ApiOperation(value ="更新用户信息",notes ="根据 url 的 id 来指定对象,并且根据传过来的 user 进行用户基本信息更新")
@ApiImplicitParams({
  @ApiImplicitParam(name ="id", value ="用户 id", required =true, paramType =
"path", dataType ="Long"),
  @ApiImplicitParam(name ="user", value ="用户详情实体类 user", required =true,
dataType ="User")
})
```

(5) @ApiResponses,用在请求的方法上,表示一组响应。

(6) @ApiResponse,用在 @ApiResponses 中,一般用于表达一个错误的响应信息。

(7) @ApiModel,用在实体类上,表示相关实体的描述。

至此,项目创建完毕,在 IDEA 中运行该项目,就可以在浏览器中访问 API 页面地址 http://localhost:8080/swagger-ui.html,查看如图 12.12 所示页面。

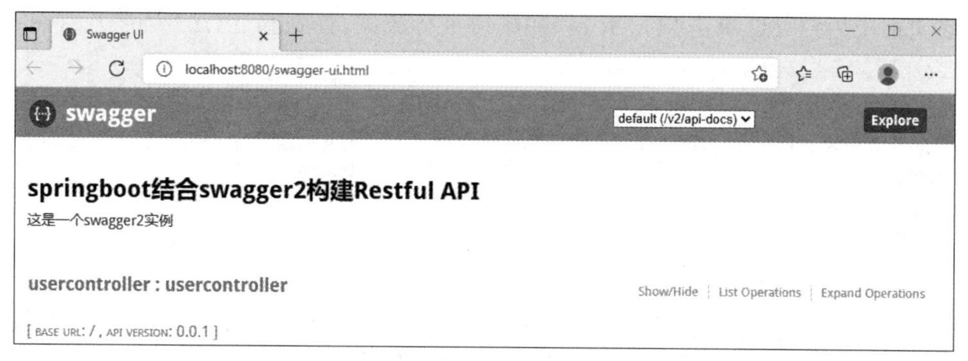

图 12.12　在浏览器中访问 API 页面

这就是导入 SwaggerUI 生成的页面，首先是所有操作的列表，展开每个接口可以看到清晰的页面及详细的说明(图 12.13 和图 12.14)。

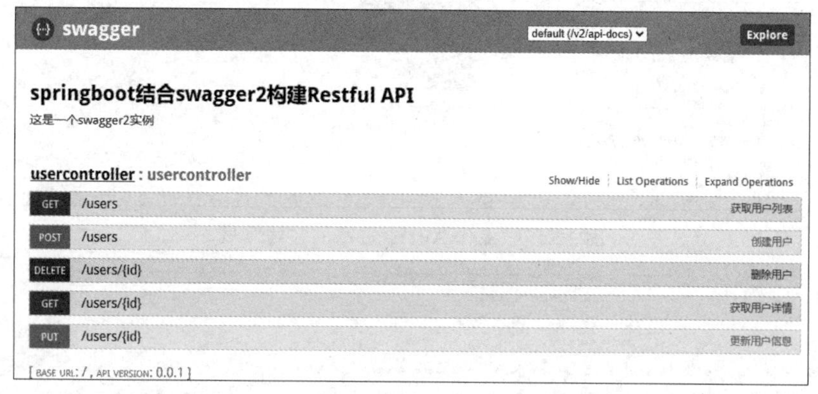

图 12.13　API 中各个资源的可视化展现

POST /users　创建用户

Implementation Notes
根据user对象创建用户

Response Class (Status 200)
string

Response Content Type */*

Parameters

Parameter	Value	Description	Parameter Type	Data Type
user	{ "id": 1002, "name": "Mac", "phone": "27182818" }	用户详情实体类	body	Model Example Value { "id": 0, "name": "string", "phone": "string" }

Parameter content type: application/json

Response Messages

HTTP Status Code	Reason	Response Model	Headers
201	Created		
401	Unauthorized		
403	Forbidden		
404	Not Found		

Try it out!　Hide Response

图 12.14　API 中资源操作的细节

在页面中用户可以单击“Try it out!”按钮进行测试，首先看“POST /users”(图 12.15 和图 12.16)。

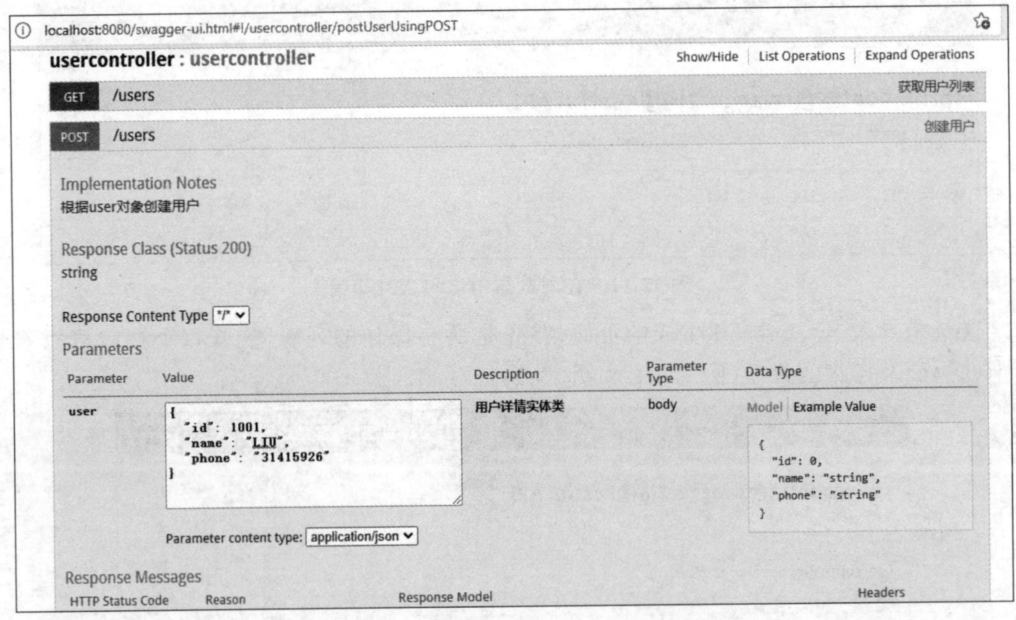

图 12.15 操作 API 中资源的在线测试

Try it out! Hide Response

Curl

```
curl -X POST --header 'Content-Type: application/json' --header 'Accept: text/plain' -d '{ \
   "id": 1001, \
   "name": "LIU", \
   "phone": "31415926" \
 }' 'http://localhost:8080/users'
```

Request URL

```
http://localhost:8080/users
```

Request Headers

```
{
  "Accept": "*/*"
}
```

Response Body

```
ID为: 1001的用户添加成功!
```

Response Code

```
200
```

Response Headers

```
{
  "connection": "keep-alive",
  "content-length": "36",
  "content-type": "text/plain;charset=UTF-8",
  "date": "Sun, 30 May 2021 08:57:30 GMT",
  "keep-alive": "timeout=60"
}
```

图 12.16 操作 API 中资源在线测试结果

然后尝试“GET /users”，如图 12.17 所示。

测试“GET /users/{id}”的结果如图 12.18 所示。

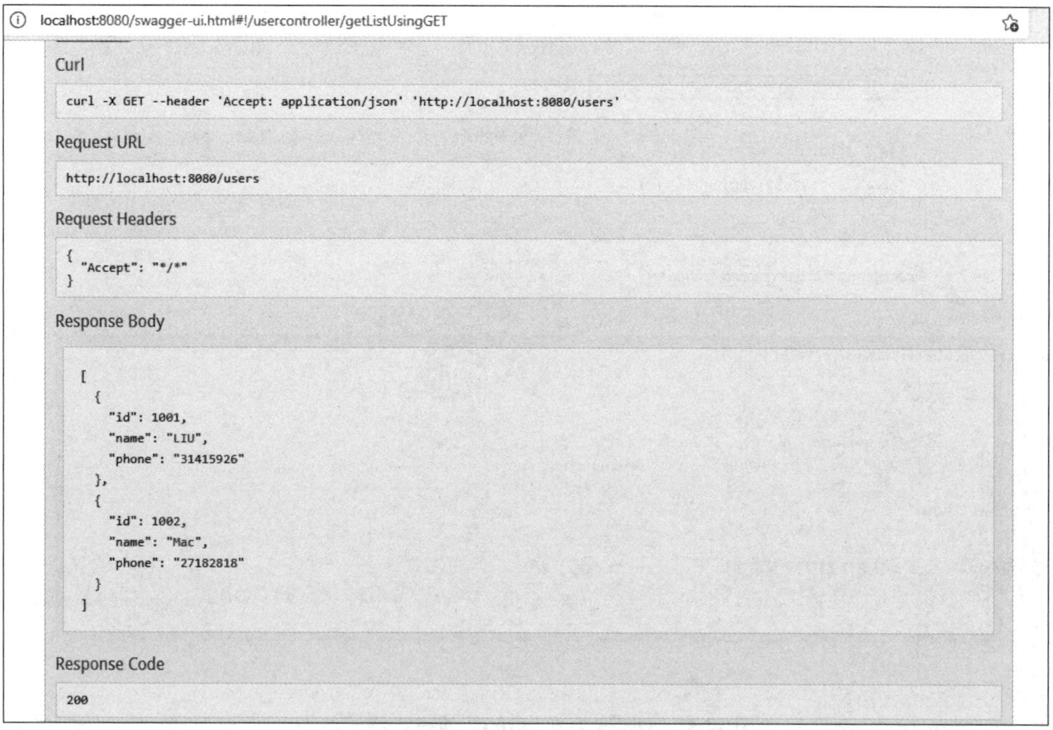

localhost:8080/swagger-ui.html#!/usercontroller/getListUsingGET

Curl

```
curl -X GET --header 'Accept: application/json' 'http://localhost:8080/users'
```

Request URL

```
http://localhost:8080/users
```

Request Headers

```
{
  "Accept": "*/*"
}
```

Response Body

```
[
  {
    "id": 1001,
    "name": "LIU",
    "phone": "31415926"
  },
  {
    "id": 1002,
    "name": "Mac",
    "phone": "27182818"
  }
]
```

Response Code

```
200
```

图 12.17 "GET /users"的在线测试结果

localhost:8080/swagger-ui.html#!/usercontroller/getUserByIdUsingGET

Request URL

```
http://localhost:8080/users/1002
```

Request Headers

```
{
  "Accept": "*/*"
}
```

Response Body

```
{
  "id": 1002,
  "name": "Mac",
  "phone": "27182818"
}
```

Response Code

```
200
```

图 12.18 "GET /users/1002"的在线测试结果

测试"PUT /users/{id}"的结果如图 12.19 所示。

测试"DELETE /users/{id}"的结果如图 12.20 所示。

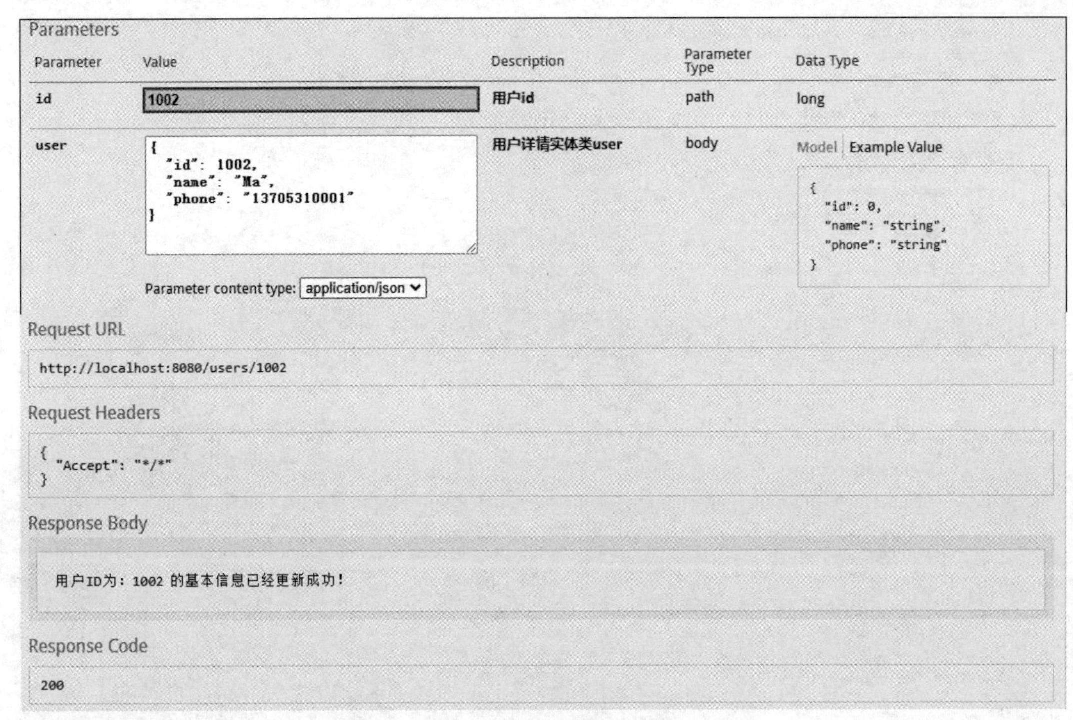

图 12.19 "PUT /users/1002"的在线测试结果

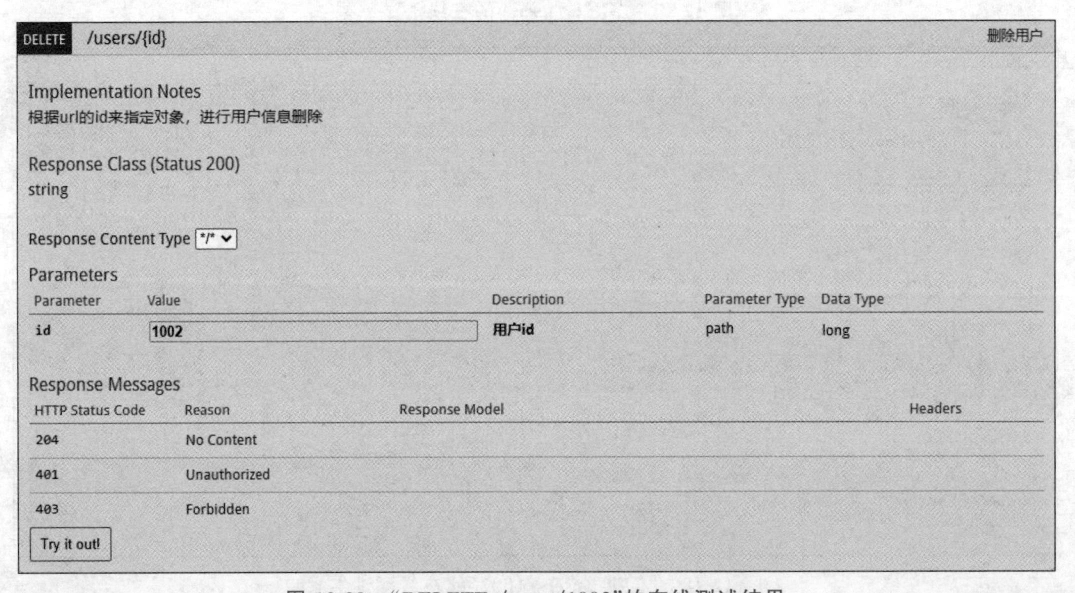

图 12.20 "DELETE /users/1002"的在线测试结果

此时可以将开发、部署好的服务发布到开放平台，如 ProgrammableWeb，如图 12.21 所示。

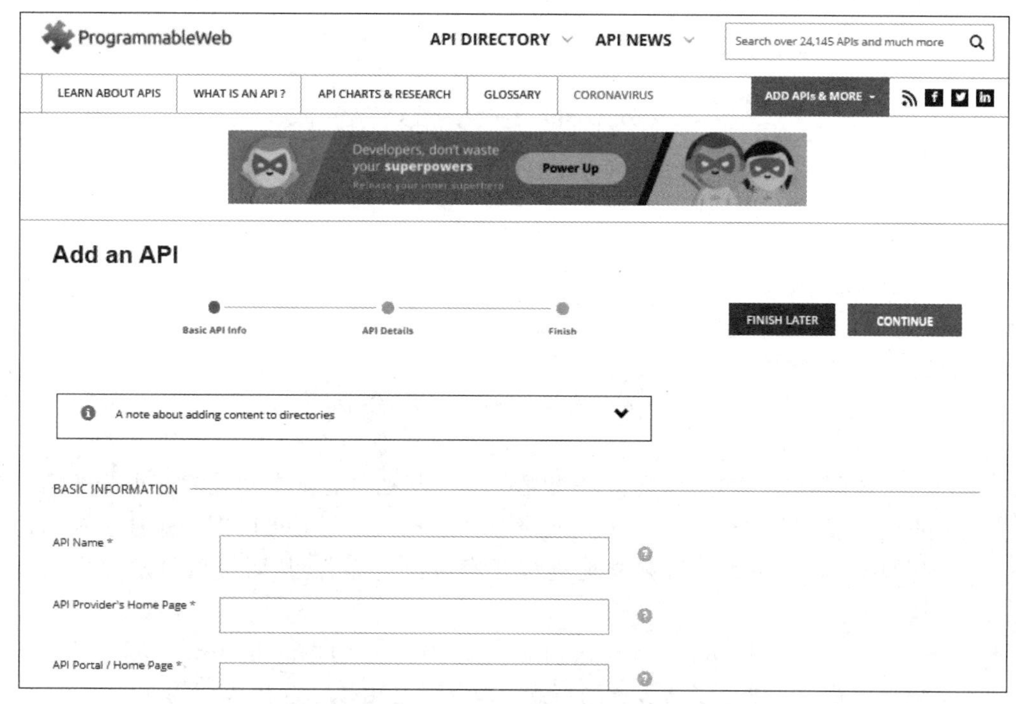

图 12.21　ProgrammableWeb 的 API 发布页面

本 章 习 题

1. 解释在 SOA 中，UDDI 是如何起到服务发布中介作用的。
2. 为什么需要开放服务接口？
3. OpenAPI 工具 Swagger 的运作机制是什么？
4. 在项目中引入 Springfox Swagger，完成书中讲解的案例。

第13章 微服务架构简介

13.1 微服务架构模式

微服务是一种架构概念,其核心思想在于通过将业务功能和需求分解到各个不同的服务中进行管理,实现对业务整体解耦。微服务可以围绕业务模式创建应用服务,而应用服务可独立地进行开发、迭代、部署,从而使项目架构更加清晰明确。

2014年,Thoughtworks公司的James Lewis与Martin Fowler从一些成功的项目实践中归纳出了微服务的概念:微服务是由单一应用程序构成的小服务,自己拥有自己的进程与轻量化处理功能,其服务依业务功能设计,以全自动的方式部署,与其他服务使用HTTP API通信;同时服务会使用最小规模的集中管理(例如Docker)能力,可以用不同的编程语言编写并使用不同的数据存储技术。

Spring Cloud是目前主流的微服务架构,其官网的描述可以令人从另一个角度理解微服务架构要达到的技术目标:分布式系统间的协作产生了一些样板性质的模式(即代码需要多处复用),开发者使用Spring Cloud就可以快速地构建基于这些模式的服务和应用,并让这些服务能够在分布式环境各处中良好运行,包括开发人员自己的笔记本计算机、租户独立物理机以及类似Cloud Foundry等的托管平台上。而Spring Cloud为开发者提供了快速构建这些模式分布式系统的工具,包括如配置管理、服务发现、断路器、智能路由、微代理、控制总线、一次性令牌、全局锁、领导选举、分布式会话、集群状态等。

对比传统的单体应用,微服务的实现有很大的不同(图13.1)。

首先,单体应用将系统所有的逻辑都放到一起,所有的功能模块都整合在一起,逻辑复杂,代码臃肿,任何一个模块出现异常都可能导致应用服务器死机。一旦系统需要扩展,不管是功能扩展还是性能扩展,对于单体系统而言难度都很大,尤其在需要性能扩展时,只能把整个单体应用复制到多台服务器上,而微服务架构将单个服务对应到单个业务功能,方便理解、开发和维护。

其次,服务独立部署,开发者可以根据每个服务的请求量决定满足需求的部署规模,在需要添加新功能时可以独立进行开发,随时更新、部署,不会影响其他线上的服务。

此外,因为微服务之间并不是直接耦合在一起,而是通过网络通信进行服务之间的相互调用,所以开发者也不必统一开发语言、技术栈等,开发过程会更加灵单体应用将所有功能集于一个过程…

微服务架构将每个功能单元对应到一个分离的服务…

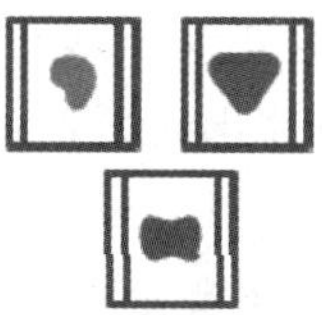

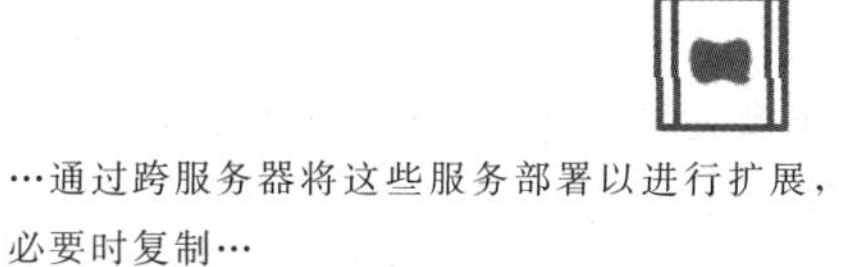

…通过将单体应用复制到多个服务器进行扩展…

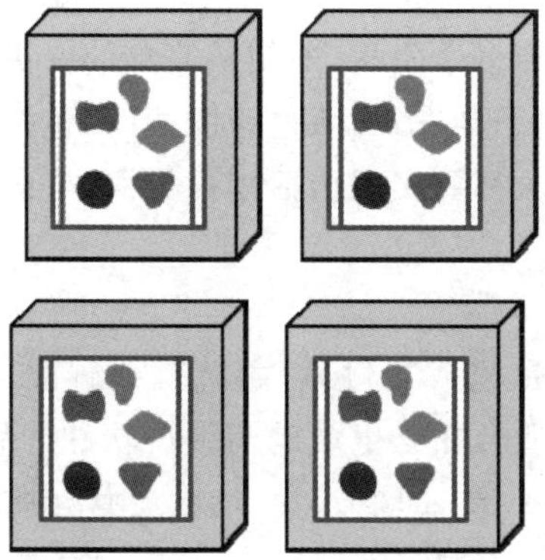

…通过跨服务器将这些服务部署以进行扩展，必要时复制…

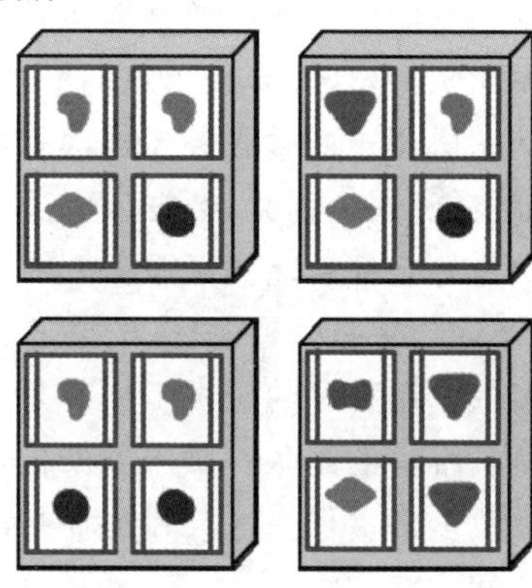

图 13.1　传统单体应用与微服务应用

活，使技术的学习成本更低。

微服务架构模式下，独立设计、独立运行和分散管理的诸多微服务之间通过 API 进行沟通，因此就必须要解决传统 SOA 架构中企业服务总线（ESB）机制下内部通信复杂、协议众多、调用困难的难点，其接口方式就必须更加通用化。HTTP RESTful 是一种理想的模式，其支持语言无关、平台无关的各种终端调用。

13.2　微服务架构的特性与挑战

在 James Lewis 与 Martin Fowle 的微服务开创文章 *Microservices a definition of this new architectural term* 总结了微服务架构的 9 大特性，如图 13.2 所示。

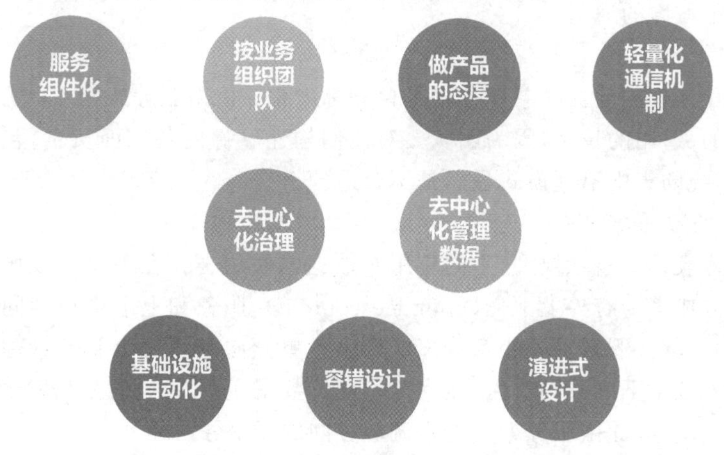

图 13.2　微服务架构的 9 大特征

1）通过服务实现组件化

组件是可以独立替换和升级的软件单元。过去的几十年，人们已经习惯了组件化的开发,很多开发平台都有公用库。微服务架构中的服务与之前模块化开发中的模块很相似,但是其组件化的主要方式是将业务分解为服务,这里的服务是诸如Web服务那样用请求或远程过程调用之类的机制进行通信的进程外组件。服务具有明确的服务边界,更易于开发和管控,最主要是也更易于单独部署和扩展。

2)围绕业务能力组织

开发大型应用程序时通常按照技术将开发工程师拆分为UI团队、服务器端逻辑团队和数据库团队等,这就导致了纵向的技术连接需要贯穿多个团队,即使最简单的变更也会需要跨团队的协调。而微服务架构模式围绕业务能力组织开发,团队是跨职能的,包括开发所需的全部技能、用户体验、数据库和项目管理,每个团队都要实现包括用户界面、持久性存储和外部协作等全部功能的微服务。

3)针对产品而不是项目

大多数应用程序的开发工作都是围绕项目的,项目完成交付后,团队就会解散,软件会移交给负责维护的团队。微服务架构模式下,团队更适合在全生命周期维护软件产品,对开发的软件负全部责任。这与目前流行的DevOps思想一致,即把开发、技术运营与质量保障整合在一起。

4)智能端点和哑管道

软件组件之间需要通信,在服务计算的发展过程中,企业服务总线(ESB)曾经占据重要地位,其产品通常包括消息路由、服务编排、协议转换和应用业务规则等复杂功能。然而,由于ESB过于复杂与庞大,软件管理困难,导致花费巨万却很难产生价值;另外,ESB的高度中心化给企业带来了一定的单点故障隐患,并且在ESB上统一部署服务也一定程度上限制了服务的后期扩展。

微服务模式则采用另外一种方式:智能端点和哑管道。微服务的服务间被设计得尽可能地解耦和内聚,每个服务拥有自己的域逻辑,只接收请求,适当地应用逻辑并产生响应。服务间使用REST式的简单协议,避免复杂的编排协议,最常用的两种协议是资源API的HTTP请求-响应式协议和轻量级消息传递。同时,为了提升性能,微服务还往往用更粗粒度的方法替代细粒度的通信。

5)去中心化治理

适合中心化治理的前提是单一技术平台和标准化。但微服务架构下的开发模式是允许团队采用不同的、适用的技术,因为团队要对他们构建软件的各方面负责,包括7×24小时的运营,所以传统的集中治理模式显然是不合适的。

6)分散化的数据管理

数据往往代表领域概念模型,不同应用对数据的使用也存在差异。领域驱动设计会把一个复杂域划分成多个有界上下文(bounded context),服务和上下文边界间有天然的相关性,而边界有助于软件逻辑功能相互分离。微服务更倾向于让每个服务管理自己的数据库或者同一数据库技术下的不同实例,或完全不同的数据库系统。在这种情况下,分布式事务往往难以得到处理,因此微服务架构更强调服务间的无事务协作。

7)基础设施自动化

企业通常会有快速响应的需求,要求开发团队具备在新环境中对软件进行自动化部署的能力。近年来,以亚马逊AWS、阿里云为代表的云计算快速发展,这降低了构建、部署和运行微服务的操作复杂性。微服务模式构建团队广泛使用了基础设施自动化技术。

8）为失败设计

以服务为软件组件需要应用程序能够容忍服务的失败。一旦服务提供者发生故障，任何服务请求都可能失败，请求端需要对此做出恰当的响应。另外，由于服务随时可能发生故障，因此快速检测故障并尽可能自动恢复服务的能力也就显得至关重要。所以，微服务程序非常重视对应用性能和负载的实时监控，以便及早预警和跟进调查。

9）进化设计

服务组件的一项关键属性是其具有独立替换和可升级性的特点。微服务架构模式可以通过构建一些微服务 API 的方式添加新的功能，实现更细粒度的发布计划，增加产品成功的机会。对于单体应用来说，任何更改都需要构建和部署整个应用程序，但使用微服务架构，只需要重新部署那些被修改过的服务即可，这可以简化并加快发布过程。

以上是微服务架构的一些良好特征，然而，在微服务开发过程中，也面临着一些新的挑战，如图 13.3 所示。

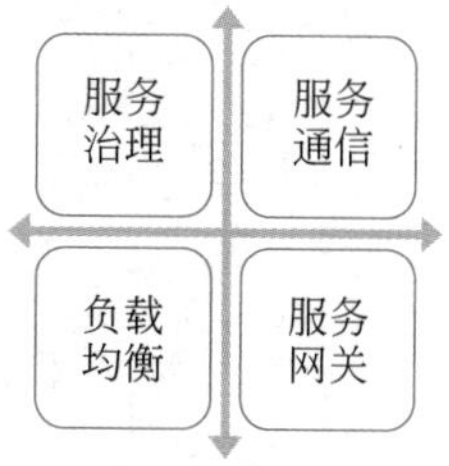

服务治理　服务通信
负载均衡　服务网关

图 13.3　微服务架构面临的 4 大挑战

（1）服务治理。将单体应用拆分为服务后，需要对服务进行高效的管理才能保证服务正常地运行，系统也才能为用户提供稳定的服务。

（2）服务通信。微服务不再像单体应用那样可以被直接调用，服务之间需要通过网络通信。因此，需要考虑服务之间如何高效地通信。

（3）负载均衡。负载均衡是微服务架构中必须使用的技术，通过负载均衡才可以实现高可用、集群化等优化性能。

（4）服务网关。每个微服务在通信中都需要依赖认证、权限控制和日志等通用网关功能，且通信协议多样，客户端适配所有协议会导致客户端复杂笨重。为此需要引入服务网关作为系统的入口，降低客户端和服务之间的耦合。网关可以处理鉴权限流等公共逻辑，以提高代码的利用率，也使每个微服务可以更加专注于本身的业务逻辑。同时，网关将系统的服务和外网隔离，避免了直接暴露服务，从而起到一定的保护作用。

13.3　Spring Cloud Netflix 体系

Spring Cloud 包含非常多的子框架，其中 Spring Cloud Netflix 是其中最具有影响力的一种，它由 Netflix（网飞）公司开发，后被并入 Spring Cloud 大家庭。

Netflix 是世界领先的娱乐服务公司之一，在 190 多个国家/地区拥有超过 2.09 亿付费会员，提供各种类型和语言的电视剧、纪录片和故事片。截至 2021 年 12 月 23 日，Netflix 市值约为 2720 亿美元，支撑如此庞大业务体量的是 Netflix 十数年对底层技术架构的探索。

Netflix 公司是目前微服务落地最成功的公司，它们开发了一套被称为 Netflix 组件的微服务框架，这套框架在 Netflix 公司大规模分布式微服务环境中经过数年的生产环境检验，被证明是可靠的，解决了服务发现、断路器和监控、智能路由、客户端负载均衡等技术问题。

Netflix 组件开源了诸如 Eureka、Hystrix、Zuul、Feign、Ribbon 等广大开发者所熟知的微服务套件，这些套件被统称为 Netflix OSS。Spring Cloud Netflix 是基于 Netflix 组件的再次封装，提升了易用性和与 Spring Cloud 其他组件之间的集成度。虽然 Spring Cloud 不止有 Netflix 提供的方案可以集成，但 Netflix 是最成熟的，目前已成为微服务组件事实上的标准。但是随着 2018 年 Netflix 公司宣布其核心组件 Hystrix、Ribbon、Zuul、Eureka 等进入维护状态，其将不再为这些组件开发新特性，只修正缺陷。2020 年 12 月 22 日，Spring 官方宣布，Spring Cloud 2020.0.0 正式发布，正式开启了 Spring Cloud Netflix 体系的终结进程。

但是作为微服务架构的经典之作，Netflix 组件构成了完整的微服务支撑架构，如图 13.4 所示。分析 Spring Cloud Netflix 组件可以对微服务架构有一个较为系统的认识。

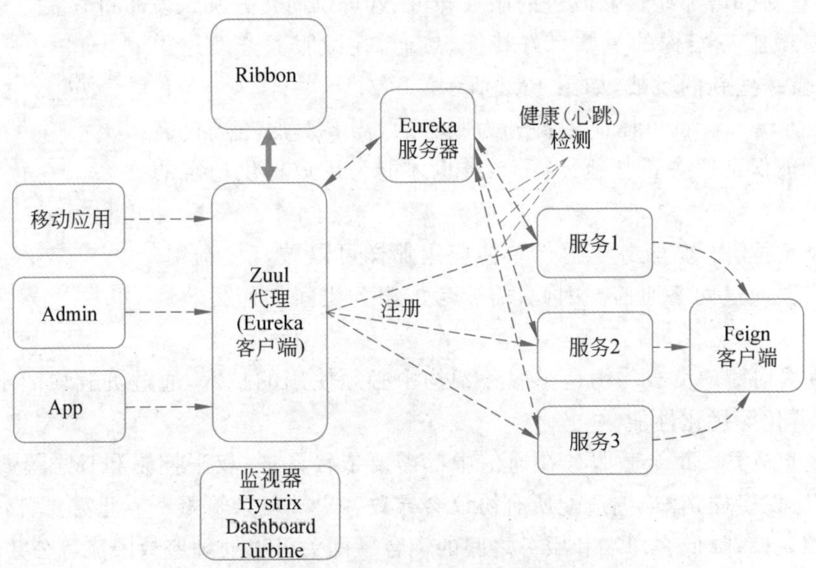

图 13.4 Spring Cloud Netflix 架构

完整的 Spring Cloud Netflix 组件包括以下组件。

1. 服务发现框架——Netflix Eureka

Eureka 提供了服务注册中心、服务发现客户端以及可方便查看所有注册服务的界面。Eureka 是 C/S 架构，由服务器端和客户端组成，其服务器端主要用于定位服务，以实现负载均衡和中间层服务器的故障转移，而其客户端则能使自身与服务的交互变得更加容易，所有微服务使用 Eureka 的服务发现客户端来将自己注册到 Eureka 的服务器上。客户端还有一个内置的负载均衡器，可以执行基本的循环负载平衡。Netflix 通过更复杂的负载均衡器将 Eureka 包装起来，以基于网络流量、资源使用、错误条件等多种因素提供加权，使负载均衡具有更好的弹性(图 13.5)。

在 Eureka 的支持下，服务组件存在以下调用关系(其中，服务提供者和消费者都使用 Eureka 客户端)：

1) 服务提供者

(1) 在服务启动后，向注册中心发起注册请求。

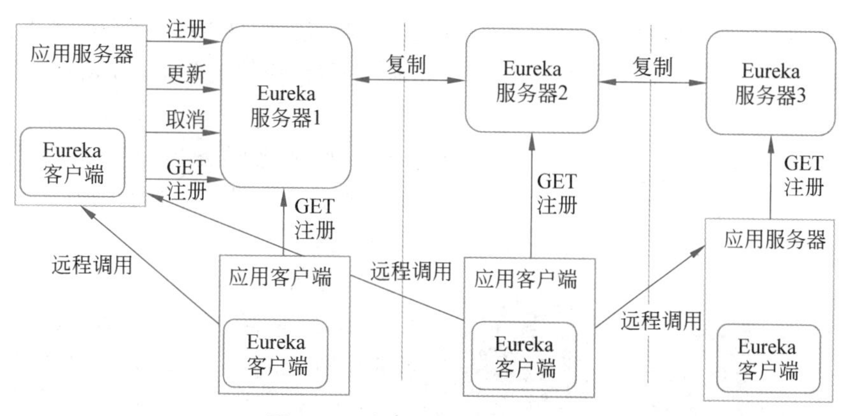

图 13.5　跨 Eureka 的负载均衡

(2) 在服务正常运行过程中,定时向注册中心发送心跳信号,证明服务运行正常。

(3) 当服务停止运行时,会向注册中心发送取消请求,清空当前服务的信息。

2) 服务消费者

(1) 在服务启动后,从注册中心获取服务的注册信息。

(2) 在运行过程中定时更新服务注册的信息。

(3) 服务消费者发起远程调用。

3) 注册中心

(1) 在启动注册中心后,注册中心会从其他的注册中心结点获取服务的注册列表。

(2) 在运行过程中,注册中心会定时剔除任务,及时剔除没有按时续订的服务。

(3) 在运行过程中,注册中心收到客户端的注册、续订、下线请求都会在一定时间内被同步到其他注册中心结点上。

2. 客服端负载均衡——Netflix Ribbon

负载均衡包括客户端负载均衡和服务端负载均衡,其中,客户端负载均衡就是由客户端去选择具体的微服务进行访问,而服务端负载均衡则是通过中间件拦截客户端的请求转发给相应的微服务。

Ribbon 是运行在客户端的负载均衡器,其工作原理就是获取所有的服务列表,使用负载均衡算法对多个系统进行调用。Ribbon 有多种负载均衡调度算法,如下所示。

(1) RoundRobinRule:轮询策略。若经过一轮轮询没有找到可用的服务提供者,则再次轮询,最多轮询 10 轮,若最终没有找到则返回 null。此策略为默认策略。

(2) RandomRule:随机策略,从所有可用的服务提供者中随机选择一个。

(3) RetryRule:重试策略。先按照 RoundRobinRule 策略获取服务提供者,若获取失败,则在指定的时限内重试,默认时限为 500ms。

3. 服务网关——Netflix Zuul

服务消费者通过 Eureka Server 访问服务提供者,即 Eureka Server 是服务提供者的统一入口。服务消费者可以直接访问这些工程,但这种方式没有统一的调用入口,不便于访问与管理,而服务网关 Zuul 就为服务消费者提供了一个统一入口。

网关是系统唯一的对外入口,其介于客户端与服务器端之间,用于对请求进行鉴权、限流、路由、监控。所有的客户端请求通过这个网关访问后台的服务,而网关使用一定的路由

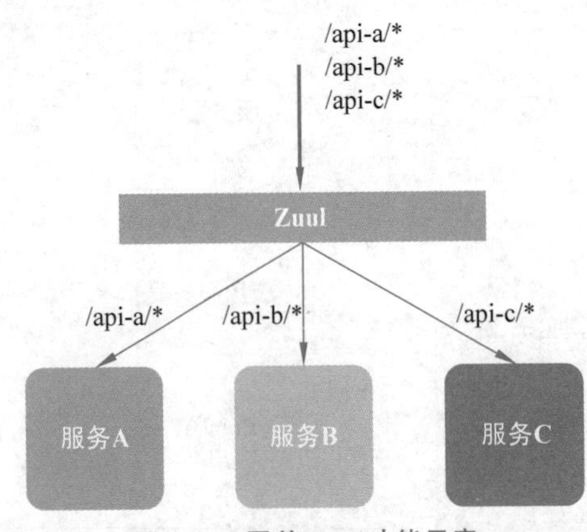

图 13.6 网关 Zuul 功能示意

配置来判断某一个URL由哪个服务来处理,并从Eureka 获取注册的服务来转发请求(图 13.6)。

Zuul 网关将一个请求发送给某一个服务的应用时,如果此服务启动了多个实例,则由Ribbon 选择一定的负载均衡策略并发送给某一个服务实例。

Zuul 的生命周期如图 13.7 所示。过滤器是 Zuul 最为重要的部分,可以用于实现对外来请求的控制,Zuul 一共定义了四种类型的过滤器,如下所示。

(1) pre:在请求被路由(转发)之前调用,通常可被用于实现身份验证等功能。

(2) route:在路由(请求)转发时被调用,其将请求路由到具体的微服务。

(3) error:服务网关发生异常时被调用。

(4) post:在请求路由到微服务之后会被执行,可以用来为响应添加需要的信息。

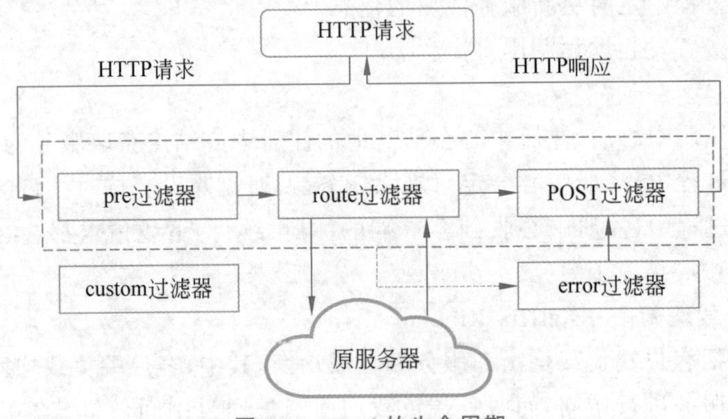

图 13.7 Zuul 的生命周期

4. 服务调用映射——Open Feign

Feign 虽然是 Netflix 公司开源的,但从 9.x 版本开始就被移交给 OpenFeign 组织管理,不再从属于 Netflix OSS 范畴,故得以继续被留在 Spring Cloud 中。

Feign 是声明式 Web 服务客户端,它不做任何请求处理,通过处理注解相关信息生成 Request,并对调用返回的数据进行解码,简化了 HTTP API 的开发,使编写 Web 服务客户端更加容易。使用 Feign 可以做到使用 HTTP 请求访问远程服务,就像调用本地方法一样地访问,开发者完全感知不到这是在调用远程方法。Feign 的实现原理如图 13.8 所示。

服务之间如果需要相互访问,可以使用 RestTemplate 类,但是直接使用 RestTemplate 类不是很方便,故可以这样调用。

```
@Autowired
private RestTemplate restTemplate;
//这里是提供者 A 的 IP 地址,但是如果使用 Eureka 就应该是提供者 A 的名称
private static final String SERVICE_PROVIDER_A ="http://localhost:8081";
@PostMapping("/judge")
```

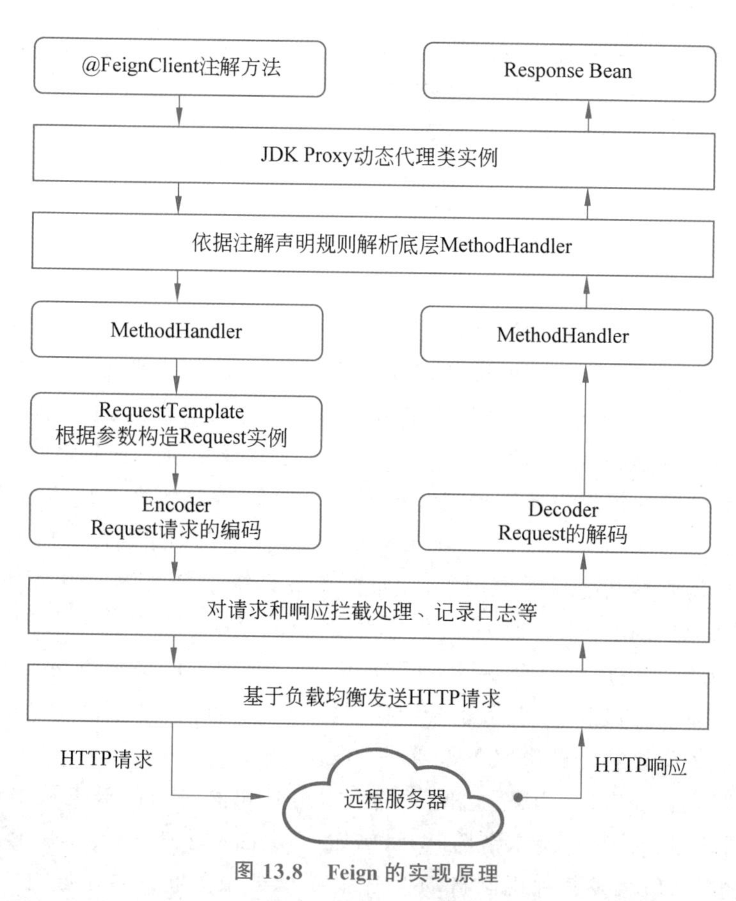

图 13.8　Feign 的实现原理

```
public boolean judge(@RequestBody Request request) {
    String url =SERVICE_PROVIDER_A +"/service1";
    return restTemplate.postForObject(url, request, Boolean.class);
}
```

Feign 的策略是"映射",也就是将被调用的服务代码映射到消费者端,代码如下。

```
//使用 @FeignClient 注解来指定提供者的名字
@FeignClient(value ="eureka-client-provider")
public interface TestClient {
    //这里使用的是提供者端的相对请求路径,相当于映射
    @RequestMapping(value ="/provider/xxx",
    method =RequestMethod.POST)
    CommonResponse<List<Plan>>getPlans(@RequestBody planGetRequest request);
}
```

然后在消费者端的控制器就可以像原来调用 Service 层代码一样调用它了,如下所示。

```
@RestController
public class TestController {
    //这里相当于原来自动注入的 Service
    @Autowired
    private TestClient testClient;
    //Controller 调用 service 层代码
    @RequestMapping(value ="/test", method =RequestMethod.POST)
```

```
    public CommonResponse<List<Plan>>get(@RequestBody planGetRequest request) {
        return testClient.getPlans(request);
    }
}
```

OpenFeign 也是运行在消费者端的,其使用内置 Ribbon 进行负载均衡。

5. 监控和断路器——Hystrix

Hystrix 负责接口监控和断路器功能,开发者只需要在服务接口上添加 Hystrix 标签,就可以实现对这个接口的监控和断路器功能。

分布式环境中存在许多复杂的服务依赖,不可避免地会因某些故障导致调用失败。总体来说,Hystrix 就是一个能进行"熔断"和"降级"的库,开发者可通过添加等待时间容限和容错逻辑来控制这些分布式服务之间的交互。Hystrix 通过隔离服务之间的访问点,停止服务之间的级联故障并提供后备选项来实现容错功能,以提高整个系统的弹性。

"熔断"一词源于电路保险丝,一旦电流异常,保险丝会自动熔断以免电器受损。微服务系统中为什么也需要熔断呢?举个例子,如果微服务系统中 A 服务调用了 B 服务,B 服务又调用了 C 服务,现在由于某种原因,C 服务无法完成,这时大量请求会被阻塞在 C 服务这里,C 服务因为抵抗不住请求就会变得不可用;紧接着,B 服务的请求也会被阻塞,慢慢耗尽线程资源,变得不可用;最后,A 服务也会因耗尽资源而不可用,这就是所谓的"服务雪崩"。而服务熔断和服务降级就是解决服务雪崩的手段。

那什么是"熔断"和"降级"呢?熔断就是当指定时间窗内的请求失败率达到设定阈值时,系统通过断路器直接将此请求链路断开,例如,当上面例子中 B 服务调用 C 服务的失败率到达了一定的值,就触发某种机制自动将 B 服务与 C 服务间的请求断开,以避免服务雪崩现象。

Hystrix 中的断路器模式只需要使用简单的@HystrixCommand 注解标注某个方法,就能使用断路器来"包装"这个方法,每当调用时间超过指定时间时(默认为 1000ms),断路器就会中断对这个方法的调用。

开发者也可以对这个注解的很多属性进行设置,如设置超时时间,代码如下。

```
@HystrixCommand(
    commandProperties = {@HystrixProperty(name = "execution.isolation.thread.
timeoutInMilliseconds", value = "1200")}
)
public List<Xxx>getXxxx() {
    // ...省略代码逻辑
}
```

那什么是降级呢?降级是为了更好的用户体验。当一个方法调用异常时,程序不是简单等待,而是返回一个友好的提示给客户端,不调用真实服务逻辑,转为调用一个 fallBack 本地方法,以保证服务链条的完整,避免服务雪崩。Hystrix 通过设置 fallbackMethod 来给一个方法设置备用的代码逻辑,如下所示。

```
//指定了后备方法调用
@HystrixCommand(fallbackMethod = "getHystrixNews")
@GetMapping("/get/news")
```

```
public News getNews(@PathVariable("id") int id) {
    //正常执行,调用新闻系统的获取新闻 API,代码逻辑省略
}
//
public News getHystrixNews(@PathVariable("id") int id) {
    //做服务降级
    //可以返回一段文字"当前人数太多,请稍后查看",代码逻辑省略
}
```

在开发或运维过程中，还需要一个图形界面实时观察这些信息，此时可以搭建 Hystrix Dashboard，实时观察 Hystrix 熔断信息。Hystrix Dashboard 监控面板提供了一个界面，可以监控各个服务调用所消耗的时间等。

Hystrix 还有一个监控聚合工具 Turbine。使用 Hystrix 监控，用户需要打开每一个服务实例的监控信息，而 Turbine 可以帮助开发者把所有的服务实例的监控信息聚合到一起，这样用户就不再需要逐个打开每个服务的监控页面了。

6. Spring Cloud 配置管理——Config

当微服务过多时，多个微服务的配置很难被集中管理。若需要既能对配置文件进行统一地管理，又能在项目运行时动态修改配置文件，则可以用到 Spring Cloud Config。Spring Cloud Config 通过 git/svn 代码托管来实现对配置的集中管理，通过配置中心客户端获取远程的配置文件，并动态刷新、即时生效。

7. Spring Cloud Bus

Spring Cloud Bus 是将服务和服务实例与分布式消息系统连接在一起的事件总线，其作用就是管理和广播分布式系统中的消息，也就是消息引擎系统中的广播模式，有了 Spring Cloud Bus 之后，开发者只需要创建一个简单的请求并为之加上@ResfreshScope 注解，就能动态地修改配置。

13.4 Spring Cloud 微服务架构

Spring Cloud 为构建分布式系统模式提供了一种简单且易于被接受的编程模型，帮助开发人员构建有弹性的、可靠的、协调的应用程序。Spring Cloud 是一个完整的微服务架构，包括一整套帮助开发者在 Spring Boot 基础上轻松实现微服务项目的组件，目前 Spring Cloud 架构主要由以下部分组成(图 13.9)。

1. 服务发现——Service discovery

云端部署的应用程序并不总是知道其他服务的确切位置，这时就需要服务注册中心(如 Netflix Eureka)或 Sidecar 解决方案(如 HashiCorpConsul)为其提供帮助。Spring Cloud 为 Eureka、Consul、Zookeeper 甚至 Kubernetes 的内置系统等流行注册中心提供了 DiscoveryClient 实现，其内建的 Load Balancer 可以在服务实例之间分配负载。

2. API 网关——API gateway

API 网关负责保护和路由消息、隐藏服务、限制负载以及许多其他有用的资源，以支持众多客户端和服务器间的路由。Spring Cloud Gateway 可以精确控制 API 层，集成 Spring Cloud 服务发现和客户端负载均衡解决方案，以简化配置和维护。

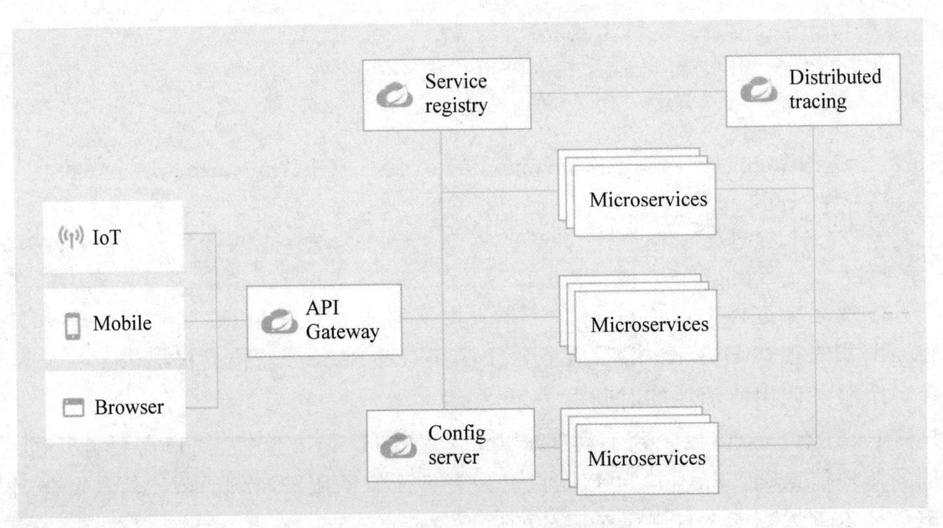

图 13.9 Spring Cloud 架构组成

3. 云配置——Cloud configuration

云应用的配置不能被简单地嵌入应用程序中，这种配置必须足够灵活，以应对多个应用程序、环境和服务实例，并在不停机的情况下处理动态变化。Spring Cloud Config 可以减轻这些工作负担，并提供与 git 等版本控制系统的集成，以确保配置安全。

4. 断路器——Circuit breakers

分布式系统很可能不可靠，请求可能会遇到超时或完全失败的情况，而断路器可以帮助缓解这些问题。Spring Cloud 断路器提供了三种流行的选项：Resilience4J、Sentinel 或 Hystrix。

5. 追踪——Sleuth

调试分布式应用程序可能很复杂并且需要很长时间。处理任何给定的故障，开发者可能都需要将来自多个独立服务的信息痕迹拼凑在一起。Spring Cloud Sleuth 能够以可预测和可重复的方式检测应用程序，而当与 Zipkin 结合使用时，就可以将可能遇到的任何延迟问题归零。

Zipkin 是一款开源的分布式实时数据追踪系统（distributed tracing system），其基于 Google Dapper 的论文设计而来，由 Twitter 公司开发贡献。该系统的主要功能是聚集来自各个异构系统的实时监控数据，通过这些数据及时地发现系统中出现的延迟升高问题并找出系统性能瓶颈的根源。

13.5 微服务架构案例

下面介绍一个基于微服务架构的大数据平台系统设计。

1. 系统逻辑架构

大数据分析平台为用户提供了数据存储、数据分析、数据可视化功能，如图 13.10 所示为大数据分析平台的逻辑架构图。

用户在需要进行数据分析时，可以上传公司现有的数据，大数据分析平台提供了多种数据源的接入方式，可以使用比较常见的关系数据库（如 MySQL、Oracle、SQL Server 等）、

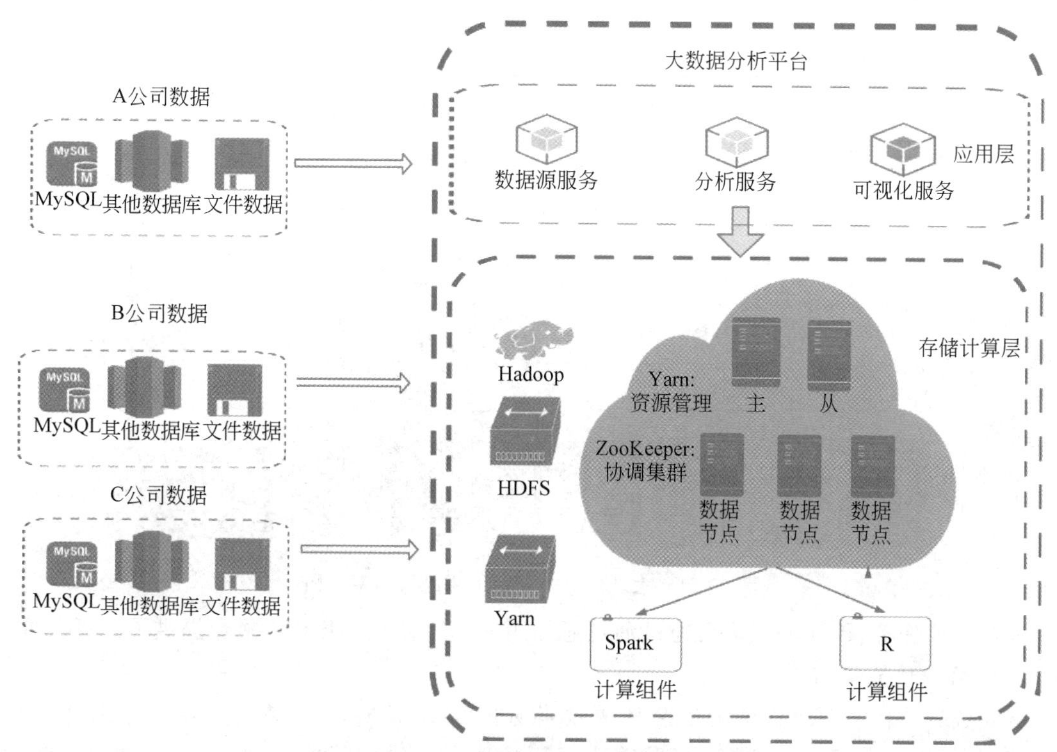

图 13.10　大数据分析平台的逻辑架构图

Hive 等数据仓库或者常见的数据文件(如 TXT 文件、CSV 文件)。源数据可以通过 Sqoop 组件的拉取行为进入存储层中,也可以直接通过平台的上传接口进入存储层,大数据分析平台会将数据文件存储到 HDFS 中。

用户上传数据之后可以使用平台提供的分析服务和可视化服务。分析服务主要依赖于 Spark 和 R 进行计算;可视化服务的则使用了 EChars 组件将计算结果用于展示。

大数据分析平台主要依赖 Hadoop 的集群及其组件提供高效的计算和海量存储支持,使用 Spring Cloud 的框架将系统划分为微服务可以提高系统的扩展性,面对海量用户和高并发的场景,其也能轻松实现水平扩展和垂直扩展。

2. 系统的技术架构

此大数据平台的系统技术架构如图 13.11 所示,共分为 4 层。

第一层为前端 UI 层,需要使用 HTML、CSS、JS 等技术。

第二层为展示层,使用了 AJAX 进行数据发送和获取,本例获取的数据使用了目前比较流行的 Vue 框架和 EChars 组件、ElementUI 框架渲染页面。

第三层为服务层,本例将系统业务划分为 5 个服务,使用 Spring Cloud 的技术构建微服务;将系统的主要业务拆分为用户服务、数据服务、可视化服务和分析服务,而任务服务则用于执行异步任务。

第四层为数据存储和计算层,业务数据被存储到 MySQL 数据库中,用于分析的文件会存储到存储平台,依靠 Hadoop 集群中 HDFS 组件提供了存储的支持。平台使用了 RabbitMQ 存放异步任务。在接收到用户的数据分析和数据拉取请求时,可以将耗时较长的分析任务和数据拉取任务放入 RabbitMQ 中,并立即响应用户,然后任务服务会从中间件

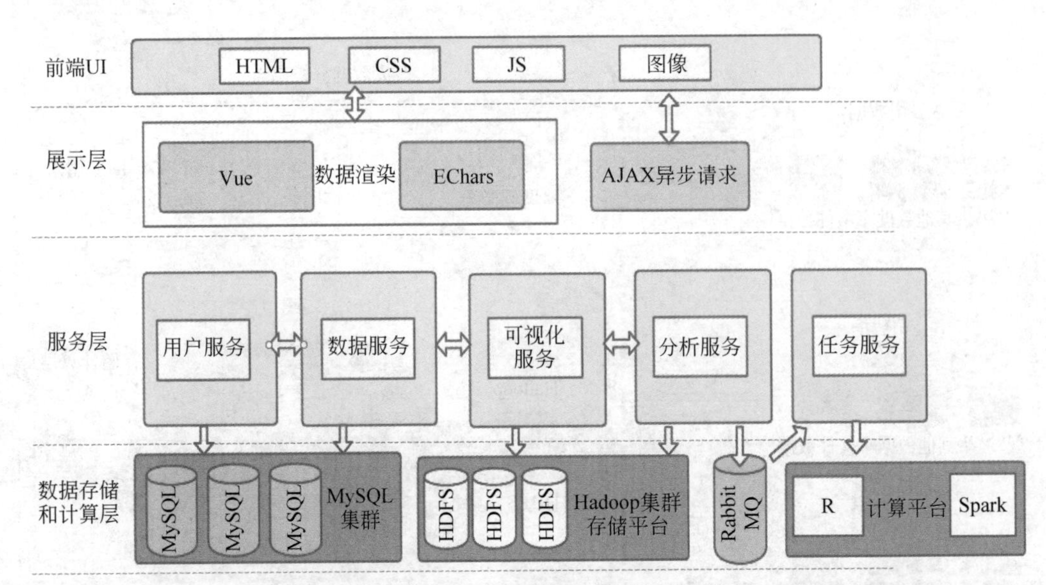

图 13.11 大数据分析平台的系统技术架构图

中进行拉取任务,待任务完成后通过消息通知用户。R 和 Spark 则为平台提供了计算服务。

3. 系统功能架构

大数据分析平台包含了用户管理、数据源管理、数据拉取管理、数据文件管理、任务消息管理、分析任务管理、分析模型管理、算法服务管理、算法介绍管理、可视化管理、集群监控管理、微服务监控管理(图 13.12)等。

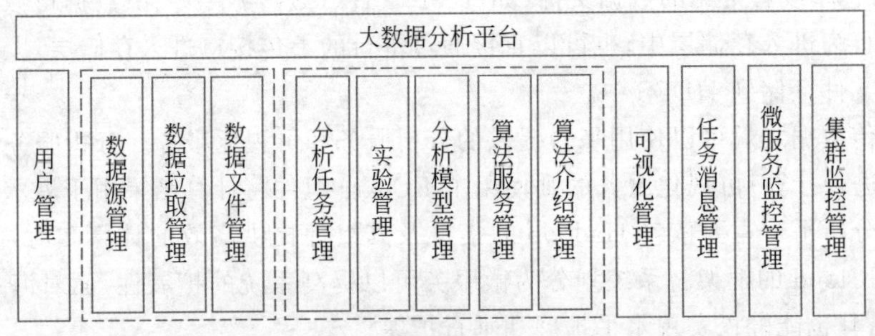

图 13.12 大数据分析平台功能组成

其中,系统对微服务的监控包含 Eureka 的监控页面。系统管理员可以通过微服务监控查看线上的服务状态。Eureka 组件在微服务中充当了一个注册中心的角色,每个服务向服务中心登记自己的服务,将主机名和端口等信息告知注册中心,而注册中心需要根据这些信息列出服务清单。服务注册中心需要以心跳的方式监控清单中的服务是否可用,剔除不可用的服务。监控界面会显示服务的注册信息,而管理员可以看到微服务的上线、下线和启动等信息。

4. 微服务的设计

下面从服务划分、服务治理、服务通信、服务网关、负载均衡、服务接口 6 方面描述大数据分析平台的微服务设计。

1) 服务划分

大数据分析平台按照业务将主要功能划分为 5 个微服务,如图 13.13 所示。

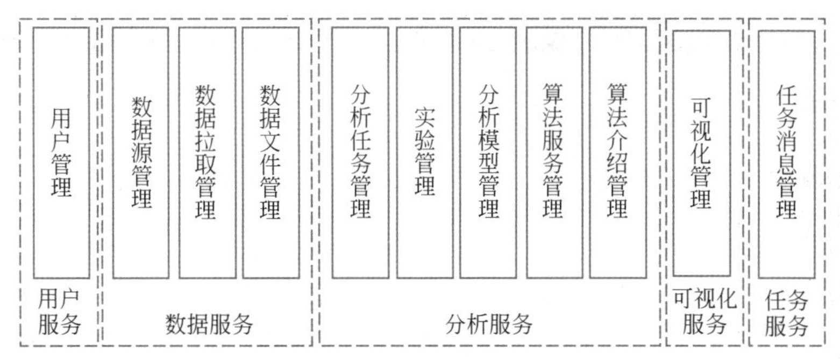

图 13.13　平台服务功能划分

本例的设计将用户管理独立为用户服务。将数据源管理、数据拉取管理、数据文件管理三个和数据有关的模块划分到了数据服务中。而分析服务中则包含了和算法分析有关的 5 个模块，即分析项目模块、实验管理模块、模型管理模块、算法服务管理模块和算法介绍管理模块。可视化服务包含了用于数据可视化的可视化管理模块，任务消息管理模块被划分到了用于执行异步任务的任务服务中，当异步任务执行完毕之后将直接调用任务消息将任务执行完毕的消息告知给用户。

2）服务治理

大数据分析平台选择使用 Spring Cloud 中的 Eureka 组件管理服务的注册和发现，将各个服务管理起来。

Eureka Server：注册中心的服务端（Eureka Server 是以组件的形式被组装到 Spring Cloud 的工程中），用于管理和维护注册的 Eureka 中的服务列表。

Eureka Client：注册中心的客户端，凡是注册到 Eureka 服务列表中的应用都是客户端。

3）服务通信

微服务架构经常需要使用网络通信实现服务之间的数据交互，最常用的方式是 RPC 和 HTTP。Spring Cloud 默认使用 HTTP 在微服务之间进行通信，其实现方式有两种：一种是 RestTemplate；一种是 Feign。当使用比较复杂的调用时，可能需要将 RestTemplate 深入到更深级别的 API，此时笔者可能更加倾向于使用 RestTemplate。其他情况，笔者更加倾向于使用更加方便的 Feign。Feign 提供了 HTTP 的请求模板，编写简单的接口和使用注解就可以定义好 HTTP 的请求参数、格式、请求地址等信息，实现服务之间的通信。

4）服务网关

使用 Spring Cloud 中的 Zuul 组件可以实现反向代理的功能，将请求转发到粗粒度服务上，并做一些通用的逻辑处理。

5）负载均衡

Ribbon 是 Spring Cloud 中一个基于 HTTP 和 TCP 客户端以实现负载均衡的组件。在 SpringCloud 的 Eureka、Feign、Zuul 等组件中均使用 Ribbon 实现负载均衡。

6）服务接口

大数据分析平台的服务接口设计采用了 RESTful 风格，如图 13.14 所示。

以分析服务的模型模块为例。当需要添加模型时，使用 POST 方法；当需要删除模型时，用 DELETE 方法；当需要查询模型时，使用 GET 方法；当需要更新模型信息时，使用

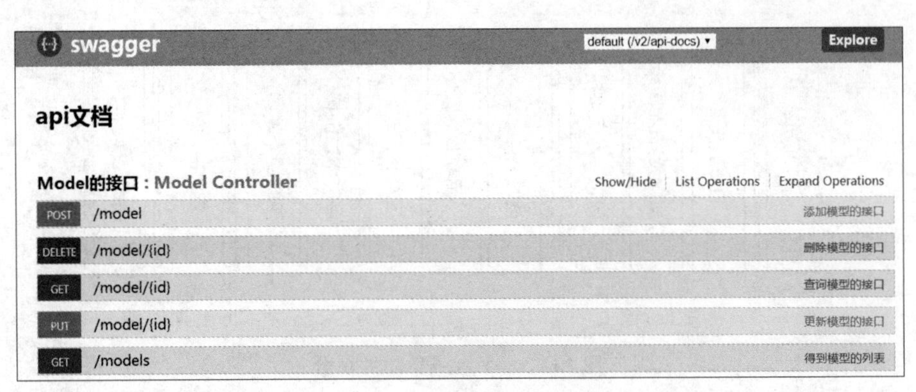

图 13.14 Swagger文档界面中与模型有关的接口

PUT方法。此时,URL并不包含任何行为,仅仅包含代表模型资源的名称。

本章习题

1. 解释微服务架构的核心思想。
2. 概述微服务架构的九大特性。
3. 概述Spring Cloud Netflix技术体系。
4. 概述Spring Cloud微服务架构技术体系。
5. 结合本章学习,综合论述微服务架构。

第14章

智能药品柜数据服务开发案例

14.1 理解智能药品柜业务场景

1. 物联数据业务场景

物联网时代，大量的设备被接入网络，各种传感器都会从设备收集数据，如安全系统、交通监控设备和天气跟踪系统、智能电器、智能电视和可穿戴健康装置等。数据也可以从业务软件中收集，包括企业业务系统、电子政务系统等。生产线上的物联网数据收集与处理是工业 4.0 革命的基础。这些数据被感知、传输和保存，并可随时供检索、分析和展现，提供有价值的信息，这是数据应用的基础。

2. 智能药品柜业务场景

本案例的背景是一款智能药品柜，智能药品柜上的温度和湿度传感器实时上传温度和湿度数据到服务器，而柜前终端则把药品出入的数据也实时上传到服务器(图 14.1)。

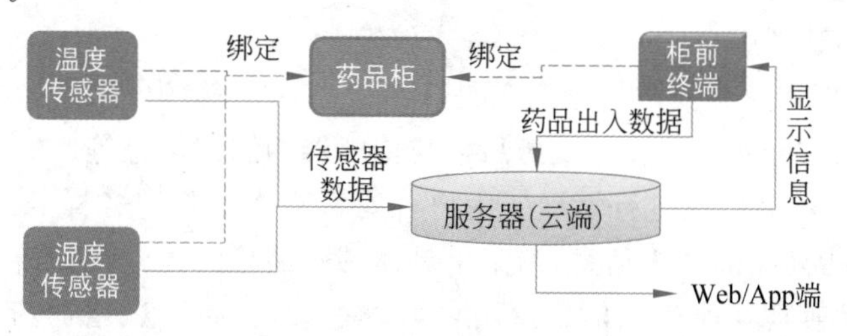

图 14.1　智能药品柜业务场景

柜前终端、其他 Web 端或者移动端 App 通过 REST 接口从服务器获取数据，实现药品柜数据处理的软件功能，包括以下几点。

(1) 温度和湿度实时展示、超限报警、历史温度和湿度数据查询。

(2) 药品信息和药品库存信息。

(3) 药品出入库信息查询。

(4) 药品库存盘点、药品库存预警。

(5) 药品销售统计。

针对现有业务场景中资源进行分析，可知以下需求。

(1) 系统以药品柜(Table)为基本单元进行管理，拥有唯一编号 TableID。

(2) 柜前终端(Device)拥有唯一编号 IMEI(一台柜前终端可以管理多个药品柜)。

(3) 传感器(Sensor)以网络传输接口为单元区分,拥有唯一编号 SensorID(MAC)。

(4) 可以有一到多个传感器被绑定到一个药品柜,其属于多对一的关系。

(5) 多个药品柜可以绑定到同一个柜前终端,其也属于多对一的关系。

(6) 药品有固有的属性信息(通过药品条码号获取,唯一编号 MedicineID)。

(7) 温度和湿度传感器的数据应被定时传输到服务器。

(8) 药品出入信息通过柜前终端(PAD)人工操作上传到服务器。

(9) 药品柜的数据被存储在服务器。

3. 系统用户

1) 柜前终端柜员用户权限

(1) 能够在终端设备上查看药品的名称、种类、价格、规格、图片、生产厂家,以便选购药品。

(2) 能够查看当前药品柜内某药品的余量,以便决定选购的数量。

(3) 能够在终端设备上查看药品柜内的温度和湿度情况是否正常,以防止因保存不当造成药品变质。

(4) 能够通过柜前终端联系当前药品柜的管理员,以便反馈药品柜和药品的相关问题。

2) 移动客户端顾客用户权限

(1) 能够在线上客户端查询药品柜中有哪些药品,判断是否还有自己需要的药品,以使到(自动售药)柜前取药时不会扑空。

(2) 能够在线上客户端查看药品的相关信息以便选购药品。

(3) 能够在线上客户端查询药品柜的描述信息,以便得知药品柜是否还在正常工作中或已停止使用。

3) Web端管理用户

Web端管理用户主要的管理需求是药品信息,药品柜中药品的数量、变动情况,药品柜温度和湿度状况,传感器管理以及药品柜与传感器的绑定信息等。

(1) 能够对药品信息进行管理。用户可能将仓库中各种各样的药品存入药品柜中,这里的药品信息指药品的详细信息,与某个具体的药品柜无关,药品信息应使用药品编号作为唯一标识,同时兼具其他详细信息。用户可以查询药品信息、增加药品信息以引进新的药品、删除药品信息以弃用原有的药品、更新药品信息以修改药品价格等信息。

(2) 能够查看智能药品柜的药品存入和取出记录,以了解药品柜中药品的存量信息,以在药品缺货之前及时补货。

(3) 能够对药品柜的信息进行管理,查看药品柜的信息,当药品柜的信息有变动时修改药品柜的信息,当新的药品柜投入使用时需要新增药品柜信息,当药品柜弃用时删除药品柜信息。

(4) 能够查看所管理智能药品柜的当前温度和湿度状态,当温度和湿度处于异常状态时及时检修维护;能够查看智能药品柜的历史温度和湿度状态,当历史温度和湿度多次异常时需考虑暂停智能药品柜的使用进行彻底的检修与维护。

(5) 能够对传感器的信息进行管理,查看传感器的信息,当新的传感器投入使用时需要新增传感器信息,当传感器弃用时删除传感器信息,当传感器的信息有变动时修改药品柜的信息。

(6) 能够管理药品柜和传感器的绑定关系，查看药品柜绑定的是哪个传感器，当传感器损坏需更换或药品柜损坏更换时解除绑定信息，当新的药品柜与传感器组合投入使用时新增绑定信息。

4) 监管客户端用户

(1) 能够实时查看药品柜的温度和湿度，以监管药品柜的存储环境是否符合有关规定。用户希望查看药品柜的历史温度和湿度记录，以责令药品柜管理者对曾出现温度和湿度异常的药品柜维护整修，对药品质量进行检查。

(2) 能够看到药品柜存放的药品种类，以便监管违规出售药品行为。

4. 系统数据分析

(1) 药品柜信息，以药品柜编号作为唯一标识，包括药品柜的描述信息，如工作时间段等具体说明。

(2) 传感器信息，以传感器编号作为唯一标识，包括传感器的描述信息。

(3) 药品柜与传感器的绑定信息。

(4) 终端与药品柜的绑定信息。

(5) 药品信息，以药品自身编号为唯一标识，还需包含药品名称、药品规格、药品类型、药品价格、药品图片、药品生产厂家。

(6) 药品柜中药品的存取记录。

(7) 药品柜中药品的存量信息。

(8) 实时温度和湿度信息。

(9) 温度和湿度阈值范围。

(10) 历史温度和湿度记录，一定时间范围内各时间点上温度和湿度数据。

5. 智能药品柜数据服务功能需求分析(图 14.2)

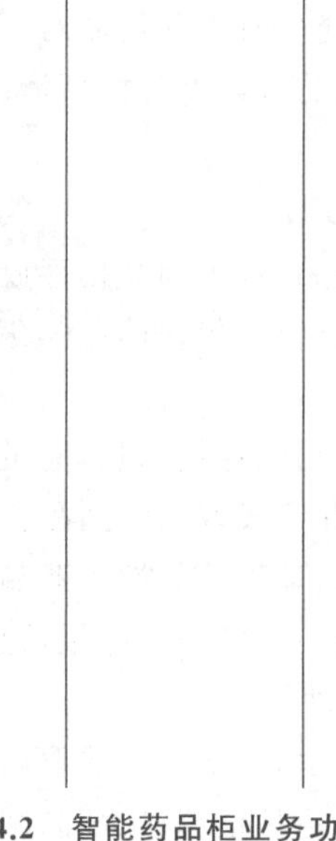

图 14.2　智能药品柜业务功能

智能药品柜通过物联网设备和终端对数据进行采集和管理，将温度和湿度数据、药品出入数据实时上传到云端。对智能药品柜的管理涉及多项相关的业务，不同的业务面向不同的用户群体，面对不同用户群体的不同需求，系统需要开发功能各异的客户端，如柜前终端、后台的管理客户端、消费者移动客户端和药品监管部门的管理客户端等。如果将智能药品柜服务系统设计为统一前端、前后端高度耦合的系统，为所有的用户提供同一套服务，那么有些服务会被暴露给不需要使用它的用户，这是不必要的，会降低用户体验、不利于针对不同群体提供个性化服务，因此需要有一个统一的数据服务接口，提供一致的数据存取功能，以满足各种不同客户端的需求。

综合以上不同用户群体的需求，整合出需要考虑到的通用功能与数据需求如下所示。

1）药品信息管理

药品信息应以药品编号作为唯一标识，同时兼具其他详细信息，如药品名称、药品规格、药品价格、药品类型(处方药或非处方药)、药品生产厂家、药品图像链接(方便前端直观展示药品信息)。

各类用户都需要查看药品的详细信息；管理员引入新的药品种类时需要新增药品信息；不再使用某种药品时管理员可删除药品信息；药品的某些信息有变动时管理员需要更新药品信息。因此，智能药品柜数据服务需要提供对药品信息的查询、修改、新增、删除服务。

2）药品柜信息管理

智能药品柜负责存放药品，需要对药品柜中药品存量信息及药品柜存取药品记录进行管理。

智能药品柜数量有多个，为了方便区分不同的药品柜个体，每个药品柜需要有各自的信息，包含药品柜编号、药品柜名称、药品柜详细描述信息。药品柜编号作为区分药品柜的唯一标识；药品柜名称方便用户进行快速阅读识别药品柜个体；药品柜详细描述用于对该药品柜的某些信息进行说明或备注。

有些用户需要查看药品柜的信息；当新的药品柜投入使用时或废弃时管理员需要增加或删除药品柜信息；某些信息发生变化时管理员需对药品柜信息进行更新。因此，智能药品柜数据服务需要提供对药品柜信息的查询、修改、新增、删除服务。

3）药品柜中药品数据管理

(1) 药品柜中药品存量信息管理。

每个药品柜都会存放一定的药品，各个药品柜存放的药品种类与数量不尽相同，因此系统需要记录每个药品柜的药品存量信息，包含药品柜编号，柜中存有的药品的药品编号，药品名称、药品数量信息。

有的用户需要查看药品柜中药品的存量信息，有的用户可根据存量信息查看药品柜中存放哪些药品；当药品柜中药品被存入或取出时药品存量需要更新；当向柜中添加新品种药品时需要新增此药品的存量信息；当某种药品撤出药品柜时需要删除药品存量信息。因此，智能药品柜数据服务需要提供对药品柜中药品存量信息的查询、修改、新增、删除服务。

(2) 药品柜中药品存取记录管理。

药品柜中的药品会被存入和取出，每次存入或取出操作都应该生成药品存取记录，以进行数量校对和监管。该记录应包含药品柜编号、药品编号、此次存入/取出数量、操作时间。

用户需要查看药品存取记录；当存入药品时，生成一条存入记录，即数量为正整数；当取出药品时，将生成一条取出记录，即数量为负整数。因此，智能药品柜数据服务需要提供对药品柜中药品存取记录的查询、新增服务。

4）药品柜温度和湿度数据管理

药品柜内部环境应该保持在一定的温度和湿度区间内以保证药品不会变质。因此，药品柜管理包括对药品自身信息的管理、对药品柜温度和湿度阈值的管理。

(1) 实时温度和湿度查询。

各类用户都需要查看药品柜中的实时温度和湿度环境，实时温度和湿度信息查询功能将根据传感器编号提供最近一条温度和湿度信息。智能药品柜数据服务需要提供对实时温度和湿度信息的查询服务。

(2) 历史温度和湿度查询。

部分用户需要查询药品柜的温度和湿度历史数据来考虑智能药品柜的温度和湿度环境是否合适。历史温度和湿度信息查询功能根据传感器编号及时间段提供所需的历史温度和湿度信息。智能药品柜数据服务需要提供对历史温度和湿度信息的查询服务。

(3) 药品柜温度和湿度阈值管理。

为了划分药品柜内部温度和湿度环境的正常范围，系统需要有温度和湿度阈值信息，包含温度阈值上限、温度阈值下限、湿度阈值上限、湿度阈值下限，当温度和湿度在该温度和湿度阈值范围内时此智能药品柜中温度与湿度处于正常状态。而每个药品柜的存放药物种类可能不同，对环境的要求也不同，要求的温度和湿度正常范围各不相同。因此，温度和湿度阈值信息需要用药品柜编号作为唯一标识。

用户需要查询药品柜的温度和湿度阈值信息；根据存放药品或环境变化需要更新阈值信息。因此，智能药品柜数据服务需要提供对药品柜温度和湿度阈值信息的查询、修改、新增服务。

5）设备信息管理

设备信息即管理员使用的客户端设备的自身信息，一个管理员的设备可能绑定一个或多个智能药品柜。为了区分不同的设备，设备信息包含设备编号、设备名称、设备详细描述信息。其中，以设备编号作为唯一标识，设备名称可自行备注以便区分，详细描述信息用于对设备的某些信息进行说明或备注。

管理员需要查看设备信息；当添加新的管理员设备时需要新增信息记录；当某设备弃用时需要删除设备信息；信息发生变化时需要进行更新。因此，智能药品柜数据服务需要提供对设备信息的查询、新增、修改、删除服务。

6）传感器设备管理

传感器设备负责采集上传的温度和湿度信息，有多个药品柜，也有多个传感器。因此，传感器设备管理主要是对传感器设备自身信息的管理，传感器设备信息指传感器个体各自的信息，用于区分不同的传感器设备，包含传感器编号、传感器名称、传感器详细描述信息。以传感器编号作为唯一标识，传感器名称便于管理员快速阅读识别传感器，传感器详细描述信息用于对传感器设备的某些信息进行说明或者备注。

管理员需要查看传感器设备信息；当添加新的传感器设备时管理员需要新增传感器设备信息记录；当某传感器弃用时管理员需要删除传感器信息；传感器信息发生变化时需要进行更新。智能药品柜数据服务需要提供对传感器设备信息的查询、修改、新增、删除服务。

7）设备绑定管理

（1）传感器与药品柜绑定信息管理。

通常每个药品柜都会装有一个传感器，因此将药品柜的编号与传感器的编号绑定，需要查询药品柜的温度和湿度信息时可根据此绑定信息查找到对应的传感器，并根据传感器获取温度和湿度信息。

管理员需要查询某传感器或药品柜的相关绑定信息；当某药品柜投入使用时，需装入传感器，需要新增药品柜与传感器绑定信息；当某药品柜弃用或传感器弃用时，需要删除相应的绑定信息。因此，智能药品柜数据服务需要提供对传感器与药品柜绑定信息的查询、新增、删除服务。

（2）药品柜信息与管理设备绑定管理。

一个管理设备可绑定多个智能药品柜，管理设备与药品柜绑定后，可由已绑定的药品柜编号进行所需的药品柜管理操作。

管理员需要查询某管理设备或药品柜的相关绑定信息；当管理设备要绑定某药品柜时，需要新增管理设备与药品柜绑定信息；当某药品柜弃用或管理设备弃用时，需要删除相应的绑定信息。智能药品柜数据服务需要提供对药品柜信息与管理设备绑定信息的查询、新增、删除服务。

14.2 设计智能药品柜数据服务

智能药品柜数据服务旨在为不同的用户平台提供统一的数据服务接口，采用面向资源的设计和 RESTful 的设计结合，围绕资源来设计服务，并推进一系列相关业务的发展。下面将从不同用户的角度分析需求，进行本项目的数据分析和资源设计，构建符合 REST 设计准则的智能药品柜数据服务，以满足不同用户平台的服务需求。

1. 资源设计思维导图

资源设计思维导图如图 14.3 所示。

2. 根据上面的智能药品柜数据服务需求分析，可设计出如下共 12 种资源

（1）药品资源 medicine。

（2）药品柜资源 medicinetable。

（3）药品柜中温度和湿度阈值资源 threshold。

（4）药品柜中药品存量资源 storage。

（5）药品柜中药品存取记录资源 io。

（6）传感器资源 sensor。

（7）实时温度和湿度资源 real-time。

（8）历史温度和湿度资源 past。

（9）终端设备资源 device。

（10）终端设备与药品柜绑定信息资源 device-table。

（11）药品柜与传感器绑定信息资源 table-sensor。

（12）管理员信息资源 mt-user。

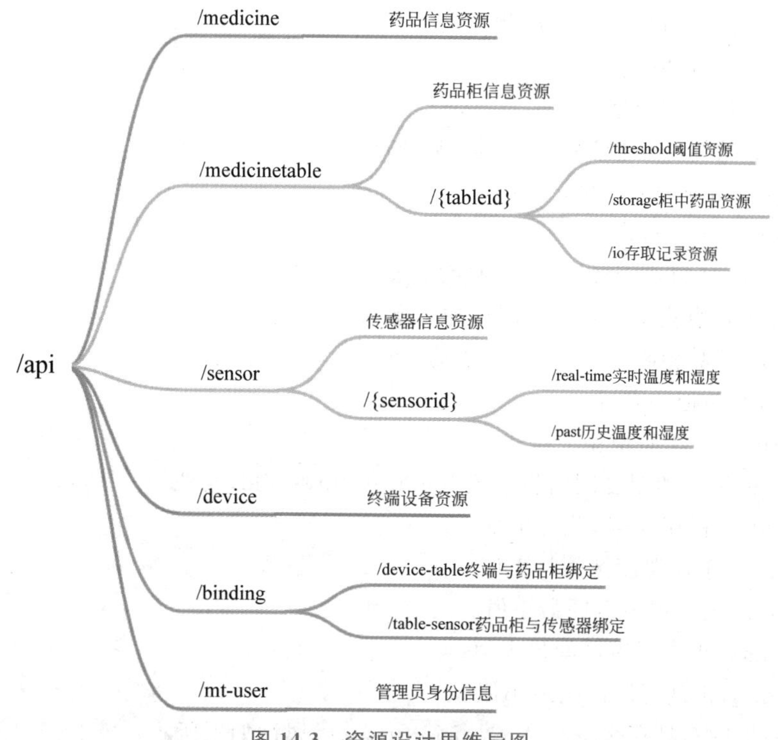

图 14.3　资源设计思维导图

3. 其中的部分资源之间存在一定的关系

1）药品柜资源 medicinetable

药品柜中温度和湿度阈值资源 threshold、药品柜中药品存量资源 storage、药品柜中药品存取记录资源 io 均从属于药品柜资源 medicinetable。因此有如下关系。

（1）温度和湿度阈值资源应该用 medicinetable/{tableid}/threshold 表示。

（2）药品柜中药品存量资源应该用 medicinetable/{tableid}/storage 表示。

（3）药品柜中药品存取记录资源应该用 medicinetable/{tableid}/io 表示。

2）传感器资源 sensor

实时温度和湿度资源 real-time 与历史温度和湿度资源 past 应从属于传感器资源 sensor，因此有如下关系。

（1）实时温度和湿度资源 real-time 应该用 sensor/{sensorid}/real-time 表示。

（2）历史温度和湿度资源 past 应该用 sensor/{sensorid}/past 表示。

3）绑定资源 binding

终端设备与药品柜绑定信息资源 device-table、药品柜与传感器绑定信息资源 table-sensor 同属于绑定资源，因此有如下关系。

（1）终端设备与药品柜绑定信息资源应该用 binding/device-table 表示。

（2）药品柜与传感器绑定信息资源应该用 binding/table-sensor 表示。

4. 数据库表设计

根据上文的智能药品柜数据服务需求分析，可以设计出如下 11 张数据表。

（1）药品信息表 medicine，属性如下所示。

① medicineid,药品唯一编号,此为主键。

② name,药品名称。

③ format,药品的规格。

④ type,药品类型,内容为“处方药”或“非处方药”。

⑤ price,药品统一的价格。

⑥ manufacturer,药品的生产厂家。

⑦ image,药品图片链接地址,方便前端展示药品图片。

(2) 药品柜信息表 meditable,属性如下所示。

① tableid,药品柜唯一编号,此为主键。

② name,药品柜的名称。

③ description,药品柜相关描述。

(3) 药品柜温度和湿度阈值信息表 humiturethreshold,属性如下所示。

① tableid,药品柜编号,此为主键。

② temmax,正常温度区间最大值。

③ temmin,正常温度区间最小值。

④ hummax,正常湿度区间最大值。

⑤ hummin,正常湿度区间最小值。

(4) 药品柜中药品存量信息表 medicinestorage,属性如下所示。

① id,药品存量记录的唯一编号,此为主键,自增长。

② tableid,药品柜编号。

③ medicineid,药品编号。

④ number,药品数量信息,表示柜中该药品目前的数量。

(5) 药品柜中药品存取记录表 medicineio,属性如下所示。

① id,存取记录的唯一编号,此为主键,自增长。

② tableid,药品柜编号。

③ medicineid,操作的药品编号。

④ count,此次存入/取出的数量,正整数代表存入,负整数代表取出。

⑤ time,此次存入/取出操作的发生时间。

(6) 终端设备信息表 device,属性如下所示。

① imei,终端设备的唯一编号,此为主键。

② name,终端设备的名称。

③ description,终端设备的相关信息描述。

(7) 传感器设备信息表 sensor,属性如下所示。

① sensorid,传感器设备的唯一编号,此为主键。

② name,传感器设备的名称。

③ description,传感器设备的相关信息描述。

(8) 历史温度和湿度记录表 humiturehistory,属性如下所示。

① id,温度和湿度记录的唯一编号,此为主键,自增长。

② sensorid,采集该温度和湿度记录的传感器的编号。

③ tem,温度。

④ hum,湿度。

⑤ time,此条温度和湿度记录产生的时间。

(9) 药品柜与传感器的绑定信息表,属性如下所示。

① id,绑定记录的唯一编号,此为主键,自增长。

② tableid,药品柜编号。

③ sensorid,传感器编号。

(10) 终端设备与药品柜的绑定信息表,属性如下所示。

① id,绑定记录的唯一编号,此为主键,自增长。

② imei,终端设备编号。

③ tableid,药品柜编号。

(11) 管理员信息表,属性如下所示。

① userid,管理员的唯一编号,此为主键。

② name,管理员名称。

③ password,验证管理员身份的口令。

④ type,管理员类型。

⑤ imei,管理员持有的终端设备编号。

14.3　开发智能药品柜数据服务

1. 数据服务端物理架构

1) Entity 层

根据所需数据对象定义实体类,每一个实体类与一张数据库表对应。

2) DAO 层

数据访问层,负责访问数据库,对数据进行增、删、改、查操作,封装增、删、改、查的方法。

3) Service 层

业务逻辑层,调用 DAO 层方法编写具体的解决方案,并对具体业务解决方法进行封装。

4) Controller 层

控制器层,处理 HTTP 请求,转给 Service 层处理,并传回返回值。

控制器层接收 HTTP 请求,对 GET 请求接收 URL 中的请求参数,对 POST、PUT、DELETE 请求接收 JSON 请求体,调用 Service 层的方法来处理具体的业务;Service 层方法开始进行业务逻辑处理,会调用 DAO 层方法;DAO 层方法直接访问并操作数据库,将执行结果作为返回值返回给调用自己的 Service 层方法;Service 层利用 DAO 层的返回值完成业务逻辑处理,并就返回值返回给控制器层;最终控制器层根据处理结果返回给请求者响应信息。

2. 智能药品柜数据服务端逻辑架构

根据上文的资源设计与数据表设计,可进行如下服务端架构设计。

1）Entity 层

根据上文的资源设计与数据表设计，这里共设计了 12 个实体类，每一个类对应一种资源和一张数据库的表，实体类中的私有成员变量对应数据库的字段。

（1）药品信息类 MedicineInfo，对应数据库中的药品信息表。

（2）药品柜信息类 MedicineTable，对应数据库中的药品柜信息表。

（3）药品柜温度和湿度阈值类 Threshold，对应数据库中的温度和湿度阈值表。

（4）药品柜中药品存取记录类 MedicineIO，对应数据库中的药品柜中药品存取记录表，该类除了具有与药品存取记录表中字段对应的成员变量外，还具有药品名称成员变量 name，以直观阅读。

（5）药品柜中药品存量类 MedicineStorage，对应数据库中的药品柜中药品存量信息表，该类除了具有与药品存量信息表中字段对应的成员变量外，还具有成员变量药品名称 name 与药品图片 image，以直观地展示药品。

（6）设备类 Device，对应数据库中的管理设备信息表。

（7）传感器类 Sensor，对应数据库中的传感器设备信息表。

（8）实时温度和湿度记录类 RealTimeTemHum，对应数据库中的历史温度和湿度记录表。

（9）历史温度和湿度记录类 PastTemHum，对应数据库中的历史温度和湿度记录表。

（10）药品柜用户类 MTUser，对应数据库中的用户信息表。

（11）药品柜与传感器绑定信息类 BindingTableSensor，对应数据库中的药品柜与传感器绑定信息表。

（12）管理设备与药品柜绑定信息类 BindingDeviceTable，对应数据库中的设备与药品柜绑定信息表。

2）DAO 层

为上述每一个实体类设计一个对应的 Repository，在其中编写需要用到的数据库操作语句，封装数据库操作方法。命名按照“实体类名＋Repository”的格式，如药品信息类名为 MedicineInfo，则药品信息持久层命名为 MedicineInfoRepository。

3）Service 层

根据需求设计具体的业务处理逻辑，为每一个资源设计一个 Service 接口，并在具体类中实现接口，编写处理资源相关服务的业务逻辑，尽量保证通用性，以利于方法的复用。

4）Controller 层

通过上文的需求分析，在控制器层设计暴露的服务接口以及请求处理与响应。

（1）药品信息控制层 MedicineInfoController，接收转交并回复药品信息服务接口/api/medicine 的 GET、POST、PUT、DELETE 请求。

（2）药品柜信息控制层 MedicineTable，接收转交并回复药品柜信息服务接口/api/medicinetable 的 GET、POST、PUT、DELETE 请求。

（3）药品柜温度和湿度阈值控制层 ThresholdController，接收转交并回复药品柜温度和湿度阈值服务接口/api/medicinetable/{tableid}/threshold 的 GET、POST、PUT 请求。

（4）药品柜中药品存取记录控制层 MedicineIOController，接收转交并回复药品柜中药品存取记录服务接口/api/medicinetable/{tableid}/io 的 GET、POST 请求。

(5) 药品柜中药品存量控制 MedicineStorageController，接收转交并回复药品柜中药品存量服务接口/api/medicinetable/{tableid}/storage 的 GET、POST、DELETE 请求。

(6) 设备控制层 DeviceController，接收转交并回复设备信息服务接口/api/device 的 GET、POST、PUT、DELETE 请求。

(7) 传感器控制层 SensorController，接收转交并回复传感器信息服务接口的 GET、POST、PUT、DELETE 请求。

(8) 实时温度和湿度记录控制层 RealTimeTemHumController，接收转交并回复实时温度和湿度服务接口/api/sensor/{sensorid}/real-time 的 GET 请求。

(9) 历史温度和湿度记录控制层 PastTemHumController，接收转交并回复历史温度和湿度服务接口/api/sensor/{sensorid}/past 的 GET 请求。

(10) 药品柜用户控制层 MTUserController，接收转交并回复药品柜用户服务接口/api/mt-user 的 GET、POST、PUT、DELETE 请求。

(11) 药品柜与传感器绑定信息控制层 BindingTableSensorController，接收转交并回复药品柜与传感器绑定服务接口/api/binding/table-sensor 的 GET、POST、DELETE 请求。

(12) 终端设备与药品柜绑定信息控制层 BindingDeviceTableController，接收转交并回复终端设备与药品柜绑定服务接口/api/binding/device-table 的 GET、POST、DELETE 请求。

3. 数据服务的扩展

本章描述的是一个智能药品柜的服务设计例子，对架构进行了清晰的层次划分，每个组件的职责分明，并被封装为 RESTful 服务。当未来的业务发展需要扩展智能药品柜数据服务时，也可较为方便地对系统进行扩展：需要引入新的资源时，只需设计资源命名和链接关系、设计 URL、创建所需的数据表、在服务端中创建对应的实体类、为新资源和服务编写 DAO 层的数据库操作方法和 Service 层的业务逻辑方法、在控制层中设计接口的处理转交和回复，符合“对扩展开放、对修改关闭”的开闭原则。

由于服务端提供了统一、通用的服务接口，并与客户端实现了分离，未来增加功能需求时，服务端可以在不影响原有功能前提下进行扩展，而不影响客户端的原有使用，保持了系统较好的扩展性。

附录A

Spring 构建超媒体驱动的 RESTful Web 服务案例

本案例使用 Spring HATEOAS 构建一个超媒体驱动的 RESTful 服务——“Hello，World”。Spring HATEOAS 是一个 API 库，可以用于创建指向 Spring MVC 控制器的链接、构建资源表述并将它们呈现为支持的超媒体格式（如 HAL）。

该服务将接受 HTTP GET 请求，地址如下。

```
http://localhost:8080/greeting
```

服务响应是一个 JSON 格式的问候，该表述形式包含最简单的超媒体元素，即指向资源本身的链接，输出形式如下所示。

```
{
  "content":"Hello, World!",
  "_links":{
    "self":{
      "href":"http://localhost:8080/greeting? name=World"
    }
  }
}
```

这个 JSON 格式的反馈中有个超链接，其中的查询字符串“? name=World”表明请求者可以自选问候语中的客体，如下所示。

```
http://localhost:8080/greeting? name=User
```

用 name 参数值覆盖 World 的默认值会反映在响应结果中，如下所示。

```
{
  "content":"Hello, User!",
  "_links":{
    "self":{
      "href":"http://localhost:8080/greeting? name=User"
    }
  }
}
```

1. 首先从 Spring Initializr 开始

在 IDE 中创建一个 Spring Initializr 项目，或者使用 Maven 访问 Spring Initializr 以生成具有所需依赖项（Spring HATEOAS）的新项目。选择 Maven 时

创建的 pom.xml 文件,代码如下。

```
<?xml version="1.0" encoding="UTF-8"?>
<project xmlns="http://maven.apache.org/POM/4.0.0" xmlns:xsi="http://www.w3.
org/2001/XMLSchema-instance"
    xsi:schemaLocation="http://maven.apache.org/POM/4.0.0 https://maven.
apache.org/xsd/maven-4.0.0.xsd">
    <modelVersion>4.0.0</modelVersion>
    <parent>
        <groupId>org.springframework.boot</groupId>
        <artifactId>spring-boot-starter-parent</artifactId>
        <version>2.5.2</version>
        <relativePath/><!--lookup parent from repository -->
    </parent>
    <groupId>com.example</groupId>
    <artifactId>rest-hateoas-initial</artifactId>
    <version>0.0.1-SNAPSHOT</version>
    <name>rest-hateoas-initial</name>
    <description>Demo project for Spring Boot</description>
    <properties>
        <java.version>1.8</java.version>
    </properties>
    <dependencies>
        <dependency>
            <groupId>org.springframework.boot</groupId>
            <artifactId>spring-boot-starter-hateoas</artifactId>
        </dependency>

        <dependency>
            <groupId>org.springframework.boot</groupId>
            <artifactId>spring-boot-starter-test</artifactId>
            <scope>test</scope>
        </dependency>
    </dependencies>

    <build>
        <plugins>
            <plugin>
                <groupId>org.springframework.boot</groupId>
                <artifactId>spring-boot-maven-plugin</artifactId>
            </plugin>
        </plugins>
    </build>
</project>
```

2. 添加 JSON 库

因为要使用 JSON 发送和接收信息,所以需要一个 JSON 库。本指南中使用 Jayway JsonPath 库。要将库包含在 Maven 构建中,需将以下依赖项添加到 pom.xml 文件,代码如下。

```
<dependency>
<groupId>com.jayway.jsonpath</groupId>
<artifactId>json-path</artifactId>
<scope>test</scope>
</dependency>
```

3. 创建资源表示类

现在已经设置了项目并构建了系统，接下来可以创建 Web 服务了。

首先考虑服务交互：该服务将在/greeting 处公开一个资源来处理 GET 请求，并可以选择在查询字符串中使用的名称参数。GET 请求应返回 200 OK 响应，返回的报文主体中包含表示问候的 JSON 格式。

除此之外，资源的 JSON 表述将通过_links 属性中的超媒体元素列表进行增强，最基本的形式是指向资源本身的链接，该表述应类似以下列表。

```
{
  "content":"Hello, World!",
  "_links":{
    "self":{
      "href":"http://localhost:8080/greeting? name=World"
    }
  }
}
```

content 元素是问候语的文本表示。_links 元素包含一个链接列表(本例中恰好由一个具有 rel 关系类型和指向被访问资源的 href 属性的链接组成)。

要对问候表示建模，需要创建一个资源表示类。由于_links 属性是表示模型的基本属性，因此 Spring HATEOAS 附带了一个基类(被称为 RepresentationModel)，允许添加 Link 的实例并确保其按前述格式进行呈现。

创建一个普通的 Java 对象，扩展 RepresentationModel 类并添加内容的字段和访问器以及构造函数，如下所示。

```
package com.example.resthateoas;
import org.springframework.hateoas.RepresentationModel;
import com.fasterxml.jackson.annotation.JsonCreator;
import com.fasterxml.jackson.annotation.JsonProperty;

public class Greeting extends RepresentationModel<Greeting>{
    private final String content;
    @ JsonCreator
    public Greeting(@ JsonProperty("content") String content) {
        this.content =content;
    }
    public String getContent() {
        return content;
    }
}
```

其中，@JsonCreator 表示 Jackson 如何创建此 POJO 实例；@JsonProperty 标记 Jackson 应将此构造函数参数放入的字段。

Spring 将使用 Jackson JSON 库自动将 Greeting 类型的实例编组为 JSON。

接下来将创建提供这些问候语的资源控制器。

4. 创建 REST 控制器

在 Spring 构建 RESTful Web 服务的方法中，HTTP 请求由控制器处理。组件由@RestController 注解标识，该注解结合了@Controller 和@ResponseBody 注解。GreetingController 通过返回 Greeting 类的新实例来处理"/greeting"的 GET 请求，清单如下。

```
package com.example.resthateoas;
import static org.springframework.hateoas.server.mvc.WebMvcLinkBuilder.* ;
import org.springframework.http.HttpEntity;
import org.springframework.http.HttpStatus;
import org.springframework.http.ResponseEntity;
import org.springframework.web.bind.annotation.RestController;
import org.springframework.web.bind.annotation.RequestMapping;
import org.springframework.web.bind.annotation.RequestParam;

@ RestController
public class GreetingController {
private static final String TEMPLATE ="Hello, % s!";
@ RequestMapping("/greeting")
public HttpEntity<Greeting>greeting(
@ RequestParam(value ="name", defaultValue ="World") String name) {
Greeting greeting =new Greeting(String.format(TEMPLATE, name));
greeting. add ( linkTo ( methodOn ( GreetingController. class ) . greeting ( name)) .
withSelfRel());
}
}
```

这个控制器简洁明了，但做了很多事情，其中，@RequestMapping 注解确保对"/greeting"的 HTTP 请求映射到 greeting()方法；@RequestParam 将查询字符串参数 name 的值绑定到 greeting()方法的 name 参数中。由于使用了 defaultValue 属性，因此不需要此查询字符串参数时，其默认值就是 World。

因为类中存在@RestController 注解，所以在 greeting()方法中添加了一个隐含的@ResponseBody 注解。这会导致 Spring MVC 将返回的 HttpEntity 及其有效负载(Greeting)直接呈现给响应。

此方法创建了指向控制器方法的链接，并将其添加到了表示模型中。

linkTo(…)和 methodOn(…)都是 ControllerLinkBuilder 上的静态方法，可以在控制器上伪造方法调用。返回的 LinkBuilder 将检查控制器方法的映射注解，准确构建 URI 到映射到的方法。

对 withSelfRel()方法的调用会创建一个加到 Greeting 表述模型的 Link 实例。

@SpringBootApplication 是一个方便的注解，它添加了以下内容。

① @Configuration：将类标记为应用程序上下文的 bean 定义源。

② @EnableAutoConfiguration：告诉 Spring Boot 根据类路径设置、其他 bean 和各种属性设置开始添加 bean。例如，如果 spring-webmvc 在类路径上，则此注释将应用程序标

记为 Web 应用程序并激活关键行为，如设置 DispatcherServlet。

③ @ComponentScan：告诉 Spring 在 com/example 包中查找其他组件、配置和服务，让它找到控制器。

最后，main()方法使用 Spring Boot 的 SpringApplication.run()方法来启动应用程序。

5. 构建可执行 JAR 包

使用 Maven 或 IDE 构建 JAR 包。

6. 测试服务

访问 http://localhost:8080/greeting，可以看到以下内容。

```
{
  "content":"Hello, World!",
  "_links":{
    "self":{
      "href":"http://localhost:8080/greeting? name=World"
    }
  }
}
```

访问以下 URL 提供名称查询字符串参数。

```
http://localhost:8080/greeting? name=User
```

内容属性的值从“Hello, World!”变成了“Hello, User!”？同时 self 链接的 href 属性也反映了这种变化，如下所示。

```
{
  "content":"Hello, User!",
  "_links":{
    "self":{
      "href":"http://localhost:8080/greeting? name=User"
    }
  }
}
```

此更改表明 GreetingController 中的@RequestParam 注解按照预期工作，name 参数的默认值是 World，但可以通过查询字符串将之显式覆盖。

这样，就使用 Spring HATEOAS 开发了一个超媒体驱动的 RESTful Web 服务。

附录B HTTP协议响应代码

(1) 1xx：此类状态代码表示临时响应。

100：Continue(继续)，服务器返回此代码表示已收到请求的第一部分，正在等待其余部分，请求者应当继续发送请求。

101：Switching Protocols(切换协议)，请求者已要求服务器切换协议，服务器已确认并准备切换。

(2) 2xx：此类状态码表示客户端的请求被成功地接收、理解和接受。

200：OK(成功)，服务器已成功处理了请求，通常表示服务器提供了请求的网页。

201：Created(已创建)，请求成功并且服务器创建了新的资源。

202：Accepted(已接受)，服务器已接受请求，但处理尚未完成。

203：Non-Authoritative Information(非授权信息)，服务器已成功处理了请求，但返回的信息可能来自另一来源。

204：No Content(无内容)，服务器成功地处理了请求，但没有返回任何内容。

205：Reset Content(重置内容)，服务器已经完成了请求，用户代理应该重置导致请求被发送的文档视图。

206：Partial Content(部分内容)，服务器已完成对资源的部分 GET 请求。

(3) 3xx：此类状态代码表示用户代理需要采取进一步行动来满足请求。

300：Multiple Choices(多种选择)，请求的资源对应一组表述中的任何一个，每个表述都有自己的特定位置，并且提供代理驱动的协商信息，以便用户(或用户代理)可以选择首选表述并将其请求重定向到该位置。

301：Moved Permanently(永久移动)，请求的资源已被永久移动到新 URI，未来对此资源的请求应使用返回的 URI。服务器返回此响应(对 GET 或 HEAD 请求的响应)时，会自动将请求者转到新位置。

302：Found(临时移动)，请求的资源被临时驻留在另一 URI 下。由于可能会更改重定向，因此客户端应该继续使用原有请求的 URI 来处理未来的请求。

303：See Other(查看其他位置)，应该在返回的另一 URI 下找到对请求的响应，并且应该使用该资源上的 GET 方法检索。

304：Not Modified(未修改)，自从上次请求后，请求的文档未被修改过。服务器返回此响应时，不会返回网页内容。

305：Use Proxy(使用代理)，请求的资源必须通过 Location 字段给出的代理访问。Location 字段给出了代理的 URI。

306：未使用。该状态码不再使用，保留该码。

307：Temporary Redirect(临时重定向)，请求的资源临时驻留在另一 URI 下。由于有时可能会更改重定向，因此客户端应该继续使用原来请求的 URI 来处理未来的请求。

(4) 4xx：此类状态代码用于客户端可能出错的情况。

400：Bad Request(错误请求)，由于语法格式错误，服务器无法理解该请求。

401：Unauthorized(未授权)，要求对该资源的请求通过身份验证。

402：Payment Required(需要支付)，该状态码保留给未来使用。

403：Forbidden(禁止)，服务器理解请求，但拒绝执行。

404：Not Found(未找到)，服务器找不到请求的资源。

405：Method Not Allowed(方法禁用)，禁用请求中指定的方法。

406：Not Acceptable(不接受)，无法使用请求的内容特性响应请求的资源。

407：Proxy Authentication Required(需要代理授权)，此状态代码与 401(未授权)类似，但客户端必须首先向代理进行身份验证。

408：Request Time-out(请求超时)，客户端没有在服务器准备等待的时间内产生请求。

409：Conflict(冲突)，由于与资源的当前状态冲突，故无法完成请求。

410：Gone(已删除)，请求的资源在服务器上不再可用，并且不知道转发地址。

411：Length Required(需要有效长度)服务器拒绝接受没有定义内容长度标头字段的请求。

412：Precondition Failed(未满足前提条件)服务器对请求头字段中给出的一或多个前提条件评估测试未通过。

413：Request Entity Too Large(请求实体过大)，因为请求实体过大，超出服务器意愿或处理能力，服务器拒绝处理。

414：Request-URI Too Large(请求的 URI 过长)，因为请求的 URI 过长，超出服务器意愿，服务器拒绝处理。

415：Unsupported Media Type(不支持的媒体类型)，因为请求实体格式不被请求方法的请求资源所支持，服务器拒绝处理。

416：Requested Range Not Satisfiable(请求范围不符合要求)，如果请求包含 Range 请求头字段，而该字段中的任何范围说明符值都未与所选资源的当前范围重叠，并且该请求未包含 If-Range 请求头字段，服务器应返回该状态码。

417：Expectation Failed(期望值不满足)，该服务器无法满足 Expect 请求头字段中给出的期望，或者，如果该服务器是代理，则该服务器有明确的证据表明该请求无法被下一跃点服务器满足。

(5) 5xx：以数字 5 开头的响应状态代码表示服务器出错或无法执行请求的情况。

500：Internal Server Error(服务器内部错误)，服务器遇到错误，无法完成请求。

501：Not Implemented(尚未实现)，服务器不具备完成请求的功能。

502：Bad Gateway(错误网关)，服务器充当网关或代理时，在尝试满足请求时从其访问的上游服务器收到无效响应。

503：Service Unavailable(服务不可用)，由于暂时过载或维护，服务器当前无法处理请求。

504：Gateway Time-out(网关超时)，服务器充当网关或代理时，没有收到来自 URI 指定的上游服务器的及时响应，或者它在尝试完成请求时需要访问其他辅助服务器(如 DNS)。

505：HTTP Version Not Supported(HTTP 版本不受支持)，服务器不支持或拒绝支持请求中所用的 HTTP 版本。

HTTP 应用程序不需要理解所有状态代码的含义(尽管能理解最好)。但是，应用程序至少需要理解状态代码的类别，即由第一个数字所代表的含义，并将任何无法识别的响应视为等同于该类的 x00 状态代码，除非一个无法识别的响应不允许缓存。例如，客户端收到无法识别的 431 状态代码，它可以安全地假设其请求有问题，并将响应视为收到 400 状态代码。在这种情况下，用户代理应该向用户展示响应中返回的实体，因为该实体可能包含解释异常状态的可读信息。

2012 年，RFC 6585 发布了 4 个新的 HTTP 状态码，这对开发 RESTful 服务非常有用。

(1) 428 (Precondition Required，要求先决条件)，先决条件是客户端发送 HTTP 请求时必须满足的一些预设条件。例如，在 GET 请求中经常会使用 If-None-Match 头，如果指定了 If-None-Match，那么客户端只在响应中的 ETag 改变后才会重新接收回应。另外一个例子是 If-Match 头，其一般用在 PUT 请求上，用于指示只需更新未被改变的资源，用于在多个客户端使用 HTTP 服务时防止彼此间覆盖相同内容。

当服务器端使用 428 (Precondition Required)状态码时，客户端必须发送上述的请求头才能执行请求，这个方法为服务器提供一种有效的方法来阻止所谓“丢失更新”(lost update)问题。

示例如下。

```
  HTTP/1.1 428 Precondition Required
  Content-Type: text/html
<html>
<head>
<title>Precondition Required</title>
</head>
<body>
<h1>Precondition Required</h1>
<p>This request is required to be conditional;
      try using "If-Match".</p>
</body>
</html>
```

(2) 429 (Too Many Requests，太多请求)，表示用户在给定的时间内发送了太多请求(“速率限制”情况下)。该响应表述应包括条件的细节解释，并且可以包括一个 Retry-After 标头，指示在发出新请求之前应等待的时间。

示例如下。

```
  HTTP/1.1 429 Too Many Requests
  Content-Type: text/html
  Retry-After: 3600
<html>
<head>
<title>Too Many Requests</title>
</head>
<body>
<h1>Too Many Requests</h1>
<p>I only allow 50 requests per hour to this Web site per
        logged in user.  Try again soon.</p>
</body>
</html>
```

当需要限制客户端请求某个服务的数量时，该状态码就很有用，也就是请求速度限制。需要注意的是，该规范没有定义源服务器如何识别用户，也没有定义它如何计算请求。例如，限制请求速率的源服务器可以基于每个资源、整个服务器甚至一组服务器之间的请求计数来这样做。同样，它可能通过其身份验证凭据或有状态的 cookie 来识别用户。

(3) 431(Request Header Fields Too Large，请求头字段太大)，某些情况下，客户端发送 HTTP 请求头会变得很大，那么服务器可发送该状态码指明该问题，响应表示应该指定哪个头字段太大，请求可以在减少请求头字段的大小后重新提交。

示例如下。

```
  HTTP/1.1 431 Request Header Fields Too Large
  Content-Type: text/html

<html>
<head>
<title>Request Header Fields Too Large</title>
</head>
<body>
<h1>Request Header Fields Too Large</h1>
<p>The "Example" header was too large.</p>
</body>
</html>
```

(4) 511(Network Authentication Required，要求网络认证)表示客户端需要通过身份验证才能获得网络访问权限，响应表述应该包含指向允许用户提交凭据的资源链接(例如，使用 HTML 表单)。

现实中，如果客户端使用 HTTP 请求查找文档(可能是 JSON)，网络将会响应一个登录页，这样客户端就会解析错误并运行异常，在现实中这种问题非常常见。

511 状态码的提出就是为了解决这个问题。在编写 HTTP 客户端时，最好先检查一下 511 状态码以确认是否需要认证才能访问。

需要注意的是，511 响应不应包含质询或登录界面本身，因为浏览器会将登录界面显示为与最初请求的 URL 相关联，这可能会导致混淆。511 状态也不应该由源服务器生成，它旨在通过拦截作为控制网络访问的手段的代理使用。最后，带有 511 状态代码的响应也不得由缓存存储。

百度地图资源访问程序源码

1. 最简单的地图应用

```
<html xmlns="http://www.w3.org/1999/xhtml" lang="zh-CN" xml:lang="zh
-CN">
<head>
<meta http-equiv="Content-Type" content="text/html; charset=UTF-8">
<title>最简单的地图应用</title>
</head>
<body >
<div align="center">
<img id="myPic" src="http://api.map.baidu.com/staticimage?center=
116.403874,39.914888&width=600&height=400&zoom=11" ismap usemap=
"#mymap" width="600" height="400" />
<map name="mymap">
<area href="javascript:show_page('West')" shape="poly" coords="0,
100,0,300,150,300,300,200,150,100" />
<area href="javascript:show_page('NorthWest')" shape="rect" coords=
"0,0,150,100"/>
<area href="javascript:show_page('North')" shape="poly" coords="150,
0,150,100,300,200,450,100,450,0" />
<area href="javascript:show_page('NorthEast')" shape="rect" coords=
"450,0,600,100"/>
<area href="javascript:show_page('East')" shape="poly" coords="600,
100,450,100,300,200,450,300,600,300" />
<area href="javascript:show_page('SouthEast')" shape="rect" coords=
"450,300,600,400" />
<area href="javascript:show_page('South')" shape="poly" coords="150,
400,150,300,300,200,450,300,450,400" />
<area href="javascript:show_page('SouthWest')" shape="rect" coords=
"0,300,150,400"/></map>
</div>
<p>
<div align="center">
<a href="javascript:show_page('Zoom in')">Zoom in</a>
<a href="javascript:show_page('Zoom out')">Zoom out</a>
</div>

<script type="application/javascript">
    let myPic =document.getElementById("myPic");
```

```
    function show_page(direction){
    //通过 direction 跳转页面
    switch(direction) {
     case 'West':
         myPic.src = "http://api.map.baidu.com/staticimage? center=116.383874,
39.914888&width=600&height=400&zoom=11";
        break;
     case 'NorthWest':
         myPic.src = "http://api.map.baidu.com/staticimage? center=116.383874,
39.934888&width=600&height=400&zoom=11";
        break;
     case 'North':
         myPic.src = "http://api.map.baidu.com/staticimage? center=116.403874,
39.934888&width=600&height=400&zoom=11";
        break;
     case 'NorthEast':
         myPic.src = "http://api.map.baidu.com/staticimage? center=116.423874,
39.934888&width=600&height=400&zoom=11";
        break;
     case 'Center':
         myPic.src = "http://api.map.baidu.com/staticimage? center=116.403874,
39.914888&width=600&height=400&zoom=11";
        break;
     case 'East':
         myPic.src = "http://api.map.baidu.com/staticimage? center=116.423874,
39.914888&width=600&height=400&zoom=11";
        break;
     case 'SouthEast':
         myPic.src = "http://api.map.baidu.com/staticimage? center=116.423874,
39.894888&width=600&height=400&zoom=11";
        break;
     case 'South':
         myPic.src = "http://api.map.baidu.com/staticimage? center=116.403874,
39.894888&width=600&height=400&zoom=11";
        break;
     case 'SouthWest':
         myPic.src = "http://api.map.baidu.com/staticimage? center=116.383874,
39.894888&width=600&height=400&zoom=11";
        break;
     case 'Zoom in':
         myPic.src = "http://api.map.baidu.com/staticimage? center=116.403874,
39.914888&width=600&height=400&zoom=13";
        break;
     case 'Zoom out':
         myPic.src = "http://api.map.baidu.com/staticimage? center=116.403874,
39.914888&width=600&height=400&zoom=9";
        break;
     default:
         myPic.src = "http://api.map.baidu.com/staticimage? center=116.403874,
39.914888&width=600&height=400&zoom=11";
    }
    }
</script>
```

```
</body>
</html>
```

2. 地图时光机(同地不同时期图像请自行准备)

```
<html xmlns="http://www.w3.org/1999/xhtml" lang="zh-CN" xml:lang="zh-CN">
<head>
<meta http-equiv="Content-Type" content="text/html; charset=UTF-8">
<title>时光机</title>
<style type="text/css">
#div1 {
  width: 600px;
  height: 20px;
  background: orange;
  position: relative;
  margin: 50px auto;
}
#div2 {
  width: 20px;
  height: 20px;
  background: blue;
  position: absolute;
}
#div3 {
  width: 757;
  height: 590;
  margin: 20px auto;
}
#div3 img {
  width: 100% ;
  height: 100% ;
}
</style>
</head>

<body >
<div id="div1">
    <div id="div2"></div>
</div>
<div id="div3" align="center">
    <img id="myPic" src="sc2003.jpg"/>
</div>
<p>

<script type="application/javascript">
    let myPic =document.getElementById("myPic");
    var oDiv1 =document.getElementById('div1');
    var oDiv2 =document.getElementById('div2');

  oDiv2.onmousedown =function(ev) {
  var oEvent =ev || event;
```

```
    var disX =oEvent.clientX -oDiv2.offsetLeft;

  document.onmousemove =function(ev) {
    var oEvent =ev || event;
    var l =oEvent.clientX -disX;
    if (l <0) {
     l =0;
    } else if (l >oDiv1.offsetWidth -oDiv2.offsetWidth) {
     l =oDiv1.offsetWidth -oDiv2.offsetWidth;
    }
    oDiv2.style.left =l +  'px';//l 范围:[0,580]
    //document.title =l / 580; //范围:[0,1]
    var ratio =oDiv1.offsetWidth -oDiv2.offsetWidth;
    var scale =parseInt(l* 7/ ratio);
    switch(scale) {
       case 0:
          myPic.src ="sc2003.jpg";
          break;
       case 1:
          myPic.src ="sc2005.jpg";
          break;
       case 2:
          myPic.src ="sc2010.jpg";
          break;
       case 3:
          myPic.src ="sc2012.jpg";
          break;
       case 4:
          myPic.src ="sc2013.jpg";
          break;
       case 5:
          myPic.src ="sc2015.jpg";
          break;
       case 6:
          myPic.src ="sc2019.png";
          break;
       default:
          myPic.src ="sc2019.png";
       }
    };

  document.onmouseup =function() {
  document.onmousemove =null;
  document.onmouseup =null;
    };
  };
  </script>
  </body>
  </html>
```

附录D

Swagger Petstore OpenAPI

这是 Swagger 公司提供的一个基于 OpenAPI 3.0 规范的 JSON 格式的宠物商店服务 OpenAPI 文档示例。


```
{
  "swagger": "2.0",
  "info": {
    "description": "This is a sample server Petstore server. You can find out more about Swagger at [http://swagger.io](http://swagger.io) or on [irc.freenode.net, #swagger](http://swagger.io/irc/). For this sample, you can use the api key `special-key` to test the authorization filters.",
    "version": "1.0.0",
    "title": "Swagger Petstore",
    "termsOfService": "http://swagger.io/terms/",
    "contact": {
      "email": "apiteam@ swagger.io"
    },
    "license": {
      "name": "Apache 2.0",
      "url": "http://www.apache.org/licenses/LICENSE-2.0.html"
    }
  },
  "host": "petstore.swagger.io",
  "basePath": "/v2",
  "tags": [
    {
      "name": "pet",
      "description": "Everything about your Pets",
      "externalDocs": {
        "description": "Find out more",
        "url": "http://swagger.io"
      }
    },
    {
      "name": "store",
      "description": "Access to Petstore orders"
    },
    {
      "name": "user",
      "description": "Operations about user",
```

```
      "externalDocs": {
        "description": "Find out more about our store",
        "url": "http://swagger.io"
      }
    }
  ],
  "schemes": [
    "https",
    "http"
  ],
  "paths": {
    "/pet": {
      "post": {
        "tags": [
          "pet"
        ],
        "summary": "Add a new pet to the store",
        "description": "",
        "operationId": "addPet",
        "consumes": [
          "application/json",
          "application/xml"
        ],
        "produces": [
          "application/xml",
          "application/json"
        ],
        "parameters": [
          {
            "in": "body",
            "name": "body",
            "description": "Pet object that needs to be added to the store",
            "required": true,
            "schema": {
              "$ref": "#/definitions/Pet"
            }
          }
        ],
        "responses": {
          "405": {
            "description": "Invalid input"
          }
        },
        "security": [
          {
            "petstore_auth": [
              "write:pets",
              "read:pets"
            ]
          }
        ]
```

```
      },
      "put": {
        "tags": [
          "pet"
        ],
        "summary": "Update an existing pet",
        "description": "",
        "operationId": "updatePet",
        "consumes": [
          "application/json",
          "application/xml"
        ],
        "produces": [
          "application/xml",
          "application/json"
        ],
        "parameters": [
          {
            "in": "body",
            "name": "body",
            "description": "Pet object that needs to be added to the store",
            "required": true,
            "schema": {
              "$ref": "#/definitions/Pet"
            }
          }
        ],
        "responses": {
          "400": {
            "description": "Invalid ID supplied"
          },
          "404": {
            "description": "Pet not found"
          },
          "405": {
            "description": "Validation exception"
          }
        },
        "security": [
          {
            "petstore_auth": [
              "write:pets",
              "read:pets"
            ]
          }
        ]
      }
    },
    "/pet/findByStatus": {
      "get": {
```

```
        "tags": [
          "pet"
        ],
        "summary": "Finds Pets by status",
        "description": "Multiple status values can be provided with comma
separated strings",
        "operationId": "findPetsByStatus",
        "produces": [
          "application/xml",
          "application/json"
        ],
        "parameters": [
          {
            "name": "status",
            "in": "query",
            "description": "Status values that need to be considered for filter",
            "required": true,
            "type": "array",
            "items": {
              "type": "string",
              "enum": [
                "available",
                "pending",
                "sold"
              ],
              "default": "available"
            },
            "collectionFormat": "multi"
          }
        ],
        "responses": {
          "200": {
            "description": "successful operation",
            "schema": {
              "type": "array",
              "items": {
                "$ref": "#/definitions/Pet"
              }
            }
          },
          "400": {
            "description": "Invalid status value"
          }
        },
        "security": [
          {
            "petstore_auth": [
              "write:pets",
              "read:pets"
            ]
```

```
          }
        ]
      }
    },
    "/pet/findByTags": {
      "get": {
        "tags": [
          "pet"
        ],
        "summary": "Finds Pets by tags",
        "description": "Muliple tags can be provided with comma separated
strings. Use tag1, tag2, tag3 for testing.",
        "operationId": "findPetsByTags",
        "produces": [
          "application/xml",
          "application/json"
        ],
        "parameters": [
          {
            "name": "tags",
            "in": "query",
            "description": "Tags to filter by",
            "required": true,
            "type": "array",
            "items": {
              "type": "string"
            },
            "collectionFormat": "multi"
          }
        ],
        "responses": {
          "200": {
            "description": "successful operation",
            "schema": {
              "type": "array",
              "items": {
                "$ref": "#/definitions/Pet"
              }
            }
          },
          "400": {
            "description": "Invalid tag value"
          }
        },
        "security": [
          {
            "petstore_auth": [
              "write:pets",
              "read:pets"
```

```
          ]
        }
      ],
      "deprecated": true
    }
  },
  "/pet/{petId}": {
    "get": {
      "tags": [
        "pet"
      ],
      "summary": "Find pet by ID",
      "description": "Returns a single pet",
      "operationId": "getPetById",
      "produces": [
        "application/xml",
        "application/json"
      ],
      "parameters": [
        {
          "name": "petId",
          "in": "path",
          "description": "ID of pet to return",
          "required": true,
          "type": "integer",
          "format": "int64"
        }
      ],
      "responses": {
        "200": {
          "description": "successful operation",
          "schema": {
            "$ref": "#/definitions/Pet"
          }
        },
        "400": {
          "description": "Invalid ID supplied"
        },
        "404": {
          "description": "Pet not found"
        }
      },
      "security": [
        {
          "api_key": []
        }
      ]
    },
    "post": {
      "tags": [
```

```
        "pet"
      ],
      "summary": "Updates a pet in the store with form data",
      "description": "",
      "operationId": "updatePetWithForm",
      "consumes": [
        "application/x-www-form-urlencoded"
      ],
      "produces": [
        "application/xml",
        "application/json"
      ],
      "parameters": [
        {
          "name": "petId",
          "in": "path",
          "description": "ID of pet that needs to be updated",
          "required": true,
          "type": "integer",
          "format": "int64"
        },
        {
          "name": "name",
          "in": "formData",
          "description": "Updated name of the pet",
          "required": false,
          "type": "string"
        },
        {
          "name": "status",
          "in": "formData",
          "description": "Updated status of the pet",
          "required": false,
          "type": "string"
        }
      ],
      "responses": {
        "405": {
          "description": "Invalid input"
        }
      },
      "security": [
        {
          "petstore_auth": [
            "write:pets",
            "read:pets"
          ]
        }
      ]
    },
```

```
"delete": {
  "tags": [
    "pet"
  ],
  "summary": "Deletes a pet",
  "description": "",
  "operationId": "deletePet",
  "produces": [
    "application/xml",
    "application/json"
  ],
  "parameters": [
    {
      "name": "api_key",
      "in": "header",
      "required": false,
      "type": "string"
    },
    {
      "name": "petId",
      "in": "path",
      "description": "Pet id to delete",
      "required": true,
      "type": "integer",
      "format": "int64"
    }
  ],
  "responses": {
    "400": {
      "description": "Invalid ID supplied"
    },
    "404": {
      "description": "Pet not found"
    }
  },
  "security": [
    {
      "petstore_auth": [
        "write:pets",
        "read:pets"
      ]
    }
  ]
}
},
"/pet/{petId}/uploadImage": {
  "post": {
    "tags": [
      "pet"
    ],
```

```
        "summary": "uploads an image",
        "description": "",
        "operationId": "uploadFile",
        "consumes": [
          "multipart/form-data"
        ],
        "produces": [
          "application/json"
        ],
        "parameters": [
          {
            "name": "petId",
            "in": "path",
            "description": "ID of pet to update",
            "required": true,
            "type": "integer",
            "format": "int64"
          },
          {
            "name": "additionalMetadata",
            "in": "formData",
            "description": "Additional data to pass to server",
            "required": false,
            "type": "string"
          },
          {
            "name": "file",
            "in": "formData",
            "description": "file to upload",
            "required": false,
            "type": "file"
          }
        ],
        "responses": {
          "200": {
            "description": "successful operation",
            "schema": {
              "$ref": "#/definitions/ApiResponse"
            }
          }
        },
        "security": [
          {
            "petstore_auth": [
              "write:pets",
              "read:pets"
            ]
          }
        ]
      }
```

```
    },
    "/store/inventory": {
      "get": {
        "tags": [
          "store"
        ],
        "summary": "Returns pet inventories by status",
        "description": "Returns a map of status codes to quantities",
        "operationId": "getInventory",
        "produces": [
          "application/json"
        ],
        "parameters": [],
        "responses": {
          "200": {
            "description": "successful operation",
            "schema": {
              "type": "object",
              "additionalProperties": {
                "type": "integer",
                "format": "int32"
              }
            }
          }
        },
        "security": [
          {
            "api_key": []
          }
        ]
      }
    },
    "/store/order": {
      "post": {
        "tags": [
          "store"
        ],
        "summary": "Place an order for a pet",
        "description": "",
        "operationId": "placeOrder",
        "produces": [
          "application/xml",
          "application/json"
        ],
        "parameters": [
          {
            "in": "body",
            "name": "body",
            "description": "order placed for purchasing the pet",
            "required": true,
```

```
            "schema": {
              "$ref": "#/definitions/Order"
            }
          }
        ],
        "responses": {
          "200": {
            "description": "successful operation",
            "schema": {
              "$ref": "#/definitions/Order"
            }
          },
          "400": {
            "description": "Invalid Order"
          }
        }
      }
    },
    "/store/order/{orderId}": {
      "get": {
        "tags": [
          "store"
        ],
        "summary": "Find purchase order by ID",
        "description": "For valid response try integer IDs with value >=1 and <=10.
        Other values will generated exceptions",
        "operationId": "getOrderById",
        "produces": [
          "application/xml",
          "application/json"
        ],
        "parameters": [
          {
            "name": "orderId",
            "in": "path",
            "description": "ID of pet that needs to be fetched",
            "required": true,
            "type": "integer",
            "maximum": 10,
            "minimum": 1,
            "format": "int64"
          }
        ],
        "responses": {
          "200": {
            "description": "successful operation",
            "schema": {
              "$ref": "#/definitions/Order"
            }
          },
```

```
          "400": {
            "description": "Invalid ID supplied"
          },
          "404": {
            "description": "Order not found"
          }
        }
      },
      "delete": {
        "tags": [
          "store"
        ],
        "summary": "Delete purchase order by ID",
        "description": "For valid response try integer IDs with positive integer
value.
         Negative or non-integer values will generate API errors",
        "operationId": "deleteOrder",
        "produces": [
          "application/xml",
          "application/json"
        ],
        "parameters": [
          {
            "name": "orderId",
            "in": "path",
            "description": "ID of the order that needs to be deleted",
            "required": true,
            "type": "integer",
            "minimum": 1,
            "format": "int64"
          }
        ],
        "responses": {
          "400": {
            "description": "Invalid ID supplied"
          },
          "404": {
            "description": "Order not found"
          }
        }
      }
    },
    "/user": {
      "post": {
        "tags": [
          "user"
        ],
        "summary": "Create user",
        "description": "This can only be done by the logged in user.",
        "operationId": "createUser",
```

```
    "produces": [
      "application/xml",
      "application/json"
    ],
    "parameters": [
      {
        "in": "body",
        "name": "body",
        "description": "Created user object",
        "required": true,
        "schema": {
          "$ref": "#/definitions/User"
        }
      }
    ],
    "responses": {
      "default": {
        "description": "successful operation"
      }
    }
  }
},
"/user/createWithArray": {
  "post": {
    "tags": [
      "user"
    ],
    "summary": "Creates list of users with given input array",
    "description": "",
    "operationId": "createUsersWithArrayInput",
    "produces": [
      "application/xml",
      "application/json"
    ],
    "parameters": [
      {
        "in": "body",
        "name": "body",
        "description": "List of user object",
        "required": true,
        "schema": {
          "type": "array",
          "items": {
            "$ref": "#/definitions/User"
          }
        }
      }
    ],
    "responses": {
      "default": {
```

```
          "description": "successful operation"
        }
      }
    }
  },
  "/user/createWithList": {
    "post": {
      "tags": [
        "user"
      ],
      "summary": "Creates list of users with given input array",
      "description": "",
      "operationId": "createUsersWithListInput",
      "produces": [
        "application/xml",
        "application/json"
      ],
      "parameters": [
        {
          "in": "body",
          "name": "body",
          "description": "List of user object",
          "required": true,
          "schema": {
            "type": "array",
            "items": {
              "$ref": "#/definitions/User"
            }
          }
        }
      ],
      "responses": {
        "default": {
          "description": "successful operation"
        }
      }
    }
  },
  "/user/login": {
    "get": {
      "tags": [
        "user"
      ],
      "summary": "Logs user into the system",
      "description": "",
      "operationId": "loginUser",
      "produces": [
        "application/xml",
        "application/json"
      ],
```

```
        "parameters": [
          {
            "name": "username",
            "in": "query",
            "description": "The user name for login",
            "required": true,
            "type": "string"
          },
          {
            "name": "password",
            "in": "query",
            "description": "The password for login in clear text",
            "required": true,
            "type": "string"
          }
        ],
        "responses": {
          "200": {
            "description": "successful operation",
            "schema": {
              "type": "string"
            },
            "headers": {
              "X-Rate-Limit": {
                "type": "integer",
                "format": "int32",
                "description": "calls per hour allowed by the user"
              },
              "X-Expires-After": {
                "type": "string",
                "format": "date-time",
                "description": "date in UTC when token expires"
              }
            }
          },
          "400": {
            "description": "Invalid username/password supplied"
          }
        }
      }
    },
    "/user/logout": {
      "get": {
        "tags": [
          "user"
        ],
        "summary": "Logs out current logged in user session",
        "description": "",
        "operationId": "logoutUser",
        "produces": [
```

```
          "application/xml",
          "application/json"
        ],
        "parameters": [],
        "responses": {
          "default": {
            "description": "successful operation"
          }
        }
      }
    },
    "/user/{username}": {
      "get": {
        "tags": [
          "user"
        ],
        "summary": "Get user by user name",
        "description": "",
        "operationId": "getUserByName",
        "produces": [
          "application/xml",
          "application/json"
        ],
        "parameters": [
          {
            "name": "username",
            "in": "path",
            "description": "The name that needs to be fetched. Use user1 for testing. ",
            "required": true,
            "type": "string"
          }
        ],
        "responses": {
          "200": {
            "description": "successful operation",
            "schema": {
              "$ref": "#/definitions/User"
            }
          },
          "400": {
            "description": "Invalid username supplied"
          },
          "404": {
            "description": "User not found"
          }
        }
      },
      "put": {
        "tags": [
          "user"
```

```
      ],
      "summary": "Updated user",
      "description": "This can only be done by the logged in user.",
      "operationId": "updateUser",
      "produces": [
        "application/xml",
        "application/json"
      ],
      "parameters": [
        {
          "name": "username",
          "in": "path",
          "description": "name that need to be updated",
          "required": true,
          "type": "string"
        },
        {
          "in": "body",
          "name": "body",
          "description": "Updated user object",
          "required": true,
          "schema": {
            "$ref": "#/definitions/User"
          }
        }
      ],
      "responses": {
        "400": {
          "description": "Invalid user supplied"
        },
        "404": {
          "description": "User not found"
        }
      }
    },
    "delete": {
      "tags": [
        "user"
      ],
      "summary": "Delete user",
      "description": "This can only be done by the logged in user.",
      "operationId": "deleteUser",
      "produces": [
        "application/xml",
        "application/json"
      ],
      "parameters": [
        {
          "name": "username",
          "in": "path",
```

```
          "description": "The name that needs to be deleted",
          "required": true,
          "type": "string"
        }
      ],
      "responses": {
        "400": {
          "description": "Invalid username supplied"
        },
        "404": {
          "description": "User not found"
        }
      }
    }
  }
},
"securityDefinitions": {
  "petstore_auth": {
    "type": "oauth2",
    "authorizationUrl": "http://petstore.swagger.io/oauth/dialog",
    "flow": "implicit",
    "scopes": {
      "write:pets": "modify pets in your account",
      "read:pets": "read your pets"
    }
  },
  "api_key": {
    "type": "apiKey",
    "name": "api_key",
    "in": "header"
  }
},
"definitions": {
  "Order": {
    "type": "object",
    "properties": {
      "id": {
        "type": "integer",
        "format": "int64"
      },
      "petId": {
        "type": "integer",
        "format": "int64"
      },
      "quantity": {
        "type": "integer",
        "format": "int32"
      },
      "shipDate": {
        "type": "string",
```

```
          "format": "date-time"
        },
        "status": {
          "type": "string",
          "description": "Order Status",
          "enum": [
            "placed",
            "approved",
            "delivered"
          ]
        },
        "complete": {
          "type": "boolean",
          "default": false
        }
      },
      "xml": {
        "name": "Order"
      }
    },
    "Category": {
      "type": "object",
      "properties": {
        "id": {
          "type": "integer",
          "format": "int64"
        },
        "name": {
          "type": "string"
        }
      },
      "xml": {
        "name": "Category"
      }
    },
    "User": {
      "type": "object",
      "properties": {
        "id": {
          "type": "integer",
          "format": "int64"
        },
        "username": {
          "type": "string"
        },
        "firstName": {
          "type": "string"
        },
        "lastName": {
          "type": "string"
```

```
        },
        "email": {
          "type": "string"
        },
        "password": {
          "type": "string"
        },
        "phone": {
          "type": "string"
        },
        "userStatus": {
          "type": "integer",
          "format": "int32",
          "description": "User Status"
        }
      },
      "xml": {
        "name": "User"
      }
    },
    "Tag": {
      "type": "object",
      "properties": {
        "id": {
          "type": "integer",
          "format": "int64"
        },
        "name": {
          "type": "string"
        }
      },
      "xml": {
        "name": "Tag"
      }
    },
    "Pet": {
      "type": "object",
      "required": [
        "name",
        "photoUrls"
      ],
      "properties": {
        "id": {
          "type": "integer",
          "format": "int64"
        },
        "category": {
          "$ref": "#/definitions/Category"
        },
        "name": {
```

```
          "type": "string",
          "example": "doggie"
        },
        "photoUrls": {
          "type": "array",
          "xml": {
            "name": "photoUrl",
            "wrapped": true
          },
          "items": {
            "type": "string"
          }
        },
        "tags": {
          "type": "array",
          "xml": {
            "name": "tag",
            "wrapped": true
          },
          "items": {
            "$ref": "#/definitions/Tag"
          }
        },
        "status": {
          "type": "string",
          "description": "pet status in the store",
          "enum": [
            "available",
            "pending",
            "sold"
          ]
        }
      },
      "xml": {
        "name": "Pet"
      }
    },
    "ApiResponse": {
      "type": "object",
      "properties": {
        "code": {
          "type": "integer",
          "format": "int32"
        },
        "type": {
          "type": "string"
        },
        "message": {
          "type": "string"
        }
```

```
        }
      }
    },
    "externalDocs": {
      "description": "Find out more about Swagger",
      "url": "http://swagger.io"
    }
  }
```